Python 神经进化网络实战

[美] 雅罗斯拉夫尔·连奥米恩科　著

黄永强　译

清华大学出版社

北　京

内 容 简 介

本书详细阐述了与神经进化网络开发相关的基本解决方案，主要包括神经进化方法概述、Python 库和环境设置、使用 NEAT 进行 XOR 求解器优化、摆杆平衡实验、自主迷宫导航、新颖性搜索优化方法、基于超立方体的 NEAT 和视觉辨别、ES-HyperNEAT 和视网膜问题、协同进化和 SAFE 方法、深度神经进化等内容。此外，本书还提供了相应的示例、代码，以帮助读者进一步理解相关方案的实现过程。

本书适合作为高等院校计算机及相关专业的教材和教学参考书，也可作为相关开发人员的自学教材和参考手册。

北京市版权局著作权合同登记号 图字：01-2020-6416

图书在版编目（CIP）数据

Python 神经进化网络实战 /（美）雅罗斯拉夫尔·连奥米恩科（Iaroslav Omelianenko）著；黄永强译. —北京：清华大学出版社，2021.2
书名原文：Hands-on Neuroevolution with Python
ISBN 978-7-302-57128-5

Ⅰ. ①P… Ⅱ. ①雅… ②黄… Ⅲ. ①人工神经网络—软件工具—程序设计 Ⅳ. ①TP183

中国版本图书馆 CIP 数据核字（2020）第 259204 号

责任编辑：贾小红
封面设计：刘 超
版式设计：文森时代
责任校对：马军令
责任印制：丛怀宇

出版发行：清华大学出版社
网 址：http://www.tup.com.cn, http://www.wqbook.com
地 址：北京清华大学学研大厦 A 座 邮 编：100084
社 总 机：010-62770175 邮 购：010-62786544
投稿与读者服务：010-62776969，c-service@tup.tsinghua.edu.cn
质量反馈：010-62772015，zhiliang@tup.tsinghua.edu.cn
印 装 者：小森印刷霸州有限公司
经 销：全国新华书店
开 本：185mm×230mm 印 张：19.75 字 数：396 千字
版 次：2021 年 3 月第 1 版 印 次：2021 年 3 月第 1 次印刷
定 价：99.00 元

产品编号：087713-01

译 者 序

在蒙昧时代，人类的起源和生命的繁衍被视为神掌控的领域，例如中国古代神话就有女娲抟土作人的传说。但是，随着生命科学的深入发展，达尔文"物竞天择，优胜劣汰"的进化论思想被发掘出越来越多的物种形成和进化的证据链条，这使人们有充足的理由相信，地球生命并非神赐，而是在自然进化过程中产生的。正是进化过程中的变异和重组，衍生出了今天这样五彩斑斓的世界。

遗传算法和进化计算的思想是受自然进化过程的启发而产生的。例如，为了躲避狮子的袭击，羚羊进化出了疾速奔跑的能力，这可以理解为羚羊在自然环境中适应度的体现。又例如，长颈鹿为了能够吃到高处的树叶进化出了长长的脖颈，猴子为了摘到树梢上的鲜果进化出了灵巧的四肢和尾巴，同样是为了高处的食物，长颈鹿和猴子不同的能力显示出进化方向的新颖性。受这些进化过程的启发，进化算法发展出了面向目标的搜索优化和新颖性搜索优化，本书第 3～5 章介绍了如何实现面向目标的适应度函数来指导进化过程，第 6 章则介绍了使用新颖性搜索优化方法来指导进化过程的实验。此外，基于协同进化中的共栖策略，研究人员还开发出解决方案和适应度进化（SAFE）方法，本书第 9 章介绍了采用该方法的实验。

神经进化网络是人工神经网络（ANN）的重要分支，本书详细介绍了遗传算子和基因组编码方案、NEAT 算法、基于超立方体的 NEAT、复合模式生成网络、可进化基板 HyperNEAT（ES-HyperNEAT）和 Python 神经进化库的应用等，并且提供了 XOR 求解器优化、摆杆平衡实验、自主迷宫导航、视觉辨别器、视网膜问题和训练代理玩 Atari 游戏等实验。完成这些实验可以加深对于神经进化算法的理解，并提高 Python 编程技能。

在翻译本书的过程中，为了更好地帮助读者理解和学习，本书以中英文对照的形式保留了大量的术语，这样的安排不但方便读者理解书中的代码，而且有助于读者通过网络查找和利用相关资源。

本书由黄永强翻译，陈凯、马宏华、黄刚、郝艳杰、唐盛、黄进青、熊爱华等也参与了本书的部分翻译工作。

由于译者水平有限，错漏之处在所难免，在此诚挚欢迎读者提出宝贵意见或建议。

译 者

前　　言

传统的深度学习方法在功能上几乎已经触顶，越来越多的研究人员开始寻找训练人工神经网络的替代方法。

深度机器学习对于模式识别非常有效，但是却无法解决需要理解背景环境的任务。许多研究人员，包括现代深度机器学习之父 Geoff Hinton 都认同，目前设计人工智能系统的方法不再能够应对当前面临的挑战。

本书讨论了传统的深度机器学习方法的可行替代方案——神经进化算法。神经进化是一系列机器学习方法，它们使用进化算法来简化对复杂任务的解决，如游戏、机器人和自然过程的仿真。

神经进化算法的灵感来自于自然选择的过程。非常简单的人工神经网络可能会变得非常复杂。神经进化的最终结果是网络的最佳拓扑形态，这使模型更节能，更易于分析。

在本书中，读者将学习到各种神经进化算法，并获得使用它们来解决不同的计算机科学问题的实用技能，从经典的强化学习到构建用于迷宫自动导航的代理。此外，读者还将学习如何使用神经进化来训练深度神经网络，从而创建可以玩经典 Atari 游戏的机器人代理。

本书通过各种实验，循序渐进，使读者对神经进化方法有深入的理解。它涵盖了游戏、机器人和自然过程模拟等领域的实际示例，并使用实际示例和数据集来帮助读者更好地理解所探索的概念。在通读完本书之后，读者将能够完成本书所演示的实验，并且举一反三，将神经进化方法应用于自己的工作和研究。

我们编写本书的目标是为读者提供最前沿的技术知识，这是传统深度学习的重要替代方法。我们希望神经进化算法在项目中的实际应用能使读者以一种优雅且节能的方式解决当前棘手的问题。

本书读者

本书适用于希望从头开始实现神经进化算法的机器学习从业人员、深度学习研究人员和 AI 爱好者。读者将学习到如何将这些算法应用于各种实际问题，掌握神经进化方法优化训练人工神经网络的过程，熟悉神经进化的核心概念，并获得在工作和实验中使用它的必要实践技能。学习本书之前，读者必须具备一定的 Python 和深度学习以及神经网络基础知识。

内容介绍

本书共分 4 个部分。

❑　第 1 部分为"进化计算算法和神经进化方法的基本原理"，包括第 1 章和第 2 章。

　➢　第 1 章"神经进化方法概述"，介绍了遗传算法的核心概念，如遗传算子和基因组编码方案。另外，还简要介绍了 4 种神经进化算法。

　➢　第 2 章"Python 库和环境设置"，讨论了神经进化方法的实际操作。本章介绍了流行的 Python 库的优缺点，这些库提供了 NEAT 算法及其扩展的实现。

❑　第 2 部分为"运用神经进化方法解决经典计算机科学问题"，包括第 3～6 章。

　➢　第 3 章"使用 NEAT 进行 XOR 求解器优化"，通过实现经典计算机科学问题的求解器开始尝试 NEAT 算法。

　➢　第 4 章"摆杆平衡实验"，介绍了与强化学习领域中计算机科学经典问题相关的小车-摆杆平衡实验。

　➢　第 5 章"自主迷宫导航"，尝试创建可以从迷宫中找到出口的求解器代理。读者将学习如何对具有多个传感器的机器人进行模拟，以检测障碍物并监控其在迷宫中的位置。

　➢　第 6 章"新颖性搜索优化方法"，使用在第 5 章的迷宫求解器创建过程中获得的实践经验来着手创建更高级的求解器。

❑　第 3 部分为"高级神经进化方法"，包括第 7～10 章。

　➢　第 7 章"基于超立方体的 NEAT 和视觉辨别"，介绍了高级神经进化方法。读者将学习间接基因组编码方案，该方案使用复合模式生成网络（CPPN）来协助对较大的表现型 ANN 拓扑形态进行编码。

　➢　第 8 章"ES-HyperNEAT 和视网膜问题"，介绍了如何选择最适合特定问题空间的基板配置。

　➢　第 9 章"协同进化和 SAFE 方法"，讨论了在自然界中广泛发现的协同进化策略，并介绍了将共栖策略转移到神经进化领域的方法。

　➢　第 10 章"深度神经进化"，介绍了深度神经进化的概念，该概念可用于训练深度人工神经网络（DNN）。此外，本章进行了训练代理玩 Frostbite 游戏的实验。
❑ 　第 4 部分为"复习和总结"，包括第 11 章和第 12 章。
　➤ 　第 11 章"最佳实践和技巧提示"，指导读者如何着手解决当前遇到的问题，如何调整神经进化算法的超参数以及如何使用高级可视化工具等。此外，本章还介绍了可用于分析算法性能的指标和 Python 编码技巧等。
　➤ 　第 12 章"总结"，对读者在本书中学到的所有内容进行复习，并为读者提供了继续自学的一些资料。

充分利用本书

Python 编程语言的实践知识对于使用本书中提供的示例至关重要。为了更好地理解源代码，最好使用支持 Python 语法突出显示和代码引用位置的集成开发环境。如果读者尚未安装，本书推荐使用 Microsoft Visual Studio Code。它是免费的跨平台开发工具，读者可以访问以下网址下载：

https://code.visualstudio.com

Python 和我们在本书中讨论的大多数库都是跨平台的，并且与 Windows、Linux 和 mac OS 兼容。本书描述的所有实验都是从命令行执行的，因此应熟悉所选操作系统上安装的终端控制台应用程序。

要完成本书第 10 章"深度神经进化"中描述的实验，读者需要使用配备 NVIDIA 显卡 GeForce GTX 1080 Ti 或更高版本的性能较高的计算机。在 Ubuntu Linux 环境中运行该实验效果会更好。Ubuntu 是一个免费的、功能强大的、基于 Linux 的现代操作系统。熟悉它，会为 Python 开发带来很多帮助。

下载示例代码文件

读者可以从 www.packtpub.com 下载本书的示例代码文件。具体步骤如下：
（1）登录或注册 www.packtpub.com。
（2）在页面顶部的搜索框中输入图书名称 Hands-On-NeuroEvolution-with-Python，如图 P-1 所示。

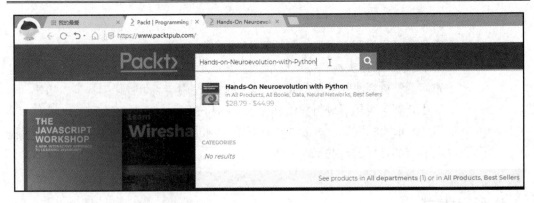

图 P-1

（3）在出现本书搜索结果后，单击 View Details（查看详情）按钮，如图 P-2 所示。

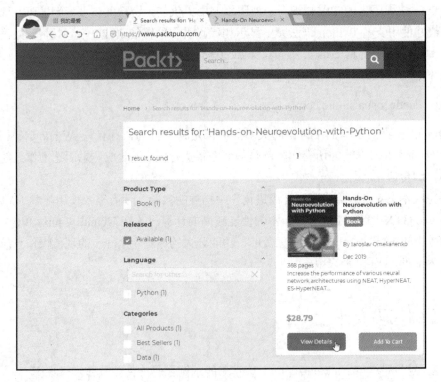

图 P-2

（4）在本书详情页面中，找到并单击 Download code files（下载代码文件）按钮，如图 P-3 所示。

图 P-3

（5）在本书源代码页面中，单击右侧 Code（代码）按钮，在弹出的下拉菜单中选择 Download ZIP（下载压缩包），如图 P-4 所示。

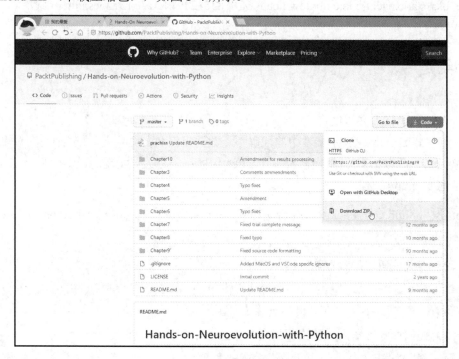

图 P-4

下载文件后，请确保使用最新版本解压缩或解压缩文件夹：

- ❑ WinRAR/7-Zip（Windows 系统）
- ❑ Zipeg/iZip/UnRarX（Mac 系统）
- ❑ 7-Zip/PeaZip（Linux 系统）

该书的代码包也已经在 GitHub 上托管，网址如下，欢迎访问：

https://github.com/PacktPublishing/Hands-on-Neuroevolution-with-Python

如果代码有更新，则也会在现有 GitHub 存储库上更新。

下载彩色图像

我们还提供了一个 PDF 文件，其中包含本书中使用的屏幕截图、图表的彩色图像，读者可以通过以下网址下载：

https://static.packt-cdn.com/downloads/9781838824914_ColorImages.pdf

本书约定

本书使用了许多文本约定。

（1）CodeInText：表示文本中的代码字、数据库表名、文件夹名、文件名、文件扩展名、路径名、虚拟 URL、用户输入和 Twitter 句柄等。有关该实现的详细信息，请参阅以下网址的 agent.py 文件：

https://github.com/PacktPublishing/Hands-on-Neuroevolution-with-Python/blob/master/Chapter5/agent.py

（2）有关代码块的设置如下：

```
if indices is None:
        indices = np.arange(self.batch_size)
```

（3）任何命令行输入或输出都采用如下所示的粗体代码形式：

```
$ conda create -n deep_ne python=3.5
```

（4）术语或重要单词采用中英文对照形式，在括号内保留其英文原文。示例如下：

当从目标点到机器人中心的线落入其视野（Field Of View，FOV，也称为视场）内时，特定的雷达传感器将被激活。

（5）本书还使用了以下两个图标。

🛈 图标表示警告或重要的注意事项。

💡 图标表示提示或小技巧。

关于作者

　　Iaroslav Omelianenko 担任首席技术官和研究主管超过 10 年。他是机器学习研究领域的活跃成员，并在 *arXiv*、*ResearchGate* 平台以及 *Preprints* 等刊物上发表了若干篇研究论文。10 多年前，他开发了用于手机游戏的自主代理，此后一直从事机器学习的应用。在过去的 5 年中，他积极参与有关将深度机器学习方法应用于身份验证、个人特征识别、协作机器人技术和合成智能等的研究。他还是一名活跃的软件开发人员，使用 Go 语言创建了开源神经进化算法的实现。

　　"我要感谢所有研究人员和开发人员在开源理想的启发下分享他们的工作。没有开放源代码社区，我们的世界将不会像今天这样绚丽多彩。"

关于审稿人

　　Alan McIntyre 是 CodeReclaimers 公司的首席软件架构师，主要为计算应用程序提供定制软件设计和开发服务，包括计算几何、计算机视觉和机器学习等。他之前曾在通用电气、微软和多家初创公司担任软件工程师。

　　Unsal Gokdag，2017 年以来一直在物流领域担任全职高级数据科学家，此前曾在 2013 年担任研发工程师。他目前正在攻读博士学位，研究方向是用于图像去斑和偏振 SAR 图像分类的机器学习算法的比较。他曾从事机器学习、计算机视觉和生物信息学方面的工作。在撰写本科学士学位论文时，他就曾经接触过 NEAT 算法，此后一直对神经进化算法很感兴趣。他目前居住在德国。

目　　录

第 2 部分　运用神经进化方法解决经典计算机科学问题

第 3 部分　高级神经进化方法

第 4 部分　复习和总结

进化计算算法和神经进化方法的基本原理

本部分介绍进化计算的核心概念，并讨论基于神经进化算法的细节以及可用于实现它们的 Python 库。在阅读完本部分之后，读者将熟悉神经进化方法的基础知识，并获得有关实际尝试方面的实用建议。本部分还提供了针对 Python 的 Anaconda 软件包管理器的基本介绍，这是操作环境设置的一部分。

本部分包括以下章节：

❑ 第 1 章：神经进化方法概述
❑ 第 2 章：Python 库和环境设置

第 1 章　神经进化方法概述

人工神经网络（Artificial Neural Network，ANN）的概念受到人脑结构的启发。研究人员坚信，如果我们能够以非常相似的方式模仿这种复杂的结构，那么就能够创造人工智能。到目前为止，研究人员仍在实现这一目标的道路上。尽管我们可以实现狭义人工智能（Narrow Artificial Intelligence）代理，但离创建广义人工智能（Generic Artificial Intelligence）代理还有很长的路要走。

本章将介绍人工神经网络（ANN）的概念以及开发人员可以用来训练它们的两种方法，即带有误差反向传播的梯度下降（Gradient Descent）算法和神经进化（Neuroevolution）算法，它们都可以学习如何近似目标函数（Objective Function）。当然，本章主要讨论的是基于神经进化的算法家族。我们将介绍受自然进化启发的神经进化过程的实现，以及目前最流行的神经进化算法：NEAT、HyperNEAT 和 ES-HyperNEAT。

本章还将讨论可用于搜索最终解决方案的优化方法，并且比较基于目标的搜索（Objective-Based Search）和新颖性搜索（Novelty Search）算法。

阅读完本章之后，读者将对神经进化算法的核心知识有一个完整的了解，并可以将这些知识应用到实践中。

本章将讨论以下主题：

❑　进化算法和基于神经进化的方法。
❑　NEAT 算法概述。
❑　基于超立方体的 NEAT。
❑　可进化基板 HyperNEAT。
❑　新颖性搜索优化方法。

1.1　进化算法和基于神经进化的方法

术语人工神经网络代表通过链接而连接的节点图，其中每个链接都具有特定的权重（Weight）。神经节点定义了一种阈值操作符（Threshold Operator），该阈值操作符仅在应用了特定的激活函数后才允许信号通过。它与大脑神经元的组织方式极为相似。

一般来说，ANN 训练过程包括为网络中的所有链接选择适当的权重值。因此，人工神经网络可以近似任何函数，并且可以被认为是由通用近似定理（Universal Approximation Theorem）建立的通用逼近器（Universal Approximator）。

有关通用近似定理证明的更多信息，可查看以下论文。

❑　Cybenko, G. (1989) *Approximations by Superpositions of Sigmoidal Functions*(通过 Sigmoid 函数叠加实现的逼近), Mathematics of Control, Signals, and Systems, 2(4), 303-314.

❑　Leshno, Moshe; Lin, Vladimir Ya.; Pinkus, Allan; Schocken, Shimon (January 1993). *Multilayer feedforward networks with a nonpolynomial activation function can approximate any function*(具有非多项式激活函数的多层前馈网络可以近似任何函数). Neural Networks. 6 (6): 861-867.

　　doi:10.1016/S0893-6080(05)80131-5.(https://www.sciencedirect.com/science/article/abs/pii/S0893608005801315?via%3Dihub)

❑　Kurt Hornik (1991). *Approximation Capabilities of Multilayer Feedforward Networks* (多层前馈网络的逼近能力), Neural Networks, 4(2), 251-257.

　　doi:10.1016/0893-6080(91)90009-T. (https://www. sciencedirect.com/science/article/abs/pii/089360809190009T?via%3Dihub)

❑　Hanin, B. (2018). *Approximating Continuous Functions by ReLU Nets of Minimal Width*(用最小宽度的 ReLU 网络逼近连续函数). arXiv preprint arXiv:1710.11278. (https://arxiv.org/abs/1710.11278)

在过去的 70 年中，研究人员已经提出了许多 ANN 训练方法。但是，近 10 年来最受欢迎的技术则是由 Jeffrey Hinton 提出的。该技术基于通过网络预测误差的反向传播（Backpropagation），使用了围绕损失函数（Loss Function）相对于网络节点之间的连接权重的梯度下降（Gradient Descent）而建立的各种优化技术。在模式识别相关任务中，深度神经网络训练展示出了出色的性能。

尽管该技术具有强大的功能，但它也有很多缺点。这些缺点之一是需要大量的训练样本才能从特定数据集中学习有用的东西。另一个明显的缺点是，该网络是由实验人员（Experimenter）手动创建的固定网络体系结构，这很可能会导致计算资源的利用效率低下，原因是大量的网络节点未参与推理过程。而且，基于误差反向传播的方法在将获取的知识迁移到其他类似域方面也存在问题。

除反向传播方法外，还有一些非常有前途的进化算法也可以解决上述问题。这些受生物学启发的技术从达尔文的进化论中汲取了灵感，并使用自然进化抽象来创建人工神经网络。对于达尔文进化论最简单的解释就是"适者生存，优胜劣汰"，而进化的过程就是种群逐渐适应生存环境，品质不断得到改良的过程。神经进化背后的基本思想是，通过使用基于种群（Population）的随机搜索方法来产生人工神经网络。

　　神经进化有可能进化出神经网络的最佳体系结构，并使用进化过程来准确解决特定任务。因此，开发人员可以创建出一个精简、节能并且仅需具有中等计算能力的网络。进化过程是通过将遗传算子（变异算子、交叉算子）应用于许多世代的染色体的种群（ANN/解决方案的遗传编码表示）来执行的。其核心理念是，在生物进化系统中，后代将适应承受由目标函数表示的世代压力。也就是说，它们将成为目标函数更好的逼近器。

　　接下来，我们将讨论遗传算法（Genetic Algorithm）的基本概念，因为后面的内容需要开发人员对遗传算法有一定程度的了解。

1.1.1　遗传算子

　　遗传算子（Genetic Operator）是每个进化算法的核心，任何神经进化算法的性能都取决于它们。有两个主要的遗传算子：变异和交叉（重组）。

　　交叉（Crossover）也称基因重组或杂交，是指两个染色体的某一相同位置处 DNA 被切断，前后两串分别交叉组合形成两个新的染色体。

　　变异（Mutation）也称为突变，是指复制时可能产生某些复制差错。变异将产生新的染色体，表现出新的性状。

　　本节将详细阐述遗传算法的基础，以及它们与常规算法的区别。如前文所述，常规算法使用的是基于误差反向传播的方法来训练 ANN。

1. 变异算子

　　变异算子（Mutation Operator，也称为突变算子）起着在进化过程中保持种群遗传多样性的基本作用，并防止当种群中生物体的染色体变得过于相似时，使局部最小值停滞。根据实验人员定义的突变概率（Mutation Probability），这种突变会改变染色体中的一个或多个基因。通过将随机变化引入求解器（Solver）的染色体，突变使进化过程能够在可能解决方案的搜索空间中探索新的领域，并在世代相传的过程中找到越来越好的解决方案。

　　图 1-1 显示了变异算子的常见类型。

🔘 提示：

　　由于黑白印刷的关系，本书中的部分图片可能无法很好地辨识颜色差异，因此，我们还提供了一个 PDF 文件，其中包含本书使用的屏幕截图或图表的彩色图像。可以通过以下网址下载：

　　https://static.packt-cdn.com/downloads/9781838824914_ColorImages.pdf

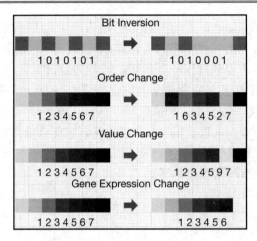

图 1-1　变异算子的类型

原　　文	译　　文	原　　文	译　　文
Bit Inversion	位反转	Value Change	值变化
Order Change	顺序变化	Gene Expression Change	基因表达变化

变异算子的确切类型取决于特定遗传算法使用的遗传编码类型。在我们遇到的各种突变类型中，可以进行以下区分。

❑　位反转：随机选择位，将其反转。该类型采用的是二进制编码（Binary Encoding）。

❑　顺序变化：随机选择两个基因，并将它们在基因组中的位置翻转。该类型采用的是排列方式编码（Permutation Encoding）。

❑　值变化：在随机位置将一个较小的值添加到表达的基因中。该类型采用的是值编码（Value Encoding）。

❑　基因表达变化：选择随机基因，并从基因型中添加/删除基因。该类型采用的是结构编码（Structural Encoding）。

所谓基因型（Genotype），就是指性状染色体的内部表现；而表现型（Phenotype）则是指染色体决定的性状的外部表现，或者说，根据基因型形成的个体的外部表现。

可以使用具有固定和可变染色体长度的遗传编码方案（Genetic Encoding Scheme）来编码基因型。上述前 3 个突变可以应用于固定和可变两种类型的编码方案，而最后一个突变则只能在使用可变长度编码方式编码的基因型中表达。

2．交叉算子

交叉算子（Crossover Operator）也称为重组算子（Recombination Operator），它使我们能够通过重组两个亲本的遗传信息来生成后代，从而从现有种群中随机生成新世代（解决方案）。因此，来自亲代生物体（Parent Organisms）的良好解决方案的部分可以合并，并可能导致更好的后代。一般来说，经过交叉（重组）后，产生的后代会发生突变，然后再添加到下一代的种群中。

图 1-2 显示了各种交叉算子。

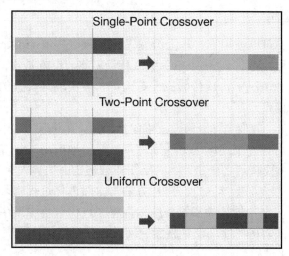

图 1-2　交叉算子的类型

原　　文	译　　文	原　　文	译　　文
Single-Point Crossover	单点交叉	Uniform Crossover	均匀交叉
Two-Point Crossover	两点交叉		

交叉算子的类型也取决于特定算法使用的遗传编码，以下是最常见的类型。

- ❏ 单点交叉：选择随机交叉点，从起点到交叉点的基因组部分从一个亲本复制到后代，其余部分则从另一个亲本复制。
- ❏ 两点交叉：随机选择两个交叉点，从起点到第一点的基因组部分是从第一个亲本复制的，第一个和第二个交叉点之间的部分是从第二个亲本复制的，其余部分则是从第一个亲本复制的。
- ❏ 均匀交叉：从第一个或第二个亲本随机复制基因。

1.1.2　基因组编码方案

设计神经进化算法时，最关键的选择之一就是确定神经网络的遗传表示。神经网络可以通过以下方式进化。

　　❑　标准突变（参见 1.1.1 节"变异算子"）。

　　❑　组合算子（参见 1.1.1 节"交叉算子"）。

　　目前，存在两种主要的基因组编码方案（Genome Encoding Scheme）：直接方案和间接方案。现在就来详细地了解一下这些方案。

1．直接基因组编码

　　在神经进化方法中可以使用直接基因组编码（Direct Genome Encoding）来尝试创建 ANN，该 ANN 使用固定拓扑（Topology）关联神经网络。也就是说，网络拓扑形态仅由实验人员确定。在这种情况下，遗传编码（基因型）被实现为实数的向量，代表网络节点之间连接的强度（权重）。

　　进化算子使用变异（突变）算子修改权重向量的值，并将亲本生物的向量与交叉（重组）算子结合以产生后代。上述编码方法固然可以轻松地应用进化算子，但它也具有一些明显的缺点。它的主要缺点之一是，其网络拓扑结构是由实验人员从一开始就确定的，并且在算法执行过程中一直保持固定。这种方法与自然进化过程实际上是相矛盾的，因为在自然进化过程中，生物的特性和物理结构都将在进化过程中发生变化，正是这种变化使得进化网络能够探索尽可能广泛的搜索空间并找到最佳解决方案。

　　图 1-3 显示了进化过程。

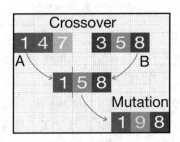

图 1-3　进化过程

原　文	译　文	原　文	译　文
Crossover	交叉	Mutation	变异

　　为了解决固定拓扑形态方法的缺点，Kenneth O. Stanley 提出了增强拓扑的神经进化（NeuroEvolution of Augmenting Topologies，NEAT）算法。该算法背后的主要思想是，进化算子不仅应用于具有所有连接权重的向量，而且也将应用于已创建神经网络的拓扑形态。因此，通过生成生物种群，可以测试具有各种连接权重的各种拓扑形态。下文还将深入讨论 NEAT 算法的细节。

　　从传统的强化学习到计算机游戏中复杂的非玩家角色（Non-Player Characters，NPC）

的控制，NEAT 算法在各种任务中均表现出卓越的性能，并且已成为有史以来最受欢迎的神经进化算法之一。但是，由于它属于直接编码算法家族，这使它的应用被限制为仅进化为适度规模的 ANN，其中的参数空间则限制为最多数千个连接，这是因为每个连接都直接以基因型编码，并且由于编码连接数量众多，计算需求大大增加，使得该算法无法用来进化大型神经网络。

2．间接基因组编码

为了克服直接编码的规模大小限制问题，Kenneth O. Stanley 提出了一种间接基因组编码（Indirect Genome Encoding）方法，该方法受 DNA 中基因组的表现型（Phenotype）编码方式的启发。它基于以下事实：物理世界是围绕几何和规则性（结构模式）构建的，其中到处都有自然对称性。因此，通过针对重复多次的相同结构（DNA 就是重复的双螺旋结构）重复使用一组特定的编码块，可以显著减少任何物理过程的编码。据此提出的方法称为基于超立方体的增强拓扑的神经进化（Hypercube-based NeuroEvolution of Augmenting Topologies，HyperNEAT）。该方法旨在通过利用几何规律性来构建大规模神经网络。HyperNEAT 使用连接的复合模式生成网络（Compositional Pattern Producing Network，CPPN）将节点连接表示为笛卡儿空间的函数。下文将详细讨论 HyperNEAT。

1.1.3　协同进化

在自然界中，不同物种的种群往往是在互动中同时进化的。像这样的种间关系（Inter-Species Relationship）被称为协同进化（Coevolution）。协同进化是自然进化的有力工具，因此它引起神经进化学术界的关注也就不足为奇。协同进化主要有以下 3 种类型。

❑ 互利共生，即两个或多个物种共存并相互受益。
❑ 竞争性协同进化。
➢ 捕食，指一种生物杀死另一种生物并消耗其资源。
➢ 寄生，即一种生物利用另一种生物的资源而不杀死它。
❑ 共栖，一种物种的成员在不造成损害的情况下从另一物种中获得利益。

研究人员分析了上述协同进化策略，并揭示了它们的优缺点。本书将介绍一种神经进化算法，该算法采用共生原理来维护两个协同进化的种群：候选解决方案的种群和候选目标函数的种群。本书第 9 章"协同进化和 SAFE 方法"将详细讨论解决方案和适应度进化（Solution And Fitness Evolution，SAFE）算法。

1.1.4　模块化和层次结构

自然认知系统组织方式的另一个关键方面是模块化（Modularity）和层次结构

（Hierarchy）。在研究人类大脑时，神经科学家发现它不是具有统一结构的整体系统，而是复杂的模块化结构层次。而且，由于信号在生物组织中传播的速度限制，当相关任务由大脑中几何上相邻的结构处理时，大脑的结构会强制执行局部性原则。自然系统的这一方面同样没有逃脱神经进化研究人员的注意，它们在许多进化算法中都得以实现。本书第 8 章"ES-HyperNEAT 和视网膜问题"将进一步深入讨论如何使用基于神经进化的算法创建模块化的人工神经网络。

1.2　关于 NEAT 算法

增强拓扑的神经进化（NEAT）算法可用于进化复杂的人工神经网络（ANN），其设计思路是通过在进化过程中逐步构造 ANN 结构来减少参数搜索空间的维数。进化过程从一群很小的、简单的基因组（种子）开始，并随着世代的发展而逐渐增加其复杂性。

种子基因组具有非常简单的拓扑：仅表达输入、输出和偏置（Bias）神经元。从一开始就没有将隐藏节点引入种子，以确保对解决方案的搜索从可能的最低维度参数空间（连接权重）开始。每一代都会引入其他基因，通过提供以前不存在的新维度来扩展解决方案搜索空间。

因此，其进化将从在一个可以轻松优化的小空间中的搜索开始，并在必要时增加新的维度。通过这种方法，可以逐步发现复杂的表现型（解决方案），这比在最终解决方案的广阔空间中直接启动搜索要有效得多。实际上，自然进化也会通过偶尔添加使表现型更加复杂的新基因来利用类似的策略。在生物学中，这种逐步完善的过程被称为复杂化（Complexification）。

NEAT 算法的主要目标是最小化基因组结构的复杂性——不仅是最终产物，而且还包括生物体的所有中间世代。因此，网络拓扑的进化通过减少搜索空间的整体解决方案而产生显著的性能优势。例如，最终解决方案的高维空间仅在进化过程结束时遇到。该算法的另一个重要特征是，引入基因组中的每个结构都是子孙后代后续适应度评估的主题。此外，只有那些有用的结构才能在进化过程中生存。换句话说，基因组的结构复杂性总是目标明确的。

1.2.1　NEAT 编码方案

NEAT 算法的遗传编码方案的设计思路是，在交叉算子应用于两个亲本基因组时，在交配过程中轻松匹配相应基因。NEAT 基因组是编码的神经网络的连接模式的线性表示。NEAT 基因组编码方案如图 1-4 所示。

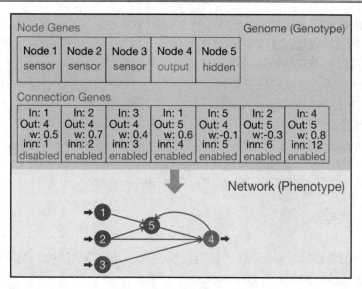

图 1-4　NEAT 基因组编码方案

原　　文	译　　文
Node Genes	节点基因
Genome(Genotype)	基因组（基因型）
Node 1	节点 1
sensor	传感器
Node 2	节点 2
sensor	传感器
Node 3	节点 3
sensor	传感器
Node 4	节点 4
output	输出
Node 5	节点 5
hidden	隐藏节点
Connection Genes	连接基因
In:	输入：
Out:	输出：
w:	权重：
inn:	创新数字：
disabled	禁用
enabled	启用
Network(Phenotype)	神经网络（表现型）

每个基因组均表示为连接基因列表，对神经网络节点之间的连接进行了编码。另外，还有一些节点基因可以编码有关网络节点的信息，如节点标识符、节点类型和激活函数的类型。连接基因将对网络链接的以下连接参数进行编码。

❑　In：输入网络节点的标识符。

❑　Out：输出网络节点的标识符。

❑　w：连接的强度（权重）。

❑　disabled/enabled：1 位，指示是否启用（表达）连接。

❑　inn：创新数字，允许重组期间匹配基因。

图 1-4 的底部以有向图的形式表示了相同基因组的方案。

1.2.2　结构变异

NEAT 专用的变异算子可以更改连接的强度（权重）和网络的结构。结构变异（Structural Mutation，也称为结构突变）有以下两种主要类型。

❑　在节点之间添加新连接。

❑　将新节点添加到网络。

图 1-5 显示了 NEAT 算法的结构变异。

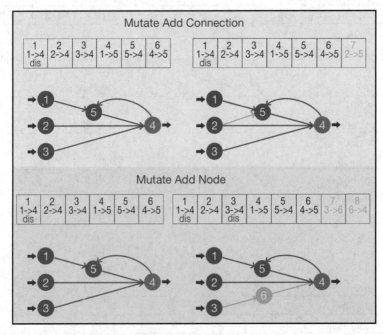

图 1-5　NEAT 算法的结构变异

原　　　文	译　　　文
Mutate Add Connection	变异添加连接
Mutate Add Node	变异添加节点
dis	禁用

当将变异算子应用于 NEAT 基因组时，新添加的基因（连接基因或节点基因）将分配一个递增的创新数字（Innovation Number）。在进化过程中，种群中生物的基因组逐渐变大，并产生大小不同的基因组。该过程导致不同的连接基因位于基因组内的相同位置，使得同源基因之间的匹配过程变得极为复杂。

1.2.3　使用创新数字交叉

在进化过程中，有一些未被利用的信息可以准确地告诉我们，哪些基因可以在任何生物的基因组之间进行匹配。从拓扑形态上来说，生物种群是多样性的，因此，每个基因应该告诉我们它来自哪个祖先。

尽管可能具有不同的连接权重值，但具有相同历史起源的连接基因代表的是相同的结构。在 NEAT 算法中，基因的历史起源由递增分配的创新数字表示，这使我们能够追踪结构变异的时间顺序。

与此同时，在交叉（杂交）过程中，后代从亲本基因组继承了基因的创新数字。因此，特定基因的创新数字从未改变，从而允许在交叉过程中匹配来自不同基因组的相似基因。匹配基因的创新数字是相同的。如果创新数字不匹配，则该基因属于基因组的不相交（Disjoint）或多余（Excess）部分，具体取决于其创新数字是在其他亲本创新数字范围之内还是之外。不相交或多余的基因代表在另一个亲本的基因组中不存在的结构，并且在交叉阶段需要特殊处理。因此，后代将继承具有相同创新数字的基因。这些是从父母中随机选择的。后代总是从适应度最高的父母那里继承不相交或多余的基因。此特征使 NEAT 算法可以使用线性基因组编码高效执行基因重组，而无须进行复杂的拓扑形态分析。

图 1-6 显示了 NEAT 算法中的交叉（重组）。

图 1-6 说明使用 NEAT 算法的两个亲本之间交叉（杂交）的示例。使用创新数字（连接基因单元格顶部的数字）对齐两个亲本的基因组。此后，当创新数字相同时，通过从父母双方中随机选择连接基因来产生后代：创新数字为 1～5 的基因。最后，不相交和多余的基因无条件地从任一亲本中添加，并按创新数字排序。

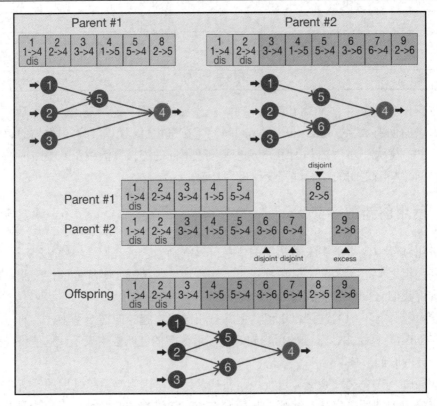

图 1-6　NEAT 算法中的交叉（重组）

原　　文	译　　文	原　　文	译　　文
Parent	亲本	excess	多余
dis	禁用	Offspring	后代
disjoint	不相交		

1.2.4　物种形成

　　在进化过程中，有机体可以世代相继创建各种拓扑形态，但是它们无法产生和维持自己的拓扑创新。较小的网络结构比较大的网络结构优化速度更快，这在添加新节点或新连接后人为地减少了后代基因组的生存机会。因此，由于种群内生物体的适应性暂时下降，新近增强的拓扑结构将面临否定进化的压力。从长远来看，新颖的拓扑可以引入创新，从而产生成功的解决方案。为了解决适应性暂时下降问题，在 NEAT 算法中引入了物种形成（Speciation）的概念。

　　物种形成通过引入狭义的生态位（Niche）概念来限制可以交配的生物的范围，即只有属于相同生态位的生物才相互竞争，而不是与种群中的所有生物竞争。通过划分种群来实现物种形成，以便具有相似拓扑形态的生物属于同一物种。

　　图 1-7 描述了物种形成算法的伪代码。

```
Algorithm 1: Clustering Genomes into Species
Input: A Population of organisms and known Species
Result: Organisms will be clustered among Species. New Species will be created as
        appropriate.
foreach genome ∈ Population do
    foreach S ∈ Species do
        if genome.IsCompatible(S) then
            // Add compatible Genome to the current species
            S.AddGenome(genome);
        else if S is the last known species then
            // Create new species for a given genome
            S_new ⟵ create_new_species(genome);
            // Add new species to the list of known Species
            Species ⟵ Species ∪ S_new;
```

图 1-7　物种形成算法

原　　　文	译　　　文
Algorithm 1: Clustering Genomes into Species	算法 1：将基因组聚类形成物种
Input: A Population of organisms and known Species	输入：生物种群和已知物种
Result: Organisms will be clustered among Species. New Species will be created as appropriate	结果：生物将按物种进行聚类，将根据需要创建新物种
// Add compatible Genome to the current species	// 将兼容的基因组添加到当前物种
// Create new species for a given genome	// 为给定的基因组创建新物种
// Add new species to the list of known Species	// 将新物种添加到已知物种列表中

　　NEAT 方法允许创建能够解决各种控制优化问题以及其他无监督学习问题的复杂 ANN。由于通过复杂化和物种形成引入了 ANN 拓扑增强的细节，因此这些解决方案很可能优化训练和推理的性能。

　　最终的 ANN 拓扑形态会不断增长，以适应需要解决的问题，而对于基于反向传播的训练，ANN 拓扑形态设计的常规方法不会引入任何多余的隐藏单元层。

🛈 注意：

　　有关 NEAT 算法的更多信息，可以在其原始论文中找到，其网址如下：

　　http://nn.cs.utexas.edu/downloads/papers/stanley.phd04.pdf

1.3　基于超立方体的 NEAT

智力是大脑的产物，而人脑作为一种结构本身就是自然进化的产物。这种复杂的结构在恶劣的环境下承受着数百万年的进化压力，并与其他生物竞争生存，结果进化出了极其复杂的结构，其中包含了许多层、模块以及神经元之间的亿万个连接。人脑的结构是研究人员的启明星，正在帮助我们努力创建人工智能系统。

但是，如何使用现阶段并不完善的仪器模拟人脑的所有复杂性呢？

通过研究人脑，神经科学家们发现其空间结构在从视觉到抽象思维的所有感知和认知任务中都起着至关重要的作用。目前，研究人员已经发现了许多复杂的几何结构，例如帮助我们进行惯性导航的网格细胞（Grid Cell），以及连接到眼睛视网膜（Retina）以处理视觉刺激的皮质柱（Cortical Columns）。

研究证明，大脑的结构允许我们通过使用由输入的特定模式所激活的指定神经结构，有效地响应从感觉层接收到的信号中的模式。大脑的这种功能使它能够使用一种极其有效的方式来表示和处理从环境中获得的输入数据的全部多样性。

我们的大脑已经发展成为有效的模式识别（Pattern Recognition）和模式处理（Pattern Processing）引擎，可以主动重用特定的神经模块来处理特定的模式，从而大大减少需要的不同神经结构的数量。正是由于复杂的模块化层次结构及其各个部分的空间整合，才使这一切成为可能。

正如我们之前提到的，生物大脑结合了复杂的分层结构和空间感知数据处理的例程。这启发了神经进化的研究人员在人工神经网络领域引入类似的数据处理方法。在设计此类系统时，有必要解决以下问题。

❑　大量的输入特征和训练参数需要大规模的人工神经网络（ANN）。

❑　在物理世界中观察到的自然几何规律性和对称性的有效表示。

❑　通过引入局部性原理对输入数据进行有效处理。也就是说，当空间/语义上相邻的数据结构由互连的神经单元的模块进行处理时，它们将占据整个网络结构的相同紧凑区域。

本节我们学到了 learned about HyperNEAT 方法，该方法由 Kenneth O. Stanley 提出，旨在通过利用几何规律性来解决各种问题。接下来，我们将研究复合模式生成网络（Compositional Pattern Producing Network，CPPN）。

1.3.1　复合模式生成网络

HyperNEAT 通过引入一种称为复合模式生成网络的新型间接基因组编码方案，扩展了原始的 NEAT 算法。这种类型的编码使得我们可以将表现型人工神经网络的连接模式表示为其几何形状的函数。

HyperNEAT 可将表现型神经网络的连接模式存储为一个四维超立方体，其中每个点编码两个节点（即源神经元和目标神经元的坐标）之间的连接，而连接的 CPPN 将绘制其中的各种模式。换句话说，CPPN 将计算四维函数，其定义如下：

$$w = \mathrm{CPPN}(x_1, y_1, x_2, y_2)$$

在这里，源节点位于 (x_1, y_1)，目标节点位于 (x_2, y_2)。在此阶段，CPPN 返回表现型网络中每个节点之间连接的权重（表现型网络以网格表示）。按照惯例，如果 CPPN 计算的连接权重小于最小阈值（$w_{\min}$），则不会表示两个节点之间的连接。这样，CPPN 产生的连接模式将可以表示任何网络拓扑形态。

通过发现训练数据中的规律性，连接模式可用于编码大规模的 ANN，并且可重复使用同一组基因来编码复制。所谓复制（Repetition），就是指细胞分裂时，遗传物质通过复制而转移到新产生的细胞中，新细胞由此而继承了旧细胞的基因。

按照约定，CPPN 产生的连接模式称为基板（Substrate）。

图 1-8 显示了对基于超立方体的几何连接模式的解释。

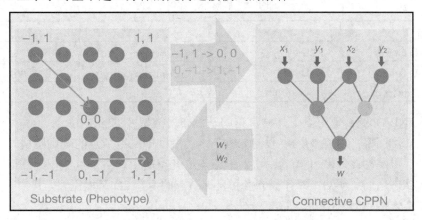

图 1-8 基于超立方体的几何连接模式的解释

原 文	译 文
Substrate(Phenotype)	基板（表现型）
Connective CPPN	连接的复合模式生成网络

与传统的 ANN 体系结构不同，CPPN 为其隐藏节点采用了一组不同的激活函数，以探索各种几何规律。例如，正弦函数可用于表示复制，而高斯函数可用于在网络的特定部分强制执行局部性（即沿坐标轴对称）。因此，CPPN 编码方案可以通过紧凑的方式表

示具有不同几何规律性的图案，如对称性、重复性、具有规律性的重复性等。

1.3.2　基板配置

CPPN 连接的基板中网络节点的布局可以采用多种形式，最适合于各种问题。实验人员有责任选择适当的布局以获得最佳性能。例如，控制径向实体（如六腿爬行器）的输出节点可能最好采用径向几何形状进行布局，以便可以使用极坐标表示连接模式。

图 1-9 显示了一些基板布局配置示例。

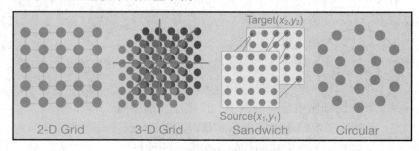

图 1-9　基板布局配置示例

原　　文	译　　文	原　　文	译　　文
2-D Grid	2D 网格	Circular	圆环
3-D Grid	3D 网格	Source(x_1,y_1)	源节点(x_1,y_1)
Sandwich	状态空间三明治	Target(x_2,y_2)	目标节点(x_2,y_2)

HyperNEAT 通常使用以下几种常见的基板布局类型（见图 1-9）。

❑　二维网格：以(0, 0)为中心的二维笛卡儿空间中网络节点的规则网格。

❑　三维网格：以(0, 0, 0)为中心的三维笛卡儿空间中网络节点的规则网格。

❑　状态空间三明治：带有源节点和目标节点的两个 2D 平面网格，其中一层可以发送连接到另一层。

❑　圆环：规则的径向结构，适用于定义基于径向几何的极坐标中的规律性。

1.3.3　不断进化的连接 CPPN 和 HyperNEAT 算法

该方法之所以被称为 HyperNEAT，是因为它使用经过修改的 NEAT 来进化 CPPN，以表示超空间（Hyperspace）中的空间模式。模式的每个表示点都由一个超立方体界定，表示低维图形（基板）中两个节点之间的连接。因此，超空间的维数是底层低维图维数的两倍。在本书第 8 章 "ES-HyperNEAT 和视网膜问题" 中，我们将详细讨论一些使用二维连接模式的示例。

图 1-10 描述了 HyperNEAT 算法的伪代码。

```
Algorithm 2: The general form of the HyperNEAT algorithm
begin
    1. Choose desired Substrate configuration (nodes layout and input/output assignments);
    2. Initialize Population of minimal CPPNs with random weights;
    repeat
        foreach organism ∈ Population do
            3. Query the CPPN of the organism for the weight of each possible connection
               in the Substrate representing its phenotype. If the absolute value of the output
               exceeds a threshold magnitude, create the connection with a weight scaled
               proportionally to the output value.;
            4. Run the Substrate as a phenotype ANN in the task domain to evaluate the
               fitness of found solutions.;
        5. Reproduce CPPN of the organisms in the Population with NEAT;
    until solution is found;
```

图 1-10　HyperNEAT 算法的一般形式

原　　文	译　　文
Algorithm 2: The general form of the HyperNEAT algorithm	算法 2：HyperNEAT 算法的一般形式
1. Choose desired Substrate configuration(nodes layout and input/output assignments)	1．选择所需的基板配置（节点布局和输入/输出分配）
2. Initialize Population of minimal CPPNs with random weights	2．初始化具有随机权重的最小 CPPN 的种群
3. Query the CPPN of the organism for the weight of each possible connection in the Substrate representing its phenotype. If the absolute value of the output exceeds a threshold magnitude, create the connection with a weight scaled proportionally to the output value	3．查询生物的 CPPN，以获取表示其表现型的基板中每个可能连接的权重。如果输出的绝对值超过阈值大小，则创建权重与输出值成比例连接
4. Run the Substrate as a phenotype ANN in the task domain to evaluate the fitness of found solutions	4．在任务域中将基板作为表现型 ANN 运行，以评估找到的解决方案的适应度
5. Reproduce CPPN of the organisms in the Population with NEAT	5．用 NEAT 复制种群中生物体的 CPPN

　　在连接性 CPPN 的进化过程中，添加到连接性 CPPN 的任何连接基因或节点基因都会导致发现整个表现型基板（新颖性状）的连接方式变化的新的全局维度。对 CPPN 基因组进行的每一次修改都代表了一种改变整体连接性模式的新方式。此外，还可以查询先前进化的连接性 CPPN，以高于训练的分辨率为基板生成连接模式，这使我们能够以任

何分辨率针对同一问题提供可行的解决方案，而且还可能没有上限。上述特性使 HyperNEAT 成为进化大规模生物启发式人工神经网络的有力工具。

ⓘ 注意：

有关 HyperNEAT 方法的更多信息，可以参考以下链接：

https://eplex.cs.ucf.edu/papers/stanley_alife09.pdf

1.4 可进化基板 HyperNEAT

HyperNEAT 方法揭示了一个事实，即自然世界的几何规律性可以通过人工神经网络来充分表示，只要人工神经网络的节点位于特定的空间位置即可。这意味着，神经网络可以从进化中获得明显的好处，它允许对大型 ANN 进行高维问题的训练，而这是普通 NEAT 算法所无法实现的。

HyperNEAT 方法虽然受到自然大脑结构的启发，但仍然缺乏自然进化过程的可塑性。在允许进化过程详细说明网络节点之间的各种连接方式的同时，HyperNEAT 方法也暴露了对网络节点放置位置的严格限制。实验人员必须从一开始就定义网络节点的布局，而研究人员做出的任何不正确的假设都会降低进化过程的性能。

通过将网络节点放置在基板中的特定位置，实验人员会对 CPPN 生成的权重模式产生意外约束。当此限制试图将自然世界的几何规律编码为产生解决方案的人工神经网络（表现型）的拓扑形态时，它将干扰 CPPN。在这种情况下，CPPN 产生的连接模式必须与实验人员定义的基板布局完全一致，且连接只能在给定的网络节点之间进行。这样的限制会导致不必要的逼近误差，从而破坏结果。对于 CPPN 来说，在已放置稍有不同位置的节点上建立连接模式可能更为有效。

1.4.1 超立方体中的信息模式

针对上述缺陷，我们自然会有这种思考：为什么要首先对节点的位置施加这种限制？如果我们将从连接模式中得出的隐含线索变成一种位置指引，按照这种指引更好地放置下一个节点以代表物理世界的自然规律，那会不会很好？

具有均匀连接权重的区域仅编码少量信息，因此其功能性的价值很小。与此同时，具有很大权重值变化梯度的区域则是信息密集区域。这样的区域可以放置额外的网络节点，以更好地编码、表示自然过程，这是有好处的。回想一下前文对 HyperNEAT 算法的讨论，我们可以将基板中两个节点之间的连接表示为三维超立方体中的一个点。

有鉴于此，研究人员提出了可进化基板 HyperNEAT（Evolvable-Substrate HyperNEAT，ES-HyperNEAT）算法，该算法的主要特征是在超立方体区域（也就是检测到连接权重方差出现很大变化的区域）中表达更多的超点（Hyper-Point）。同时，在连接权重方差较小的区域中放置较少的超点。

节点的放置和它们之间的连接可以通过连接权重的方差来决定，而这个方差是由基板给定区域不断进化的 CPPN 产生的。换句话说，除了已经从编码网络连接模式的 CPPN 接收到的信息之外，无须其他信息即可决定基板中下一个节点的放置位置。信息密度成为确定基板拓扑形态算法的主要指导原则。

表现型人工神经网络（ANN）中的节点位置表示的是信息在 CPPN 创建的连接模式中的编码位置。

1.4.2　使用四叉树作为有效的信息提取器

为了表示对超立方体内的连接权重进行编码的超点，ES-HyperNEAT 算法采用了四叉树（Quadtree）。顾名思义，四叉树是一种树型数据结构，其中的每个内部节点恰好有 4 个子节点。选择此数据结构是因为其固有的特性，可以使其表示不同粒度级别的二维区域。

有了四叉树，我们就可以将感兴趣的任何区域划分为 4 个子区域，以此来组织有效的二维空间搜索，每个子区域都成为树的叶子，而根（父）节点则代表初始区域。

使用基于四叉树的信息提取方法，ES-HyperNEAT 即可从实验人员预先定义的输入和输出节点开始，以迭代方式寻找基板 ANN 二维空间中节点之间的新连接。与直接在四维超立方体空间中搜索相比，该方法在计算上更加有效。

图 1-11 显示了使用四叉树数据结构提取信息的示例。

基于四叉树的搜索算法分为两个主要阶段。

（1）划分和初始化。在此阶段，按递归方式将初始基板空间划分为从(-1, -1)到(1, 1)的区域，以此来创建四叉树。达到所需的树深度时，划分将停止。这隐式确定了有多少个子空间适合基板的初始空间（也就是初始化分辨率）。

此后，对于每个中心在(a, b)的四叉树节点，将使用(a, b, x_i, y_i)参数查询 CPPN 以查找连接权重。当找到特定四叉树节点 p 的 k 个叶节点的连接权重时，可以通过以下公式计算该节点的方差：

$$\sigma^2 = \sum_{i=1}^{k}(\bar{w} - w_i)^2$$

其中，$\bar{w}$ 是 k 个叶节点之间的平均连接权重，w_i 是到特定叶节点的连接权重。

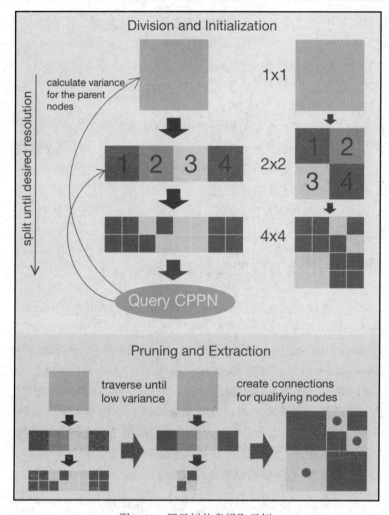

图 1-11　四叉树信息提取示例

原　　文	译　　文
Division and Initialization	划分和初始化
split until desired resolution	拆分至需要达到的分辨率
calculate variance for the parent nodes	计算亲本节点的方差
Query CPPN	查询 CPPN
Pruning and Extraction	修剪和提取
traverse until low variance	遍历直到低方差
create connections for qualifying nodes	为合格节点创建连接

计算出的方差值是特定基板区域中信息存在的启发式指标。如果该值高于特定的划分阈值（该阈值实际上定义的就是我们所需的信息密度），则可以对基板的相应正方形重复划分阶段。这样，我们所需的信息密度就可以通过算法来实现。

图 1-11 的上半部分，直观演示了如何使用四叉树数据结构完成划分和初始化。

💡 提示：

再重复一下，由于黑白印刷的关系，本书中的部分图片可能无法很好地辨识颜色差异。例如，在图 1-11 的上半部分，4 个大的正方形按顺序标记有 1、2、3、4，但青色的颜色差异无法正确识别。因此，建议通过以下网址下载本书图片的彩色版本：

https://static.packt-cdn.com/downloads/9781838824914_ColorImages.pdf

（2）修剪和提取。为确保在具有较高信息密度（高权重方差）的区域中表示更多的连接（和基板中的节点），修剪和提取过程将在前一阶段生成的四叉树上执行。

四叉树遍历是深度优先（Depth-First）的，直到当前节点的方差小于方差阈值 σ_t^2 或该节点没有子级（零方差）为止。对于每个合格的节点，连接是在其中心(x, y)与每个父节点之间定义的，这可以由实验人员定义，也可以在这两个阶段的前一阶段找到（即从由 ES-HyperNEAT 方法创建的隐藏节点中找到）。

在图 1-11 的下半部分，可以直观地看到修剪和提取阶段的工作方式。

1.4.3　ES-HyperNEAT 算法

ES-HyperNEAT 算法从用户定义的输入节点开始，浏览来自它们的连接并将这些连接发送到新表达的隐藏节点。使用四叉树信息提取方法即可完成输出连接模式的表示和基板空间内隐藏节点的放置（第 1.4.2 节"使用四叉树作为有效的信息提取器"已经详细介绍了该方法）。反复应用该信息提取过程，直至达到所需的信息密度，或者直至在超立方体中找不到更多信息为止。之后，通过将输出的连接模式表示为输出，可以将结果网络连接到用户定义的输出节点。该过程也可以使用四叉树信息提取。只有那些隐藏节点才保留在最终网络中，最终网络具有到输入节点和输出节点的路径。

现在，我们在表现型 ANN 的基板中定义了许多节点和连接。通过引入额外的频段修剪（Band Pruning）处理阶段，从网络中删除某些节点是很有帮助的。在此阶段，我们将仅保留特定频段内的点，而删除频段边缘上的点。通过使频段更宽或更窄，CPPN 可以管理编码信息的密度。

有关频段修剪的更多详细信息，可参见 ES-HyperNEAT 论文，其网址如下：

https://eplex.cs.ucf.edu/papers/risi_alife12.pdf

图 1-12 描述了 ES-HyperNEAT 算法的伪代码。

```
Algorithm 3: ES-HyperNEAT Algorithm
Parameters: initialDepth, maxDepth, varianceThreshold, bandThreshold, iterationLevel,
             divisionThreshold
Input      : CPPN, InputPositions, OutputPositions
Output     : Connections, HiddenNodes
begin
    // Input-to-hidden node connections
    foreach input ∈ InputPositios do
        // Analyze outgoing connectivity pattern from input
        root ⟵ DivisionAndInitialization(input.x, input.y, true);
        // Traverse quadtree and store qualified connections
        PruningAndExtraction(input.x, input.y, inputConnections, root, true);
        foreach c ∈ inputConnections do
            node ⟵ Node(c.x2, c.y2);
            if node ∉ HiddenNodes then
                HiddenNodes ⟵ HiddenNodes ∪ node;

    // Hidden-to-hidden node connections
    UnexploredHiddenNodes ⟵ HiddenNodes;
    for i ← 1 to iterationLevel do
        foreach hidden ∈ UnexploredHiddenNodes do
            root ⟵ DivisionAndInitialization(hidden.x, hidden.y, true);
            PruningAndExtraction(hidden.x, hidden.y, hidnConnections, root, true);
            foreach c ∈ hidnConnections do
                node ⟵ Node(c.x2, c.y2);
                if node ∉ HiddenNodes then
                    HiddenNodes ⟵ HiddenNodes ∪ node;

            // Remove explored nodes
            UnexploredHiddenNodes ⟵ HiddenNodes − UnexploredHiddenNodes;

    // Hidden-to-output node connections
    foreach ouput ∈ OutputPositions do
        // Analyze incoming connectivity to the output
        root ⟵ DivisionAndInitialization(output.x, output.y, false);
        PruningAndExtraction(output.x, output.y, outputConnections, root, false);
        /* No new nodes created here because all hidden nodes that connected
           to input/output already expressed                                 */

    connections ⟵ inputConnections ∪ hidnConnections ∪ outputConnections;
    Remove nodes and their connections that do not have a path to input and output nodes.
```

图 1-12　ES-HyperNEAT 算法

原　文	译　文
Algorithm 3: ES-HyperNEAT Algorithm	算法 3：ES-HyperNEAT 算法
Parameters: initialDepth, maxDepth, varianceThreshold, bandThreshold, iterationLevel, divisionThreshold	参数：initialDepth（初始化深度），maxDepth（最大深度），varianceThreshold（方差阈值），bandThreshold（频段阈值），iterationLevel（迭代层级），divisionThreshold（划分阈值）
Input: CPPN, InputPositions, OutputPositions	输入：CPPN（复合模式生成网络），InputPositions（输入位置），OutputPositions（输出位置）
Output: Connections, HiddenNodes	输出：Connections（连接），HiddenNodes（隐藏节点）
// Input-to-hidden node connections	// 从输入到隐藏的节点连接
// Analyze outgoing connectivity pattern from input	// 分析输入的传出连接模式
// Traverse quadtree and store qualified connections	// 遍历四叉树并存储合格的连接
// Hidden-to-hidden node connections	// 从隐藏到隐藏的节点连接
// Remove explored nodes	// 删除已浏览的节点
// Hidden-to-output node connections	// 从隐藏到输出的节点连接
// Analyze incoming connectivity to the output	// 分析到输出的传入连接
/* No new nodes created here because all hidden nodes that connected to input/output already expressed */	/* 此处未创建新节点，因为所有已连接到输入/输出的隐藏节点均已表达 */
Remove nodes and their connections that do not have a path to input and output nodes	删除无输入和输出节点路径的节点及其连接

ES-HyperNEAT 算法利用了 NEAT 和 HyperNEAT 方法的所有优点，并引入了更强大的新功能，具体包括以下方面。

❑　将隐藏节点自动放置在基板内，以精确匹配由进化的 CPPN 表示的连接模式。

❑　通过初始 CPPN 架构的特定设计，我们可以使用偏向于局部性的方式启动进化搜索，这种固有的能力使我们能够更轻松地生产模块化表现型人工神经网络。

❑　使用 ES-HyperNEAT，可以通过在进化过程中增加基板中节点和连接的数量来精细化现有的表现型 ANN 结构。这与 HyperNEAT 是相反的，因为在 HyperNEAT 中，预定义了基板节点的数量。

ES-HyperNEAT 算法使我们能够使用原始的 HyperNEAT 体系结构，而无须更改 NEAT 组成部分的遗传结构。同时，成功解决了因为使用 HyperNEAT 算法而难以解决的问题（HyperNEAT 算法很难事先创建合适的基板配置）。

ℹ 注意：

有关 ES-HyperNEAT 算法及其更多详细信息，可访问：

https://eplex.cs.ucf.edu/papers/risi_alife12.pdf

1.5　新颖性搜索优化方法

大多数机器学习方法（包括进化算法）都基于目标函数的优化进行训练。优化目标函数的方法所基于的主要重点是，提高求解器（Solver）性能的最佳方法是对接近目标的行为给予奖励。在大多数进化算法中，与目标的接近程度由求解器的适应度（Fitness）来衡量。生物性能的度量标准由适应度函数（Fitness Function）定义，而这个适应度函数正是对生物适应其生存环境的进化压力的隐喻。

根据这一范式，适应度最佳的生物将更适合其生存环境，并且最适用于寻找解决方案。

虽然直接的适应度函数优化方法在许多简单情况下效果都很好，但是对于更复杂的任务，它往往成为局部最优陷阱的受害者。收敛到局部最优值意味着在适应度函数优化过程中，搜索空间中没有局部步长可以提供任何改进。传统的遗传算法使用变异和孤岛机制来逃避这种局部最优。但是，正如下文实验中所发现的那样，它可能并不总是能解决误导（欺骗）性的问题，或者找到成功的解决方案会花费很长时间。

许多现实世界中的问题都具有这种误导性的适应度函数态势，无法通过仅基于测量当前解决方案与目标的接近程度的优化过程来解决。例如，我们可以考虑一个在未知城市中导航的任务（该城市的街道采用的是类似迷宫的不规则模式）。在这样的任务中，前往目的地通常意味着要沿着具有误导或迷惑性的道路行驶，因为表面上你可能在远离目的地，需要几经周折才能到达目的地。但是，如果你决定从与目标方向对齐的道路开始，那往往会导致死路一条，因为目标可能就在墙后但却无法到达。

1.5.1　新颖性搜索与自然进化

通过研究自然选择在物理世界中的工作方式，我们可以看到进化多样性背后的推动力是对新颖性（Novelty）的追求。换句话说，任何正在进化的物种都可以通过发现新的行为模式而获得比其竞争对手更立竿见影的进化优势，这使他（它）们可以更有效地利用环境。自然进化没有明确的目标，它通过奖励对新行为的探索和开发来拓宽了解搜索的空间。这种新颖性被认为是自然世界中许多隐藏的创造力的代名词，可以使进化进一步精细化为更复杂的行为和生物结构。

Joel Lehman 从这种自然进化中获得启发，他提出了一种用于人工进化过程的搜索优化新方法，称为新颖性搜索（Novelty Search）。使用这种方法后，无须定义特定的适应度函数或将其用于解决方案搜索；相反，每个发现的解决方案的新颖性都会在神经进化过程中得到直接奖励。

因此，所发现的解决方案的新颖性会将神经进化导向最终目标。这种方法为我们提供了一个机会，可以独立于生存适应压力，充分利用进化的创造力，从而使解决方案适应特定的用例。

迷宫导航实验可以证明新颖性搜索的有效性。在该实验中，基于目标的搜索想要找到简单迷宫的解决方案，需要经历比新颖性搜索多得多的步骤（即多进化很多世代）。而对于那些具有误导（欺骗）性设计的很困难的迷宫，基于目标的搜索根本找不到任何解决方案。本书第 5 章"自主迷宫导航"将进一步讨论迷宫导航实验。

1.5.2　新颖性度量

新颖性搜索方法采用新颖性度量（Novelty Metric）来跟踪每个新个体的行为的唯一性。也就是说，新颖性度量是对新生物与行为空间中其他种群之间的距离度量。有效的新颖性度量实现应允许我们在行为空间的任何点计算稀疏度（Sparseness）。任何具有更密集访问点聚类的区域都不太新颖，并且产生的进化奖励也更少。

在某个点上最简单的稀疏度的度量是在行为空间中到该点的 k 个最近邻居的平均距离。当此距离很大时，该兴趣点就是在稀疏区域。同时，较密集的区域则以较小的距离值标记。因此，该点的稀疏度由以下公式给出：

$$\rho(x) = \frac{1}{k} \sum_{i=0}^{k} \mathrm{dist}(x, \mu_i)$$

其中，μ_i 是 x 的第 i 个最近邻居，由距离度量 $\mathrm{dist}(x, \mu_i)$ 计算得出。距离度量是两个个体之间行为差异的特定领域的度量指标。

稀疏地区的候选者将获得较高的新颖性分数。当该分数超过某个最低阈值 $\rho_{\min}$ 时，该位置上的个体将被添加到最佳表现者档案中，该档案表征了行为空间中先前解决方案的分布。种群的当前世代与该档案一起定义了搜索过的地方和现在的位置。因此，通过最大化新颖性度量，搜索的梯度将指引新的行为，但没有任何明确的目标。不过，新颖性搜索仍然受有意义的信息驱动，因为探索新行为需要全面利用搜索域。

图 1-13 显示了新颖性搜索算法的伪代码。

```
Algorithm 4: The Novelty Search Method
Parameters: noveltyThreshold
Input       : Population, NoveltyArchive
Results     : Each organism in a population will be evaluated with novelty metric against
              NoveltyArchive and other organisms in Population. If its novelty score
              exceeds noveltyThreshold, it would be added to the NoveltyArchive. The
              Fitness value of each organism will be updated with its novelty scores. Later
              the fitness scores of organisms can be used by evolutionary algorithms to
              decide what organisms suitable for reproduction.
begin
    foreach organism ∈ Population do
        // Calculate novelty score for organism among
        // Population combined with NoveltyArchive
        novelty ⟵ AvgKnnDistance(organism, Population, NoveltyArchive);
        if novelty > noveltyThreshold then
            // Add organism to the NoveltyArchive
            NoveltyArchive ⟵ NoveltyArchive ∪ organism;
            // Remove from novelty archive records with lowest
            // novelty scores to maintain its size.
            PurgeNoveltyArchive(NoveltyArchive)
        /* Set fitness value of organism to the novelty score to be used on the
           next stage of evolutionary algorithm, such as reproduction, where
           most fit organisms have a chance to produce offspring.        */
        organism.Fitness ⟵ novelty
```

图 1-13　新颖性搜索算法

原　　文	译　　文
Algorithm 4: The Novelty Search Method	算法 4：新颖性搜索算法
Parameters: noveltyThreshold	参数：noveltyThreshold（新颖性阈值）
Input: Population, NoveltyArchive	输入：Population（种群），NoveltyArchive（新颖性档案）
Results: Each organism in a population will be evaluated with novelty metric against NoveltyArchive and other organisms in Population. If its novelty score exceeds noveltyThreshold, it would be added to the NoveltyArchive. The Fitness value of each organism will be updated with its novelty scores. Later the fitness scores of organisms can be used by evolutionary algorithm to decide what organisms suitable for reproduction	结果：种群中的每种生物都将对比 NoveltyArchive 和种群中的其他生物，即进行新颖性度量。如果其新颖性分数超过 noveltyThreshold，则将其添加到 NoveltyArchive。每种生物的 Fitness（适应度）值将通过其新颖性分数进行更新。在后期，进化算法可以使用生物的适应度分数来决定哪些生物适合繁殖
// Calculate novelty score for organism among // Population combined with NoveltyArchive	// 结合NoveltyArchive计算种群中生物的新颖性分数
// Add organism to the NoveltyArchive	// 将生物添加到 NoveltyArchive

续表

原　文	译　文
// Remove from novelty archive records with lowest // novelty scores to maintain its size	// 新颖性得分最低的新颖性记录将从档案中删除，以保持其大小
/* Set fitness value of organism to the novelty score to be used on the next stage of evolutionary algorithm, such as reproduction, where most fit organisms have a chance to produce offspring. */	/* 将生物的适应度值设置为新颖性分数，在进化算法的下一阶段将使用到该值，例如，在繁殖阶段，适应度高的生物才有机会产生后代。 */

新颖性搜索优化方法允许进化过程在任何误导性空间中搜索解决方案并找到最佳解决方案。通过这种方法，当种群被迫不收敛于特定的解决方案（局部最优）而不得不探索整个解决方案空间时，即有可能实现发散进化。尽管该方法在搜索过程中似乎完全忽略了明确目标，有点违反直觉，但是它不失为一种非常有效的搜索优化方法。而且，在大多数情况下，它可以比传统的基于目标的搜索方法更快地找到最终目标。

ⓘ 注意：

有关详细信息，可以参考以下链接：

http://joellehman.com/lehman-dissertation.pdf

1.6　小　　结

本章讨论了用于训练人工神经网络的不同方法，考虑了传统的基于梯度下降的方法与基于神经进化的方法的不同。在此基础上，我们详细介绍了一种最流行的神经进化算法（NEAT）和它的两种扩展算法（HyperNEAT 和 ES-HyperNEAT）。最后，本章解释了新颖性搜索（Novelty Search）优化方法，它可以找到各种具有误导（欺骗）性问题的解决方案，而这些误导性问题往往是基于目标的搜索方法无法解决的。

在第 2 章中，我们将介绍可用的库，以便可以在 Python 中进行神经进化实验。我们还将演示设置工作环境的方式，并介绍有哪些工具可用于管理 Python 生态系统中的依赖关系。

1.7　延 伸 阅 读

为了更深入地理解本章讨论的主题，可以查看以下链接：

❑　NEAT：

http://nn.cs.utexas.edu/downloads/papers/stanley.phd04.pdf

❑　HyperNEAT：

https://eplex.cs.ucf.edu/papers/stanley_alife09.pdf

❑　ES-HyperNEAT：

https://eplex.cs.ucf.edu/papers/risi_alife12.pdf

❑　Novelty Search：

http://joellehman.com/lehman-dissertation.pdf

第 2 章　Python 库和环境设置

本章将介绍用来实现第 1 章中描述的神经进化算法的 Python 库。

首先，我们将讨论所介绍的每个库的优缺点，并提供基本的用法示例。然后，我们将介绍如何为本书后面各章节进行的实验设置环境，并研究在 Python 生态系统中实现此目的的常用方法。最后，我们将演示如何使用 Anaconda Distribution 建立工作环境，Anaconda Distribution 是数据科学家用来管理 Python 依赖关系和虚拟环境的流行工具。

本章将讨论以下主题：

❑ 适用于神经进化实验的 Python 库。

❑ 环境设置。

2.1　适用于神经进化实验的 Python 库

Python 编程语言是人工智能领域与机器学习和研发相关活动中最受欢迎的语言之一。最杰出的框架要么是使用 Python 编写的，要么提供相应的接口。Python 之所以深受欢迎，跟它短而平滑的学习曲线分不开（也就是说，它不但易学，而且很快就可以上手）。Python 本质上是可编写脚本的语言，这使得实验人员可以迅速开展工作。因此，在机器学习社区，使用 Python 是普遍趋势。为了支持神经进化算法，开发人员使用 Python 编写了多个库，并且随着时间的推移，库的数量在持续增长。本节将讨论进化算法领域中用于实验的最稳定的 Python 库。

2.1.1　NEAT-Python

顾名思义，NEAT-Python 是 NEAT 算法通过 Python 编程语言实现的。NEAT-Python 库提供了用于种群中生物体基因组遗传进化的标准 NEAT 方法的实现。它实现了将生物体的基因型转化为其表现型（人工神经网络）的实用程序，并提供了方便的方法来加载和保存基因组配置以及 NEAT 参数。此外，它还实现了有用的例程，因此它可以收集有关进化过程执行的统计信息以及保存/加载中间检查点的方法。检查点（Checkpoint）使我们可以定期保存进化过程的状态，并从保存的检查点数据中恢复进化过程的执行。

NEAT-Python 算法具有以下优点。
- ❑　稳定的实现。
- ❑　提供了比较完善的说明文档。
- ❑　可以通过 PIP 程序包管理器使用它，方便安装。
- ❑　具有内置的统计信息收集并支持存储执行检查点，以及从给定的检查点恢复执行。
- ❑　提供多种类型的激活函数。
- ❑　支持连续时间循环神经网络表现型。
- ❑　可以轻松扩展以支持各种 NEAT 修改。

NEAT-Python 算法的缺点如下。
- ❑　默认情况下，仅实现了 NEAT 算法。
- ❑　目前处于维护状态，未进行任何积极的开发。

2.1.2　NEAT-Python 用法示例

以下是 NEAT-Python 库用法的一般性示例，没有考虑任何特别的问题。它描述了要采取的典型步骤以及如何获得必要的结果。在本书中，我们将广泛使用该库。如果读者想一睹为快的话，可以跳到具体用法示例部分，但是我们建议读者完全通读本章，以了解其他可选库的更多信息。

（1）加载 NEAT 设置和初始基因组配置：

```
config = neat.Config(neat.DefaultGenome, neat.DefaultReproduction,
neat.DefaultSpeciesSet, neat.DefaultStagnation, config_file)
```

这里，config_file 参数指向包含 NEAT-Python 库设置和初始基因组默认配置的文件。

（2）根据配置数据创建生物种群：

```
p = neat.Population(config)
```

（3）添加统计报告器（Reporter）和检查点收集器（Collector）：

```
# 将进度输出到标准输出 stdout
p.add_reporter(neat.StdOutReporter(True))
stats = neat.StatisticsReporter()
p.add_reporter(stats)
p.add_reporter(neat.Checkpointer(5))
```

（4）按指定数量的世代（本示例中为 300）运行进化过程：

```
winner = p.run(eval_genomes, 300)
```

这里，eval_genomes 是一个函数，用于针对特定适应度函数评估种群中所有生物的基因组，而 winner 则是表现最佳的基因型。

（5）从基因组创建表现型 ANN，如下所示：

```
winner_ann = neat.nn.FeedForwardNetwork.create(winner, config)
```

（6）使用输入数据查询 ANN 计算结果：

```
for xi in xor_inputs:
    output = winner_ann.activate(xi)
    print(xi, output) # print results
```

前面的源代码是给人一种库的感觉。完整的代码示例将在随后的章节中提供。

ⓘ 注意：

要获得该库，可以访问：

https://github.com/CodeReclaimers/neat-python

2.1.3　PyTorch NEAT

PyTorch NEAT 库围绕 NEAT-Python 库构建。它为 NEAT-Python 库与 PyTorch 平台生成的工件提供了轻松的集成。其结果就是，有可能将 NEAT 基因组转化为表现型人工神经网络，这是基于循环神经网络的 PyTorch 实现的。此外，PyTorch NEAT 还使开发人员能够将复合模式生成网络（Compositional Pattern Producing Networks，CPPN）表示为 PyTorch 结构，这是 HyperNEAT 算法的主要构建块。与 PyTorch 集成的主要优势在于，开发人员能够利用 GPU 进行计算。由于对不断进化的种群中的生物体基因组进行评估的速度越来越快，因此 PyTorch NEAT 有可能加速进化过程。

PyTorch NEAT 的优点如下。

❏　基于稳定的 NEAT-Python 库构建，这使开发人员可以利用 NEAT-Python 库的所有优点。

❏　与 PyTorch 框架集成。

❏　由于可以利用 GPU 进行计算，因此可加速 NEAT 基因组的评估。

❏　包括 CPPN 实现，而 CPPN 是 HyperNEAT 算法的构建块。

❏　与 OpenAI GYM 环境集成。

PyTorch NEAT 的缺点如下。

❏　仅 NEAT 算法已完全实现。

❑　仅对 HyperNEAT 算法的实现提供部分支持。

ℹ️ **注意：**

有关 OpenAI GYM 的详细信息，可以访问：

https://gym.openai.com

2.1.4　PyTorch NEAT 用法示例

下面是使用 PyTorch NEAT 库来实现小车摆杆平衡控制器的示例。这里仅是一个概述，本书后面的章节将更深入地研究极点平衡问题。

（1）加载 NEAT 设置和种子基因组配置：

```
config = neat.Config(neat.DefaultGenome, neat.DefaultReproduction,
        neat.DefaultSpeciesSet, neat.DefaultStagnation, config_file)
```

这里，config_file 文件存储了 NEAT 算法设置以及默认的基因组配置。

（2）根据配置数据创建生物种群：

```
pop = neat.Population(config)
```

（3）根据 PyTorch 和 OpenAI GYM 准备多环境基因组评估器（Evaluator）：

```
def make_env():
    return gym.make("CartPole-v0")

def make_net(genome, config, bs):
    return RecurrentNet.create(genome, config, bs)

def activate_net(net, states):
    outputs = net.activate(states).numpy()
    return outputs[:, 0] > 0.5

evaluator = MultiEnvEvaluator(
    make_net, activate_net, make_env=make_env,
    max_env_steps=max_env_steps
)

def eval_genomes(genomes, config):
    for _, genome in genomes:
        genome.fitness = evaluator.eval_genome(genome, config)
```

这里，对 gym.make("CartPole-v0")函数的调用就是对 OpenAI GYM 框架的调用，以创建单极平衡环境。

（4）添加统计信息和日志报告器：

```
stats = neat.StatisticsReporter()
pop.add_reporter(stats)
reporter = neat.StdOutReporter(True)
pop.add_reporter(reporter)
logger = LogReporter("neat.log", evaluator.eval_genome)
pop.add_reporter(logger)
```

（5）按指定数量的世代（本示例中为 100）运行进化过程：

```
winner = pop.run(eval_genomes, 100)
```

这里，eval_genomes 是一个函数，用于特定适应度函数评估种群中所有生物的基因组，而 winner 则是发现的表现最好的基因型。

（6）从基因组创建表现型人工神经网络，代码如下：

```
winner_ann = RecurrentNet.create(genome, config, bs)
```

这里，genome 是 NEAT 基因组配置，config 是封装 NEAT 设置的对象，bs 是指示所需批次（Batch）大小的参数。

（7）使用输入数据查询 ANN 以获取结果：

```
action = winner_ann.activate(states).numpy()
```

这里，action 是模拟中使用的动作说明符，而 states 是张量，该张量包括从模拟器（Simulator）获得的环境的当前状态。

ℹ 注意：

要获得该库的源代码，可以访问：

https://github.com/uber-research/PyTorch-NEAT

上面的源代码只是让读者感受一下 PyTorch NEAT 库，对它有一个初步的认识。完整的代码示例将在本书随后的章节中提供。

2.1.5　MultiNEAT

MultiNEAT 是本书所讨论的库中最通用的库，因为它不但支持标准的 NEAT 算法，而且支持两个关键的扩展：HyperNEAT 和 ES-HyperNEAT。另外，MultiNEAT 库还提供了一种新颖性搜索优化方法的实现。

MultiNEAT 库使用 C++编程语言编写，但提供了全面的 Python 接口。开发人员也可以通过 Anaconda 软件包管理器使用 MultiNEAT Python wheel（*.whl 格式包），从而轻松地在任何操作系统中安装和使用。

MultiNEAT 库的优点如下。

❑ 稳定的实现。

❑ 可实现 NEAT 系列的多种算法，例如：

➢ NEAT。

➢ HyperNEAT。

➢ ES-HyperNEAT。

❑ 提供新颖性搜索（Novelty Search）优化方法的实现。

❑ 通过 Hebbian 学习支持可塑性神经网络。

❑ 通过 Python 中的 OpenCV 提供基因型和表现型的可视化。

❑ 与 OpenAI GYM 环境集成。

❑ 提供了比较完善的说明文档。

MultiNEAT 库的缺点如下。

❑ 不支持 GPU。

❑ 不支持检查点。

2.1.6　MultiNEAT 用法示例

下面是使用 MultiNEAT 库通过神经进化实现 XOR 求解器的示例。这里只是一个概述，没有实现 XOR 适应度评分评估器（evaluate_xor），第 3 章将会就此展开详细讨论。

（1）创建 NEAT 配置的设置：

```
params = NEAT.Parameters()
params.PopulationSize = 100
# 为简洁起见，其余设置省略
```

（2）创建最小的基因组配置，并从该基因组中孵化一个生物种群：

```
g = NEAT.Genome(0, 3, 0, 1, False,
        NEAT.ActivationFunction.UNSIGNED_SIGMOID,
        NEAT.ActivationFunction.UNSIGNED_SIGMOID, 0, params, 0)
pop =   NEAT.Population(g, params, True, 1.0, i)
```

（3）按 1000 个世代运行进化过程，或者直到找到获胜者（winner）为止：

```
for generation in range(1000):
    # 评估基因组
    genome_list = NEAT.GetGenomeList(pop)
    fitnesses = EvaluateGenomeList_Serial(genome_list,
                            evaluate_xor, display=False)
    [genome.SetFitness(fitness) for genome, fitness in
zip(genome_list, fitnesses)]
    # 针对指定的阈值评估适应度值
    best = max(fitness_list)
    if best > 15.0:
        # 获取最佳生物的表现型
        net = NEAT.NeuralNetwork()
        pop.Species[0].GetLeader().BuildPhenotype(net)
        # 返回获胜者的适应度和表现型 ANN
        return (best, net)

    # 下一个世代
    pop.Epoch()
```

（4）使用输入查询获胜者表现型 ANN 以获得结果：

```
net.Input( [ 1.0, 0.0, 1.0 ] )
net.Activate()
output = net.Output()
```

ℹ️ **注意：**

要获得该库，可以访问：

https://github.com/peter-ch/MultiNEAT

上面的源代码只是让读者感受一下 MultiNEAT 库，对它有一个初步的认识。完整的代码示例将在本书随后的章节中提供。

2.1.7　深度神经进化

深度神经网络（Deep Neural Networks，DNN）通过利用现代 GPU 的并行处理功能，在与模式识别和强化学习有关的任务中展示了出色的性能改进。在神经进化的背景下，探索如何将传统的深度强化学习（Deep Reinforcement Learning，Deep RL）方法与基于深度神经进化（Deep NeuroEvolution）的方法进行比较特别有趣。为了回答这个问题，UberAI

实验室的研究团队使用 Python 编程语言创建并发布了相应的库，该库使用 TensorFlow 框架来处理与 GPU 设备上的神经网络训练相关的计算。

该库提供了简单遗传算法（Genetic Algorithm，GA）和新颖性搜索优化方法的实现。同时，还提供了进化策略（Evolution Strategies）方法的实现，Evolution Strategies 是另一种进化算法。

有关 Evolution Strategies 方法的更多详细信息，可参见 Hans-Georg Beyer, *The Theory of Evolution Strategies*(进化策略理论). Springer April 27, 2001。

深度神经进化的优点如下。

❑　稳定的实现。

❑　通过与 TensorFlow 的集成启用 GPU 的计算能力。

❑　直接处理高维问题的能力，例如学习直接从像素级开始。

❑　提供新颖性搜索优化方法的实现。

❑　以无梯度方法优化 DNN。

❑　通过可视化神经进化检查器（Visual Inspector for NeuroEvolution，VINE）提供学习过程的可视化。

❑　提供与 OpenAI GYM 环境的集成。

❑　提供与 Atari 游戏环境的集成。

深度神经进化的缺点是没有提供 NEAT 系列神经进化算法（即 NEAT、HyperNEAT 和 ES-HyperNEAT）的实现。

深度神经进化库中实现的遗传算法控制着生物体的进化，这些生物体的基因组编码了用于深度神经网络的学习参数（连接权重）的向量。在每一代中，每种基因型都会得到评估并产生适应度评分。此后，将从适应度排名前列的个体中均匀选择特定数量的生物，作为下一代的父母，然后通过添加高斯噪声使每个选定亲本生物的基因型发生突变。该算法同样使用了精英主义的概念，将特定数量的适应度最佳的上一代生物添加到下一代中，而不进行任何修改。在进化过程中不应用交叉算子来简化算法。该算法中使用的DNN 拓扑形态是固定的，由实验人员手动设置。

图 2-1 描述了简单遗传算法的伪代码。

ℹ️ 注意：

有关深度神经进化实现的更多信息，可访问：

https://github.com/uber-research/deep-neuroevolution

Algorithm 5: Simple Genetic Algorithm

Parameters: mutation operator ψ, the size of population N, number of selected organisms T, policy initialization routine ϕ, fitness function F

Output : The *Elite* among populations of organisms in G generations.

begin

    for $g \leftarrow 1, 2 \ldots, G$ *generations* **do**

        for $i \leftarrow 1, \ldots, N$ *in the next generation's population* **do**

            if $g = 1$ **then**

                // Initialize random DNN with Gaussian

                $\mathcal{P}_i^{g=1} \leftarrow \phi(\mathcal{N}(0, I))$

            else

                // Select parents for next generation

                $k \leftarrow \texttt{uniformRandom}(1, T)$

            // Evaluate fitness of the organism

            $\mathcal{F}_i \leftarrow F(\mathcal{P}_i^g)$

        Sort $\mathcal{P}_i^g$ with descending order by $\mathcal{F}_i$

        // Find elite candidates for the next generation

        if $g = 1$ **then**

            // Get top ten organisms from population

            // (the population is in descending order by fitness)

            $C \leftarrow \mathcal{P}_{1\ldots10}^{g=1}$

        else

            // Get top nine organisms from the population joined with current elite

            $C \leftarrow \mathcal{P}_{1\ldots9}^g \cup Elite$

        /* The selected elite candidates C then evaluated on 30 additional episodes to reliably select the *true* elite */

        $Elite \leftarrow \arg\max_{\Theta \in C} \frac{1}{30} \sum_{j=1}^{30} F(\Theta)$

        // Copy *Elite* to the population of next generation

        $\mathcal{P}^g \leftarrow Elite \cup (\mathcal{P}^g - Elite)$ // To include the *Elite* only once

    Return : *Elite*

图 2-1　简单遗传算法

原　文	译　文
Algorithm 5: Simple Genetic Algorithm	算法 5：简单遗传算法
Parameters: mutation operator ψ, the size of population N, number of selected organisms T, policy initialization routine ϕ, fitness function F	参数：变异算子 ψ，种群规模 N，选定生物体的数量 T，策略初始化程序 ϕ，适应度函数 F
Output: The Elite among populations of organisms in G generations	输出：G 代生物种群中的精英
// Initialize random DNN with Gaussian	// 添加高斯噪声初始化随机深度神经网络（DNN）
// Select parents for next generation	// 选择下一代的亲本
// Evaluate fitness of the organism	// 评估生物的适应度

续表

原　　文	译　　文
// Find elite candidates for the next generation	// 寻找下一代的精英候选人
// Get top ten organisms from population	// 从种群中获取前 10 个生物
//(the population is in descending order by fitness)	//（种群按适应度降序排列）
// Get top nine organisms from the population joined with current elite	// 从与当前精英连接在一起的种群中获取前 9 个生物
/* The selected elite candidates C then evaluated on 30 additional episodes to reliably select the true elite */	/* 然后，选定的精英候选人 C 将进行 30 次额外的 episodes 评估，以可靠地选择真正的精英 */
// Copy Elite to the population of next generation	// 将 Elite 复制到下一代种群中
// To include the Elite only once	// 只包含一次 Elite

2.1.8　比较 Python 神经进化库

表 2-1 提供了本章讨论的 Python 库之间的快速比较。

表 2-1　Python 神经进化库比较

	NEAT-Python	PyTorch NEAT	MultiNEAT	深度神经进化
NEAT	是	是	是	否
HyperNEAT	否	部分支持（仅 CPPN）	是	否
ES-HyperNEAT	否	否	是	否
Novelty Search	否	否	是	是
OpenAI GYM	否	是	是	是
可视化	否	否	是	是
GPU 支持	否	是	否	是
PIP	是	否	否	否
Anaconda	否	否	是	否
检查点	是	是	否	是

　　NEAT-Python 库提供了出色的可视化集成，并且易于使用。但是，它有一个很大的缺点，那就是它仅在 Python 中实现，因此执行速度非常慢。它仅适用于简单的问题。

　　MultiNEAT Python 库具有用 C++实现的核心，与 NEAT-Python 库相比，它的性能稍好。它可承担更复杂的任务，创建更大的表现型 ANN。此外，它还提供了 HyperNEAT 和 ES-HyperNEAT 方法的实现，这使其成为训练大型 ANN 的正确选择。

深度神经进化库是目前最先进的神经进化实现，它使开发人员能够利用 GPU 的计算能力处理具有数百万个可训练参数的训练任务。在视觉图像处理领域经常能看到该库的应用。

在本书后面的章节中，我们将更深入地了解每个 Python 库并将它们付诸实践。

2.2　环 境 设 定

使用 Python 库时，正确设置工作环境至关重要。它们有很多依赖项，包括 Python 语言版本和系统中可用的二进制文件。所有这些都必须保持一致并具有兼容的版本。在此过程中，很容易创建相互冲突的库和语言版本的配置，从而无谓地增加调试和错误修复的难度，浪费宝贵的工作时间。

为了解决这个问题，在 Python 编程语言中引入了虚拟环境（Virtual Environment）的概念。虚拟环境允许开发人员创建隔离的 Python 环境，该环境包含在特定 Python 项目中使用的所有必需的依赖项和可执行文件。这样的虚拟环境可以在不再需要时轻松创建和删除，而不会在系统中留下任何残留物。

使用 Python 虚拟环境有很多颇受欢迎的工具，本节将重点介绍以下几种。

❑　Pipenv。
❑　Virtualenv。
❑　Anaconda。

2.2.1　Pipenv

Pipenv 是将软件包管理器与虚拟环境管理器结合在一起的工具。主要目标是使开发人员可以轻松地为包含所有必需依赖项的特定项目设置独特的工作环境。

可以使用以下命令将其与 PIP（Python 的软件包安装程序）一起安装：

```
$ pip install --user pipenv
```

上面的命令可以将 Pipenv 工具安装到用户空间中，以防止它破坏任何系统范围的软件包。

要安装所有依赖项并为项目创建一个新的虚拟环境（如果不存在的话），应转换到项目目录并运行安装，如下所示：

```
$ cd my_project_folder
$ pipenv install <package>
```

该命令可以在 my_project_folder 中创建一个新的虚拟环境，并将<package>软件包安装到其中。

提供一个配置文件（Pipfile），该文件指定应安装的软件包以及与构建过程相关的其他信息。首次运行 install 命令时，如果 Pipfile 尚不存在，则会自动创建它。

ℹ️ 注意：

有关该工具的更多信息，可访问：

https://pipenv.kennethreitz.org/en/latest/

2.2.2　Virtualenv

Virtualenv 是一个工具，可用于从 Python v3.3 开始创建隔离的 Python 环境，并且已部分集成到 venv 模块的标准库中。

该工具解决的主要问题是为每个 Python 项目分别维护唯一的一组依赖项、版本和权限。Virtualenv 通过为每个项目创建一个具有自己的安装目录的单独环境来处理此问题。这样可以防止我们与其他项目共享任何依赖项和库。同样，它也可以阻止对以全局方式安装的库的访问。

Virtualenv 是一个纯虚拟环境管理器，不提供任何程序包管理器例程。因此，它通常与包管理器（如 PIP）一起使用来管理项目的依赖项。

Virtualenv 的应用操作如下。

（1）使用 PIP 安装 Virtualenv，如下所示：

```
$ pip install virtualenv
```

（2）测试安装是否成功：

```
$ virtualenv --version
```

（3）使用以下命令为项目创建虚拟环境：

```
$ cd my_project_folder
$ virtualenv venv
```

此命令将在 my_project_folder 文件夹中创建一个新的虚拟环境。全新的环境包括一个文件夹（其中包含 Python 可执行文件）以及一个 PIP 库的副本。PIP 是一个包管理器，允许开发人员安装其他依赖项。

（4）在开始使用它之前，需要使用以下命令激活虚拟环境，可以在用户选择的终端应用程序中输入该命令：

```
$ source /path/to/ENV/bin/activate
```

在执行上述命令后，所有必要的环境变量都将被设置为与项目相关的正确值，并且终端应用程序的当前会话会将其用于所输入的任何后续命令。

（5）使用 PIP 可以轻松地将其他软件包安装到活动环境中：

```
$ pip install sqlite
```

上面的命令可以将 SQLite 软件包安装到当前活动的环境中。

如果在 pip install 命令之后未提供软件包名称，则 PIP 管理器将在当前目录中查找 requirements.txt 文件以获取要安装的软件包的规范。

ℹ️ 注意：

有关该工具的更多信息，可访问：

https://virtualenv.pypa.io/en/latest/

2.2.3　Anaconda

Anaconda Distribution 是一个软件包和虚拟环境管理器，在数据科学家和机器学习专业人员中颇受欢迎，因为它可以轻松地访问大量定制的科学图书馆（超过 1500 个）和有用的工具。除此之外，它还允许开发人员在同一个地方用 Python 和 R 编写源代码并执行脚本。

借助 Anaconda，开发人员可以轻松地创建、保存、加载源代码和在虚拟环境之间切换，以及将存储库中成千上万个由 Anaconda 团队检查和维护的软件包安装到每个虚拟环境中。

ℹ️ 注意：

要安装 Anaconda，需要从以下地址下载适合当前操作系统的安装程序。

https://www.anaconda.com/distribution/

在安装之后，可以使用以下命令创建项目的新环境：

```
$ cd my_project_folder
$ conda create --name ENV_NAME <package>
```

上面的命令可以为用户的项目创建一个新的虚拟环境，并将指定的软件包或多个软件包安装到其中。激活后，可以将其他软件包轻松地安装到新的环境中。

可以使用以下命令列出系统中可用的所有环境：

```
$ conda env list
```

可以按以下方式激活任何现有环境：

```
$ conda activate ENV_NAME
```

要停用当前的活动环境，使用以下命令：

```
$ conda deactivate
```

通过标准 PIP 或使用 conda install 命令将其他库安装到当前环境中：

```
$ conda install sqlite
```

执行完上述命令后，SQLite 将被安装到当前活动的环境中。

本书将使用 Anaconda 来管理大多数项目的依赖项和环境。

注意：

要了解更多信息，可访问以下网址获得所有可用的 Anaconda 命令：

https://docs.conda.io/projects/conda/en/latest/commands.html

2.3　小　　结

本章详细介绍了 4 个流行的 Python 库，它们均可用于神经进化领域的实验。我们讨论了每个库的优缺点，并提供了在 Python 中使用这些库的基本示例。我们还介绍了如何为基于 Python 的实验设置环境，以避免在 Python 路径中拥有同一个库的多个版本。要实现此目标，最佳方法是为每个 Python 项目创建隔离的虚拟环境，并介绍了开源社区为完成该任务创建的 3 种流行工具。在本书的其余部分，我们将使用 Anaconda 在实验中正确设置环境。

第 3 章将讨论如何使用标准 NEAT 算法来解决经典的计算机科学问题。我们将使用本章讨论的 NEAT-Python 库编写 XOR 问题求解器。此外，我们还将讨论用于配置 NEAT 算法的超参数，以及如何对其进行调整以优化神经进化过程的性能。

第 2 部分

运用神经进化方法解决经典计算机科学问题

本部分讨论如何应用基于神经进化的算法来解决经典的计算机科学问题。在本部分，将学习使用神经进化算法解决经典计算机科学问题所需的基本技术和技能。本部分将为第 3 部分讨论的更高级的技术奠定基础。

本部分包括以下章节：

❑ 第 3 章：使用 NEAT 进行 XOR 求解器优化
❑ 第 4 章：摆杆平衡实验
❑ 第 5 章：自主迷宫导航
❑ 第 6 章：新颖性搜索优化方法

第 3 章　使用 NEAT 进行 XOR 求解器优化

本章将详细介绍一个经典的计算机科学实验，该实验证明了 NEAT 算法有效并且可以创建适当的网络拓扑形态。在本章，读者将获得编写目标函数以引导 XOR 问题求解器的第一手经验，还将学习到如何选择 NEAT 算法的正确超参数来帮助解决 XOR 问题。总之，本章旨在向读者介绍如何应用 NEAT 算法解决经典计算机科学问题的基本技术。

在完成本章中描述的实验和练习之后，读者将对 XOR 实验的细节有深入的了解，并获得使用 NEAT-Python 库编写相关 Python 源代码所需的实用技能。读者还将获得设置 NEAT-Python 库的超参数以及使用可视化实用工具对实验结果进行可视化的经验，为后续章节尝试更复杂的问题做好准备。

本章将讨论以下主题：

❑　XOR 问题基础知识。

❑　如何定义目标函数以引导 XOR 问题求解器。

❑　XOR 实验的超参数选择。

❑　运行 XOR 实验。

3.1　技术要求

运行本章实验的技术要求如下。

❑　Windows 8/10、Mac OS 10.13 或更高版本、当前版本的 Linux。

❑　Anaconda 发行版 2019.03 或更高版本。

访问以下网址可获得本章代码：

https://github.com/PacktPublishing/Hands-on-Neuroevolution-with-Python/tree/master/Chapter3

3.2　XOR 问题基础知识

经典的多层感知器（MultiLayer Perceptron，MLP）或人工神经网络的拓扑形态中没有任何隐藏单元，仅能正确解决线性可分问题（Linearly Separable Problem）。有鉴于此，像这样的人工神经网络配置显然无法应用于模式识别或控制以及 optxor_experiment. pyimization 任务。但是，对于更复杂的 MLP 架构来说，其中包括一些具有某种非线性激活函数（如 Sigmoid 函数）的隐藏单元，则可以将任何函数逼近到给定的精度。因此，可以使用非线性可分问题（Non-Linearly Separable Problem）来研究神经进化过程是否可以在求解器表现型 ANN 中增长任何数量的隐藏单元。

XOR 问题求解器是强化学习（Reinforcement Learning）领域中的经典计算机科学实验，如果不对求解器算法引入非线性执行，则无法解决。该问题的解决方案搜索空间一开始是最小的，可用于证明 NEAT 算法是否可以进化 ANN 的拓扑形态。

我们可以从一种非常简单的形态开始，然后逐步增加其复杂性，直至找到所有连接均正确连线的适当网络结构为止。通过展示 NEAT 算法持续增长适当拓扑形态的能力，该 XOR 实验还表明，NEAT 可以避免适应度值显示出来的局部最大值。局部最大值（Local Maxima）其实是一个陷阱，求解器可能会卡在其中，从而产生具有错误连接模式的局部胜利者。在那之后，局部胜利者可能主导种群，以至于求解器无法解决问题。

表 3-1 定义了 XOR 运算的特征。

表 3-1　XOR 异或运算特征

输入 1	输入 2	输　　出
1	1	0
1	0	1
0	1	1
0	0	0

XOR 是一个二进制逻辑运算符，它是一个缩写，原文为 eXclusive OR，表示异或运算。由表 3-1 可知，仅当两个输入之一为 True 时，才返回 True。两个输入信号必须由非线性隐藏单元组合才能产生正确的输出信号。对于 XOR 输入的组合，没有线性函数能够将它们分为正确的类。

NEAT 算法从初始种群开始，该种群编码是一个非常简单的表现型，并逐渐进化出该表现型的拓扑形态，直至创建合适的人工神经网络。

表现型 ANN 的初始结构不包括任何隐藏单元，而是由两个输入单元、一个输出单元和一个偏置（Bias）单元组成。两个输入节点和一个偏置节点均连接到输出节点，即初始基因型有 3 个连接基因和 4 个节点基因。

偏置单元是一种特殊类型的输入，它将始终被初始化为大于 0 的特定值（通常为 1.0 或 0.5）。如果我们希望设置神经元的激活（输出或隐藏），那么这个偏置单元就是必要的。神经元的激活由应用于输入和偏置之和的相关激活函数计算得出。如果两个输入的值都为 0，则偏置单元指定的非零值就起作用了。

图 3-1 描述了初始和最小可能的 XOR 表现型。

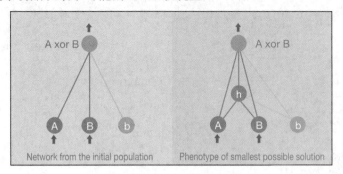

图 3-1　初始和优化 XOR 表现型

原　　文	译　　文
Network from the initial population	初始种群的网络
Phenotype of smallest possible solution	最小可能解的表现型

由于需要添加一个或多个隐藏节点来找到最终的解，因此，表现型的 ANN 将变得越来越复杂。最小的求解器仅包含一个隐藏节点（在图 3-1 中，b 表示偏置单元，h 表示隐藏节点），而 NEAT 方法则将通过在复杂求解中找到最佳求解器配置来证明其能力。

3.3　XOR 实验的目标函数

在 XOR 实验中，种群中生物的适应度将被定义为正确答案与为所有 4 个 XOR 输入模式生成的输出总和之间的平方距离。其计算方法如下。

（1）针对所有 4 个 XOR 输入模式激活表现型 ANN。

（2）从每个模式的正确答案中减去输出值，然后将结果的绝对值相加求和。

（3）从最大适应度值中减去在步骤（2）中找到的误差值，以计算生物的适应度。最高适应度值意味着更好的求解器性能。

（4）对计算出的适应度求平方，以按比例给予生物更多的适应度，从而生成求解器 ANN，为正确解提供更接近的答案。这种方法使进化压力更大。

因此，目标函数可以定义如下：

$$f = \left(4 - \sum_{i=1}^{4} \left|y_i - \mathrm{ANN}(x1_i, x2_i)\right|\right)^2$$

基于 NEAT-Python 库的相应 Python 源代码如下：

```
# XOR 输入和期望的输出值
xor_inputs = [(0.0, 0.0), (0.0, 1.0), (1.0, 0.0), (1.0, 1.0)]
xor_outputs = [ (0.0,), (1.0,), (1.0,), (0.0,)]

def eval_fitness(net):
    error_sum = 0.0
    for xi, xo in zip(xor_inputs, xor_outputs):
        output = net.activate(xi)
        error_sum += abs(output[0] - xo[0])
    # 计算放大后的适应度
    fitness = (4 - error_sum) ** 2
    return fitness
```

在上面的示例中可以看到，无须对适应度值进行归一化以适合 [0, 1]（在基于反向传播的方法中就需要进行这样的归一化），因为训练过程中不涉及向后梯度计算。生物的适应度评分是根据其绝对值直接比较的，因此，值的范围无关紧要。

也可以尝试不同的适应度评分计算方法。例如，可以实现类似于均方误差（Mean Squared Error，MSE）的函数，并针对目标函数的不同实现进行算法性能的比较。唯一的要求是目标函数应产生较高的适应度分数，以提供更好的求解器。

3.4　超参数选择

本章讨论的 XOR 实验将使用 NEAT-Python 库作为框架。NEAT-Python 库定义了一组超参数，用于控制 NEAT 算法的执行和性能。配置文件以类似于 Windows *.ini 文件的格式存储。每个部分均以方括号（[section]）名称开头，后面则是以等号（=）分隔的键/值对。

本节将详细讨论可在配置文件的各个部分找到的 NEAT-Python 库的一些超参数（Hyperparameter）。

🛈 注意：

要获取 NEAT-Python 库中超参数的完整列表，可访问以下网址：

https://neat-python.readthedocs.io/en/latest/config_file.html

3.4.1　NEAT 部分

NEAT 部分指定与 NEAT 算法相关的参数。具体参数如下。

❑ fitness_criterion：该函数将根据种群中所有基因组的一组适应度（Fitness）值计算终止标准（Criterion）。该参数值是标准聚合函数的名称，如 min（最小）、max（最大）和 mean（均值）。如果种群的最小或最大适应度超过给定的 fitness_threshold 阈值，则该最小值和最大值将用于终止进化过程。当该值设置为平均值时，则种群的平均适应度值将被用作终止标准。

❑ fitness_threshold：将该阈值与适应度值进行比较，并由 fitness_criterion 函数计算以测试是否必须终止进化。

❑ no_fitness_termination：该标志将禁用由 fitness_criterion 参数定义的基于适应度值终止进化过程的功能。如果将其设置为 True，则只有在评估达到了最大世代数之后，进化才会终止。

❑ pop_size：每一个世代中个体的数量。

❑ reset_on_extinction：这也是一个标志，用于控制当目前世代中的所有物种由于停滞而灭绝（Extinction）时，是否应创建新的随机种群。如果为 False，则在完全灭绝时抛出 CompleteExtinctionException 异常。

3.4.2　DefaultStagnation 部分

DefaultStagnation 部分定义了与物种停滞（Stagnation）例程相关的参数，由 DefaultStagnation 类实现。本部分包括以下参数。

❑ species_fitness_func：函数的名称。该函数用于计算物种的适应度，即计算属于特定物种的所有生物的聚合适应度值。允许的值为 min（最小）、max（最大）和 mean（均值）。

❑ max_stagnation：在超过 max_stagnation 世代数之后，物种通过 species_fitness_func 函数计算出适应度值。如果没有显示出提高，则该物种将被认为处于停滞状态，并且即将灭绝。

❑ species_elitism：无条件保护以防止停滞的物种数。其目的是防止新物种出现之前种群的彻底灭绝。尽管没有显示出适应度的进一步提高，但指定数量的适应度最高的物种始终生存在种群中。

3.4.3　DefaultReproduction 部分

DefaultReproduction 部分提供了由内置 DefaultReproduction 类实现的复制（Reproduction，也称为繁殖）例程的配置，包括以下参数。

❑ elitism：每个物种中适应度最高的生物的数量。物种中适应度最高的生物被视为精英（Elite），无须改变即可复制到下一代。该因子使我们得以保留以前世代中发现的任何有益突变。

❑ survivor_threshold：每个物种中允许成为下一代亲本的生物的比例，即符合性繁殖（交叉）条件的生物比例。通过调整该值，可以定义允许其参与繁殖过程的生物的最低适应度评分。这是可能的，因为 Survival_threshold 比例是从生物的排序列表中选取的，而这个排序是按适应度降序排列的。

❑ min_species_size：每个物种在繁殖周期后应保留的最小生物数量。

3.4.4　DefaultSpeciesSet 部分

DefaultSpeciesSet 部分提供了由内置 DefaultSpeciesSet 类实现的物种形成（Speciation）过程的配置，并包括以下参数。

compatibility_threshold：用于控制生物是属于同一物种（基因组距离小于该值）还是属于不同物种的阈值。如果该阈值设置得较高，则意味着在进化过程中物种形成的能力较低。

3.4.5　DefaultGenome 部分

DefaultGenome 部分定义了用于创建和维护基因组的配置参数，由 DefaultGenome 类实现。具体包括以下参数。

❑ activation_default：在节点基因中使用的激活函数的名称。

❑ activation_mutate_rate：如果基因组支持多个激活函数（如 CPPN 基因组），那么该参数定义的就是发生变异（Mutation，也称为突变）的概率。所谓变异（突变），就是用支持的函数列表中的新函数替换了节点当前的激活函数（支持的激活函数列表见 activation_options 参数）。

❑ activation_options：节点基因可以使用的激活函数的列表。使用空格分隔。

❑ aggregation_default：默认的聚合函数的名称，网络节点将使用该默认聚合函数来激活之前从其他节点接收到的任何聚合输入信号。

❑ aggregation_mutate_rate：如果基因组支持多个聚合函数，则此参数定义的就是发生突变的概率。该突变就是用支持的聚合函数列表中的新函数替换了节点当前的聚合函数（支持的聚合函数列表见 aggregation_options 参数）。

❑ aggregation_options：节点基因可以使用的聚合函数的列表。使用空格分隔。支

持的值包括 sum（求和）、min（最小值）、max（最大值）、mean（平均值）、
median（中位数）和 maxabs（绝对值最大值）。

❑ compatibility_threshold：控制生物是属于同一物种（基因组距离小于此值）还是
属于不同物种的阈值。如果该阈值设置得较高，则意味着在进化过程中物种形
成的能力较低。

❑ compatibility_disjoint_coefficient：该系数用于管理在基因组距离计算过程中，不
相交（Disjoint）或多余（Excess）基因对计算结果的贡献程度的系数（Coefficient）。
如果将该参数设置为较高的值，则会放大在基因组距离计算中不相交或多余基
因存在的重要性。

❑ compatibility_weight_coefficient：该系数用于管理在基因组距离计算过程中，节
点基因的偏置和响应属性之间的差异，以及连接基因的权重（Weight）属性之
间的差异对结果的贡献程度。

❑ conn_add_prob：在现有节点基因之间引入新连接（Connection）基因的突变概率
（Probability）。

❑ conn_delete_prob：从基因组中删除现有连接基因的突变概率。

❑ enabled_default：新创建的连接基因启用（Enabled）属性的默认值。

❑ enabled_mutate_rate：连接基因由于突变而被禁用的概率。

❑ feed_forward：控制在生成过程中生成的表现型网络的类型。如果设置为 True，
则不允许循环连接。

❑ initial_connection：指定新创建基因组的初始连接模式。允许的值包括以下方面。
  ➢ unconnected。
  ➢ fs_neat_nohidden。
  ➢ fs_neat_hidden。
  ➢ full_direct。
  ➢ full_nodirect。
  ➢ partial_direct。
  ➢ partial_nodirect。

❑ node_add_prob：添加新节点基因的突变概率。

❑ node_delete_prob：从基因组及其所有连接中删除现有节点基因的突变概率。

❑ num_hidden：初始种群基因组中隐藏节点的数量。

❑ num_inputs：初始种群基因组中输入节点的数量。

❑ num_outputs：初始种群基因组中输出节点的数量。

❑ single_structural_mutation：如果设置为 True，则在进化过程中仅允许结构突变，即仅允许添加或删除节点或连接。

3.4.6 XOR 实验超参数

XOR 实验从非常简单的初始基因组配置开始，该配置只有两个输入节点、一个输出节点和一个特殊输入——偏置节点。初始基因组中未引入隐藏节点：

```
[DefaultGenome]
# 网络参数
num_hidden = 0
num_inputs = 2
num_outputs = 1

# 节点偏置选项
bias_init_mean = 0.0
bias_init_stdev = 1.0
```

所有网络节点的激活函数均为 Sigmoid 函数，并且节点输入由 sum 函数聚合汇总：

```
[DefaultGenome]
# 节点激活选项
activation_default = sigmoid

# 节点聚合选项
aggregation_default = sum
```

编码网络的类型是前馈全连接的：

```
[DefaultGenome]
feed_forward = True
initial_connection = full_direct
```

在进化过程中，将以特定的概率添加或删除新的网络节点和连接：

```
[DefaultGenome]
# 节点添加/删除概率
node_add_prob = 0.2
node_delete_prob = 0.2

# 连接添加/删除概率
conn_add_prob = 0.5
conn_delete_prob = 0.5
```

默认情况下，所有连接都是启用的，由于突变而被禁用的可能性很小：

```
[DefaultGenome]
# 连接启用选项
enabled_default = True
enabled_mutate_rate = 0.01
```

基因组距离受亲本基因组不相交/多余部分的强烈影响，以刺激物种的多样性：

```
[DefaultGenome]
# 基因组相容性选项
compatibility_disjoint_coefficient = 1.0
compatibility_weight_coefficient = 0.5
```

物种停滞可延长至 20 代，部分阻止了独特物种的灭绝：

```
[DefaultStagnation]
species_fitness_func = max
max_stagnation = 20
species_elitism = 2
```

将某个物种内生物的生存阈值设置为较低的值，以缩小进化过程，仅允许适应度最高的生物繁殖（按适应度排序的生物列表的前 20%）。同时，还可以引入 elitism，无条件地将两个适应度最高的个体复制到每个物种的下一代。最小物种数量也会影响物种形成，可以将其保留为默认值：

```
[DefaultReproduction]
elitism = 2
survival_threshold = 0.2
min_species_size = 2
```

物种相容性（Compatibility）阈值控制种群中物种的多样性。该参数的值越高，种群越多样化。应该平衡物种多样性，以使进化过程朝着期望的方向发展，避免探索过多的搜索向量，但同时又可以探索创新：

```
[DefaultSpeciesSet]
compatibility_threshold = 3.0
```

将种群规模（也就是每一个世代中个体的数量）设置为 150，这是比较适中的，已经足以解决诸如 XOR 之类的简单问题。将终止标准（fitness_threshold）设置为 15.5，以确保当找到的解（Solution）最大限度地接近目标时（根据我们的 fitness 函数，最大适应度评分为 16.0），进化终止。

在此任务中，我们的兴趣是寻找能够解决 XOR 问题的进化获胜者，因此终止函数（fitness_criterion）是 max 函数，这意味着它将在种群中所有生物之间选择具有最大适应度的生物（也就是获胜者）：

```
[NEAT]
fitness_criterion = max
fitness_threshold = 15.5
pop_size = 150
reset_on_extinction = False
```

ℹ **注意：**

完整的配置文件（xor_config.ini）可以在与本章关联的源文件存储库的 Chapter3 目录中找到。

以上仅介绍了对 NEAT 算法的性能有很大影响的主要超参数。这些超参数的值已经被测试过，可以生成 XOR 求解器并正常工作。当然，读者也可以自行修改，看看会出现什么变化。

3.5　运行 XOR 实验

在开始进行 XOR 实验之前，还需要根据 NEAT-Python 库的要求正确设置 Python 环境。我们选择 NEAT-Python 库作为编写代码的框架，NEAT-Python 库可从 PyPI 获得，因此可以使用 pip 命令将其安装到 XOR 实验的虚拟环境中。

3.5.1　环境设置

在开始编写与 XOR 实验相关的代码之前，应创建适当的 Python 环境，并且所有依赖项都必须安装到其中。下面按照以下步骤正确设置工作环境。

（1）使用 Anaconda Distribution 中的 conda 命令创建用于 XOR 实验的 Python 3.5 虚拟环境，如下所示：

```
$ conda create --name XOR_neat python=3.5
```

ℹ **注意：**

确保已在系统中安装 Anaconda Distribution，详细操作可参见本书第 2 章 "Python 库和环境设置"。

（2）要使用新创建的虚拟环境，必须将其激活：

```
$ conda activate XOR_neat
```

（3）使用以下命令将 NEAT-Python 库安装到激活的环境中：

```
$ pip install neat-python == 0.92
```

ⓘ 注意：

这里使用了 NEAT-Python 库的特定版本（0.92），这是撰写本书时的最新版本。

（4）安装可视化实用工具所使用的可选依赖项，可以使用 conda 命令完成此操作，如下所示：

```
$ conda install matplotlib
$ conda install graphviz
$ conda install python-graphviz
```

接下来，就可以开始编写源代码了。

3.5.2　XOR 实验源代码

开始实验前，可以使用 mkdir 命令（适用于 Linux 和 Mac OS）或 md（适用于 Windows）创建一个名为 Chapter3 的目录：

```
$ mkdir Chapter3
```

ⓘ 注意：

该目录将保存与本章所述实验相关的所有源文件。

将 xor_config.ini 文件从与本章关联的源代码存储库中复制到新创建的目录中。如前文所述，该文件包含用于 XOR 实验的超参数的完整配置。

本书讨论的实验将使用各种实用工具来可视化结果，以使我们能够了解到在神经进化过程的内部所发生的事情。XOR 实验还取决于在本书的源代码存储库中的 visualize.py 文件中实现的特定可视化实用程序，因此也需要将此文件复制到 Chapter3 目录中。

💡 提示：

Anaconda Distribution 安装包括 VS Code，这是一个免费的跨平台代码编辑器。就功能而言，它相当简单明了，但为 Python 提供了出色的支持，并使其易于在虚拟环境之间进行切换。开发人员可以使用它来编写本书中描述的实验源代码。

在 Chapter3 目录中创建 xor_experiment.py 并使用喜欢的 Python 源代码编辑器编写代码。

（1）定义 import 语句，以后将会用到它们：

```python
# Python 标准库导入
import os
# NEAT-Python 库导入
import neat
# 用于可视化实验结果的辅助工具
import visualize
```

（2）如前文所述，编写适应度评估代码：

```python
# XOR 输入和适应度评估期望的相应输出
xor_inputs = [(0.0, 0.0), (0.0, 1.0), (1.0, 0.0), (1.0, 1.0)]
xor_outputs = [ (0.0,), (1.0,), (1.0,), (0.0,)]

def eval_fitness(net):
    """
    评估用于生成网络的基因组的适应度
    参数:
        net: 从基因组生成的前馈神经网络
    返回:
        适应度评分——评分越高，意味着生物的适应度越好
        最高评分: 16.0
    """
    error_sum = 0.0
    for xi, xo in zip(xor_inputs, xor_outputs):
        output = net.activate(xi)
        error_sum += abs(xo[0] - output[0])
    # 计算放大的适应度
    fitness = (4 - error_sum) ** 2
    return fitness
```

💡 提示：

　　在源代码中添加注释来描述函数的目的、输入的参数和执行代码后所返回的结果等。对源代码中的一些比较复杂的部分进行恰当的注释，可以方便后来者（也可能是你自己）更好的理解。

　　（3）在有了适应度评估函数之后，可以编写一个函数来评估当前世代中的所有生物，并相应地更新每个基因组的适应度：

```python
def eval_genomes(genomes, config):
    """
    这是评估基因组列表中每个基因组适应度的函数。
    所提供的配置将用于从每个基因组创建前馈神经网络，
    然后创建评估其求解异或问题能力的神经网络。
```

```
该函数执行的结果是：
每个基因组的适应度评分将更新为新评估的得分。
参数：
    genomes：当前世代中种群的基因组列表；
    config：带算法超参数的配置
"""
for genome_id, genome in genomes:
    genome.fitness = 4.0
    net = neat.nn.FeedForwardNetwork.create(genome, config)
    genome.fitness = eval_fitness(net)
```

（4）现在我们已经实现了评估个体基因组适应度的函数，并且已经定义了目标函数，接下来可以实现运行实验的函数。run_experiment 函数将从配置文件加载超参数配置，并创建初始基因组种群：

```
# 加载配置
config = neat.Config(neat.DefaultGenome,
        neat.DefaultReproduction, neat.DefaultSpeciesSet,
        neat.DefaultStagnation, config_file)

# 创建 Population（种群）
# Population 是 NEAT 运行的顶级对象
p = neat.Population(config)
```

（5）我们感兴趣的是收集统计数据以评估实验和实时观察进化过程。保存检查点也很重要，这样可以在出现故障的情况下从给定的检查点恢复执行。因此，可以按以下方式注册两种类型的报告器（Reporter）：标准输出（StdOutReporter）和统计信息（StatisticsReporter）收集器，另外添加一个检查点（Checkpointer）收集器：

```
# 添加一个标准输出（StdOut）报告器以显示终端的进度
p.add_reporter(neat.StdOutReporter(True))
stats = neat.StatisticsReporter()
p.add_reporter(stats)
p.add_reporter(neat.Checkpointer(5,
                filename_prefix='out/neat-checkpoint-'))
```

（6）通过 eval_genome 函数，我们准备运行神经进化 300 个世代，该函数用于评估每一个世代的种群中每个基因组的适应度评分，直至找到解决方案或该过程达到最大世代数为止：

```
# 最多运行 300 个世代
best_genome = p.run(eval_genomes, 300)
```

（7）当 NEAT 算法的执行由于成功或达到最大世代数而停止时，将返回适应度最高的基因组。可以检查该基因组是否为获胜者，也就是说，是否能够以给定的精度解决 XOR 问题：

```
# 检查适应度最高的基因组是否是适当的 XOR 求解器
best_genome_fitness = eval_fitness(net)
if best_genome_fitness > config.fitness_threshold:
    print("\n\nSUCCESS: The XOR problem solver found!!!")
else:
    print("\n\nFAILURE: Failed to find XOR problem solver!!!")
```

（8）将收集到的统计数据和最高适应度基因组可视化，以探索神经进化过程的结果，并观察其在零世代到最大世代之间的表现：

```
# 可视化实验结果
node_names = {-1:'A', -2: 'B', 0:'A XOR B'}
visualize.draw_net(config, best_genome, True,
    node_names=node_names, directory=out_dir)
visualize.plot_stats(stats, ylog=False, view=True,
    filename=os.path.join(out_dir, 'avg_fitness.svg'))
visualize.plot_species(stats, view=True,
    filename=os.path.join(out_dir, 'speciation.svg'))
```

ℹ️ 注意：

XOR 实验运行程序的完整源代码可以在以下文件中找到：

https://github.com/PacktPublishing/Hands-on-Neuroevolution-with-Python/blob/master/Chapter3/xor_experiment.py

执行上述代码，Matplotlib 将使用收集到的统计信息渲染图形。此外，它还将显示适应度最高的基因组的网络图。

3.5.3　运行实验并分析结果

在 Chapter3 目录中执行以下命令以开始实验：

```
$ python xor_experiment.py
```

💡 提示：

使用 $ conda activate XOR_neat 激活 XOR_neat 虚拟环境，否则将可能出现有关缺少 neat 软件包的错误。

在选择的终端应用程序中输入上述命令后，NEAT 算法开始执行，并且终端窗口将开始实时显示中间结果。对于每一个世代，输出如下：

```
****** Running generation 43 ******
Population's average fitness: 6.01675 stdev: 2.53269
Best fitness: 14.54383 - size: (4, 7) - species 2 - id 5368
Average adjusted fitness: 0.238
Mean genetic distance 2.482, standard deviation 0.991
Population of 151 members in 5 species:
   ID  age   size  fitness  adj fit   stag
   ====  ===  ====  =======  =======  ====
    1   43    28     9.0     0.241      0
    2   33    42    14.5     0.274      7
    3   20    39     9.0     0.306      0
    4    4    34     9.0     0.221      0
    5    1     8     8.4     0.149      0
Total extinctions: 0
Generation time: 0.045 sec (0.038 average)
```

上面的输出示例是第 43 代的输出结果。可以看到，该种群的平均适应度（6.01675）与配置文件中设置的完成标准（fitness_threshold = 15.5）相比要低得多。

但是，这里似乎也有一些潜在的冠军物种（ID：2），它们的适应度评分已经快达到目标适应度阈值了，其冠军生物进化的适应度评分为 14.54383，编码由 4 个节点和 7 个连接组成的 ANN 表现型，大小为(4, 7)。

该种群包括 151 个个体，分为 5 个物种，具有以下属性。

- ❑　ID：物种的标识符。
- ❑　age：物种的年龄，即从物种创建到现在的世代数。
- ❑　size：属于该物种的个体数量。
- ❑　fitness：根据其个体计算的物种适应度评分。在本示例中，使用的是 max（最大）值。
- ❑　adj fit：已针对整个种群的适应度得分进行调整的特定物种的适应度。
- ❑　stag：特定物种的停滞年龄，是自该物种上次适应度提高以来的世代数。

当 NEAT 算法找到合适的 XOR 求解器时，以下输出将显示在终端窗口中。它从有关最终基因组种群和获胜者（成功的 XOR 求解器）的一般统计信息开始：

```
****** Running generation 44 ******

Population's average fitness: 6.04705 stdev: 2.67702
Best fitness: 15.74620 - size: (3, 7) - species 2 - id 6531
```

```
Best individual in generation 44 meets fitness threshold - complexity:
(3, 7)
```

从上面的输出可以看到，在第 44 代，进化过程创建了一个基因组，该基因组编码一个表现型 ANN，可以按给定的精度解决 XOR 问题。该基因组属于 ID：2 物种的生物，在过去的 7 个世代中，该物种已经在进化过程中夺冠。第 44 代的冠军生物（ID：6531）是上一代 ID：2 物种中一个个体（ID：5368）的突变，它失去了一个隐藏节点，现在具有 3 个节点和 7 个连接：size: (3, 7)。

后面跟着的则是最佳基因组部分：

```
Best genome:
Key: 6531
Fitness: 15.74619841601669
Nodes:
  0 DefaultNodeGene(key=0, bias=-3.175506745721987, response=1.0,
activation=sigmoid, aggregation=sum)
  224 DefaultNodeGene(key=224, bias=-2.57967854460461154, response=1.0,
activation=sigmoid, aggregation=sum)
  612 DefaultNodeGene(key=612, bias=-1.626648521448398, response=1.0,
activation=sigmoid, aggregation=sum)
Connections:
  DefaultConnectionGene(key=(-2, 224), weight=1.9454770276940339,
enabled=True)
  DefaultConnectionGene(key=(-2, 612), weight=2.1447044917213383,
enabled=True)
  DefaultConnectionGene(key=(-1, 0), weight=-2.048078253002224,
enabled=True)
  DefaultConnectionGene(key=(-1, 224), weight=3.6675667680178328,
enabled=True)
  DefaultConnectionGene(key=(224, 0), weight=6.1133731818187655,
enabled=True)
  DefaultConnectionGene(key=(612, 0), weight=-2.1334321035742474,
enabled=True)
  DefaultConnectionGene(key=(612, 224), weight=1.5435290073038443,
enabled=True)
```

最佳基因组部分显示了种群冠军的性能统计数据及其基因组配置。

输入节点具有 ID −1 和 −2，并且由于它们相对简单而未显示，这为我们提供了将值输入到网络图中的方法。

输出节点和两个隐藏节点分别具有 ID 0、224 和 612。

另外，DefaultNodeGene 保存有偏置值、激活函数的名称以及用于聚合每个节点上的输入函数的名称。

在后面显示的连接基因（DefaultConnectionGene）则提供了源节点和目标节点的 ID，以及相关的连接权重。

最后，让我们看一下 Output（输出）部分：

```
Output:
input (0.0, 0.0), expected output (0.0,), got [1.268084297765355e-07]
input (0.0, 1.0), expected output (1.0,), got [0.9855287279878023]
input (1.0, 0.0), expected output (1.0,), got [0.9867962503269723]
input (1.0, 1.0), expected output (0.0,), got [0.004176868376596405]
```

Output 部分表示当接收 4 个输入数据对时，由种群冠军表现型 ANN 产生的输出值。可以看到，输出均在指定精度内，接近预期值。

Output 目录还包含成功的 XOR 求解器 ANN 图的示意图，如图 3-2 所示。

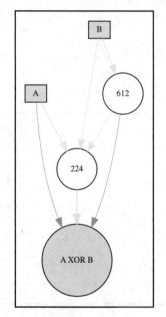

图 3-2　XOR 获胜者表现型的 ANN

获胜者表现型 ANN 接近我们之前描述的最佳配置，但它具有一个附加的隐藏节点（ID：612）。由于 NEAT-Python 库未将 bias 分配给单独的节点，因此在图 3-2 中未显示偏置节点。相反，它为每个网络节点分配了一个 bias 值作为属性，这可以在输出列表中看到（每个 DefaultNodeGene 都有一个 bias 属性）。

在 Output 目录中，还保存了包含世代进化的平均和最佳适应度变化统计信息的图形，如图 3-3 所示。

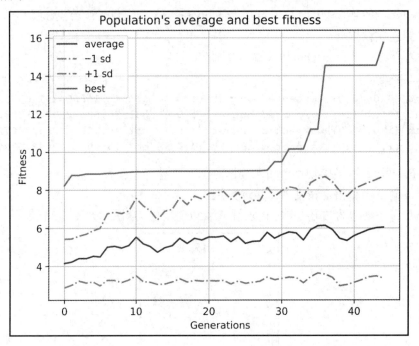

图 3-3　种群的平均和最佳适应度评分随着世代进化而变化

原　　文	译　　文
Population's average and best fitness	种群的平均适应度和最佳适应度
Fitness	适应度
Generations	世代
average	平均
−1 sd	种子值 −1
+1 sd	种子值 +1
best	最佳

图 3-3 显示了世代进化中最佳和平均适应度得分的变化，种群的平均适应度略有提高。但是，由于 NEAT 算法引入了物种形成功能，因此某些物种在早期世代（#10）中就表现出了出色的性能，并且由于保留了有益的突变，最终产生了一种冠军生物，能够按给定精度求解 XOR 问题。

Output 目录还包含了物种形成图，如图 3-4 所示。

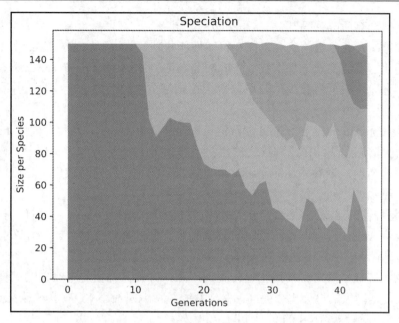

图 3-4　世代进化过程中种群的物种形成

原　　文	译　　文
Speciation	物种形成
Size per Species	每个物种的规模
Generations	世代

该物种形成图说明了在生物种群的世代进化过程中物种形成的方式。每个单独的物种都用不同的颜色标记。进化始于单个物种（ID：1），它包括整个种群。第二个物种（ID：2）大约在第 10 代发芽，最终产生了冠军生物。同样，在进化的后期，该种群在第 23、39和 42 代中又分化出 3 个物种。

3.6　练　　习

现在我们有了基于神经进化的 XOR 求解器的源代码，可以尝试通过更改 NEAT 的超参数来进行实验，因为这些参数控制了进化过程。

这里特别令人感兴趣的参数之一是 compatibility_threshold（有关解释详见第 3.4.4 节"DefaultSpeciesSet 部分"），可以在配置文件的 DefaultSpeciesSet 部分找到它。

❑　尝试增加其值并监测种群的物种形成。比较新值与默认值（3.0）的算法性能。

新值会有所改善吗？

❑　如果减小此参数的值会怎样？将其性能与默认值进行比较。

控制进化过程的另一个基本参数是 min_species_size，可以在 DefaultReproduction 部分找到它。通过更改此参数的值，可以直接控制每个物种的最小个体数，并隐式控制物种的多样性。

（1）将 compatibility_threshold 参数值设置为默认值（3.0），然后尝试将 min_species_size 参数的值增加到[2, 8]内。将算法的性能与默认值进行比较，了解物种多样性在世代进化中的变化情况。查看算法的输出，检查是否有物种已经停滞或由于超过停滞年龄而已从进化中删除。

（2）将种群的 min_species_size 参数值设置为极高的值（32），这样，在物种形成图上，可能会在进化过程即将结束时看到物种多样性的爆炸式增长。为什么会这样？检查在 Digraph.gv.svg 中描述表现型 ANN 配置的图。这是最优的吗？

增加物种的最小规模会使进化过程更加复杂，并使其保留更多有益的突变。结果就是，生成最佳基因组的机会也会提高。最佳基因组将编码最小 XOR 求解器表现型 ANN。

最小 XOR 求解器 ANN 的图形如图 3-5 所示。

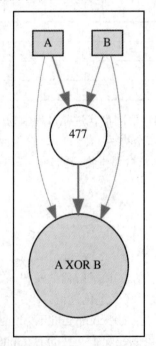

图 3-5　增加物种的最小规模之后的最佳表现型 ANN

如前文所述，最小 XOR 求解器的 ANN 只有一个隐藏节点，这在图 3-5 中也可以看到。

尝试实现一些修改后的代码，以求解三项 XOR（A xor B xor C）问题。是否可以使用本章描述的实验中的相同超参数来解决？

3.7　小　　结

本章讨论了与创建最佳 XOR 求解器有关的经典计算机科学问题。

我们首先阐释了 XOR 问题的基础，并展示了其作为神经进化的第一个实验的重要性——它使开发人员可以验证 NEAT 算法是否能够从最简单的 ANN 配置开始进化出更复杂的 ANN 拓扑形态。

然后，我们定义了最佳 XOR 求解器的目标函数，并详细描述了 NEAT 超参数。

最后，我们使用 NEAT-Python 库按定义的目标函数编写了 XOR 求解器的源代码，并且进行了实验。

实验结果成功地揭示出种群中物种的数量、每个物种的最小规模、算法性能以及所产生的 ANN 拓扑形态之间的关系。

第 4 章将开始经典的强化学习实验，这些实验通常用作控制策略实现的基准。读者将学习到如何编写现实生活中物理设备的精确模拟，以及如何使用此类模拟为 NEAT 算法定义目标函数。同时，读者将获得使用 NEAT-Python 库编写各种小车摆杆平衡控制器的控制策略的第一手经验。

第 4 章   摆杆平衡实验

本章将介绍经典的强化学习实验，该实验也是测试控制策略各种实现的既定基准。

在本章，我们考虑了小车摆杆平衡实验（Cart-Pole Balancing Experiment）的 3 项改进，并开发了可用于稳定给定配置的小车摆杆装置的控制策略。读者将学习如何编写真实物理系统的精确模拟，以及如何将其用于 NEAT 算法的目标函数的定义。学习完本章之后，读者将可以应用 NEAT 算法来实现可直接用于控制物理设备的控制器。

本章将讨论以下主题：
❑ 强化学习中的单杆平衡问题。
❑ Python 中小车摆杆装置模拟器的实现。
❑ 如何使用模拟器定义单杆平衡控制器的目标函数。
❑ 双杆平衡问题的特殊性。
❑ Python 中带有两个杆的小车摆杆装置模拟器的实现。
❑ 如何为双杆平衡控制器定义目标函数。

4.1   技 术 要 求

运行本章实验的技术要求如下。
❑ Windows 8/10、Mac OS 10.13 或更高版本、当前版本的 Linux。
❑ Anaconda 发行版 2019.03 或更高版本。

访问以下网址可获得本章代码：

https://github.com/PacktPublishing/Hands-on-Neuroevolution-with-Python/tree/master/
Chapter4

4.2   单杆平衡问题

单杆平衡器（Single-Pole Balancer）也称为倒立摆（Inverted Pendulum），是一种不稳定的摆，其质心高于其轴心点，可以通过在专门系统的控制下施加外力来稳定它。该系统监视摆杆的角度，并在它将要倾倒时按水平方向前后移动轴心点以保持平衡。单杆平衡器是动力学和控制理论中的经典问题，被用作测试控制策略（包括基于强化学习方法的策略）的基准。我们对特定控制算法的实现特别感兴趣，该算法将使用基于神经进化的方法在给定的时间内稳定倒立摆。

　　本章描述的实验考虑了倒立摆的模拟，如图 4-1 所示。该倒立摆装置包括一辆可以水平移动的小车和一根竖直摆杆。摆杆的一端安装在小车上，这个安装点就是轴心，该轴心低于摆杆的质心，使摆杆能在垂直的平面上自由地摆动。作用力 F_x 以平行于轨道的方向作用于小车，使摆杆围绕小车上的轴在竖直平面内旋转。小车沿着水平轨道运动。当没有作用力时，摆杆处于垂直的稳定平衡位置（竖直向下）。为了使杆子摆动或者达到竖直向上的稳定，需要给小车一个控制力，使其在轨道上向前或向后运动。

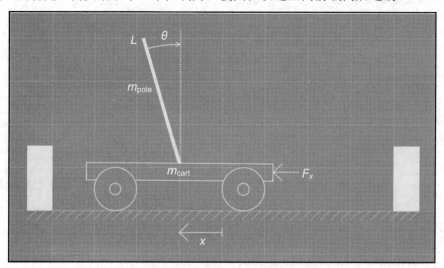

图 4-1　小车和单杆装置

　　在开始编写模拟器的源代码之前，我们需要确定其运动方程，该运动方程可用于估算任何给定时间的单杆平衡器状态变量的值。

4.2.1　单杆平衡器的运动方程

　　该控制器的目标是在小车的质心上施加一系列的力 F_x，以使单杆在特定时间（或无限时间）内保持平衡，并且小车停留在轨道内。也就是说，不要撞到左侧或右侧的墙壁。考虑到这里描述的机制，我们可以将单杆平衡任务视为避免控制问题（Avoidance Control

Problem），因为必须保持小车-摆杆设备的状态以避免状态空间的某些区域。对于适当的状态估计，不存在唯一的解决方案，并且可以避免某些区域的运动公式的任何求解结果都是可以接受的。

该学习算法需要从环境中接收有关任务的很少的知识，以训练摆杆平衡控制器。这些知识应反映控制器距离目标的远近。摆杆平衡问题的目的是稳定一个内在不稳定的系统，并使其尽可能长时间地保持平衡。因此，从环境中接收到的强化（Reinforcement）信号（r_t）必须能够反映出故障的发生。该故障可能是由于摆杆倾倒到预定角度或小车撞到了轨道边界墙壁而引起的。该强化信号 r_t 可以定义如下：

$$r_t = \begin{cases} 0 & -0.21\,弧度 < \theta_t < 0.21\,弧度且 -2.4\,\text{m} < x_t < 2.4\,\text{m} \\ -1 & 其他 \end{cases}$$

在此公式中，θ_t 是摆杆与垂直正方向之间沿顺时针方向的角度，而 x_t 则是小车相对于轨道的水平位置。

ℹ️ **注意：**

强化信号（r_t）既不取决于摆杆角速度（$\dot{\theta}$），也不取决于小车水平速度（$\dot{x}$）。它仅提供有关小车-摆杆系统动力学是否在定义的约束范围内的信息。

在不考虑摩擦的情况下，小车-摆杆系统的运动动力学公式如下：

$$\ddot{\Theta} = \frac{g\sin\theta + \cos\theta\left(\dfrac{-F_x - m_p L\dot{\theta}^2 \sin\theta}{m_c + m_p}\right)}{L\left(\dfrac{4}{3} - \dfrac{m_p \cos^2\theta_t}{m_c + m_p}\right)}$$

$$\ddot{x} = \frac{F_x + m_p L(\dot{\theta}^2 \sin\theta - \ddot{\theta}\cos\theta)}{m_c + m_p}$$

在该公式中，$\dot{\theta}$ 是摆杆的角速度，$\ddot{\theta}$ 是摆杆的角加速度，$\dot{x}$ 是小车的水平速度，而 $\ddot{x}$ 则是小车沿 x 轴的加速度。

在我们的实验中，使用了以下系统参数。

❏　$m_c = 1.0\,\text{kg}$ 是小车的质量。

❏　$m_p = 0.1\,\text{kg}$ 是摆杆的质量。

❏　$L = 0.5\,\text{m}$ 是摆杆的质心到轴心的距离。

❏　$g = 9.8\,\text{m/s}^2$ 是由于重力引起的加速度。

4.2.2　状态公式和控制动作

要模拟小车-摆杆系统实验，可以使用欧拉方程在数值上逼近运动方程，这里采用的时间步长 $\tau = 0.02\,\text{s}$。因此，该状态方程可以定义如下：

$$x_{t+\tau} = x_t + \tau\dot{x}_t$$
$$\dot{x}_{t+\tau} = \dot{x}_t + \tau\ddot{x}_t$$
$$\theta_{t+\tau} = \theta_t + \tau\dot{\theta}_t$$
$$\dot{\theta}_{t+\tau} = \dot{\theta}_t + \tau\ddot{\theta}_t$$

对于极小范围的摆杆角（如在该实验中所使用的角度），可以使用表面的线性逼近，将需要采取不同动作的系统的所有可能状态的空间划分开，这样，动作空间将由左右推动动作组成。我们在实验中使用的小车-摆杆控制器并非旨在产生零力。相反，对于每个时间步长 t，它都会以相等的幅度但相反的方向向小车的质心施加力。这样的控制系统称为 Bang-Bang 控制器（Bang-Bang Controller），可以用以下公式定义：

$$F_x = \begin{cases} 10\text{N}, & a[t]=1 \\ -10\text{N}, & a[t]=0 \end{cases}$$

在该公式中，$a[t]$ 是从求解器接收到的动作信号。给定动作值后，Bang-Bang 控制器将根据选定的动作，施加大小相同（10N）但方向相反的力 F_x。

4.2.3　求解器与模拟器之间的交互

求解器将在每个给定时间 t 接收先前描述的状态变量的比例值。这些值用作从求解器基因组表现型创建的 ANN 的输入，定义如下：

$$x_0[t] = 1.0,$$
$$x_1[t] = \frac{1}{4.8}(x[t]+2.4),$$
$$x_2[t] = \frac{1}{3}(\dot{x}[t]+1.5),$$
$$x_3[t] = \frac{1}{0.42}(\theta[t]+0.21),$$
$$x_4[t] = \frac{1}{4}(\dot{\theta}[t]+2).$$

在第一个公式中，x_0 是恒定的偏差值，$x_1 \cdots x_4$ 则分别对应小车的水平位置、小车的水平速度、摆杆在垂直方向上的角度及其角速度。

考虑到先前定义的系统约束（参见第 4.2.1 节"单杆平衡器的运动方程"中的 r_t 公式），x_1 和 x_3 的缩放比例值保证在[0, 1]内，而 x_2 和 x_4 的缩放比例值绝大多数都在[0, 1]内，但最终可能会超出这些界限。缩放状态变量可以实现以下两个基本目标。

❑　在较大的项对学习产生很大的影响时，缩放状态变量可以消除因四舍五入效应而产生的学习偏见。

❑　对于此特定任务，由于状态变量的值以零为中心，因此可以找到不需要任何隐藏单元的 ANN 求解器。但是，由于我们更希望使用 NEAT 算法进化神经网络的拓扑形态，因此引入缩放方案可确保神经进化过程最终产生编码隐藏单元的表现型。

如前文所述，摆杆平衡控制器采用缩放后的输入并产生一个输出，该输出是一个二进制值，决定了在时间 t 处要采取的动作。小车-摆杆系统的状态变量的采样率和施加控制力的速率与模拟率相同，$1/\tau = 50\,\text{Hz}$。

因此，该控制器 ANN 的初始配置如图 4-2 所示。

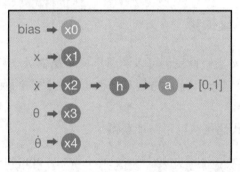

图 4-2　单杆平衡控制器 ANN 的初始配置

原　　文	译　　文
bias	偏置

单杆平衡控制器 ANN 的初始配置包括以下 5 个输入节点。

❑　x0：用于偏置的附加输入节点（根据使用的特定 NEAT 库，该输入节点是可选的）。

❑　x1：用于小车的水平位置。

❑　x2：小车的速度。

❑　x3：摆杆的垂直角度。

❑　x4：摆杆的垂直角速度。

输出节点（a）将控制信号（0 或 1）提供给应用程序的二进制节点。隐藏节点（h）是可选的，可以跳过。

4.3　单杆平衡实验的目标函数

我们的目标是创建一个摆杆平衡控制器，该控制器能够在定义的约束范围内尽可能长时间地保持系统稳定状态，但至少要在实验配置中指定的预期时间步骤（500000）内。因此，目标函数必须优化稳定的摆杆平衡的持续时间，并且将其定义为表现型 ANN 评估期间预期步骤数与实际步骤数之间的对数差。损失函数可以按如下方式给出：

$$\mathcal{L} = \frac{\log t_{max} - \log t_{eval}}{\log t_{max}}$$

在此实验中，t_{max} 是实验配置的预期时间步骤数，t_{eval} 是控制器能够在允许范围内保持稳定的摆杆平衡器状态的实际时间步骤数。有关允许范围的详细信息，参见第 4.2.1 节"单杆平衡器的运动方程"中的 r_t 强化信号定义。

4.3.1　小车-摆杆装置模拟

给定目标函数的定义，假设我们可以测量单杆平衡器处于稳定状态的时间步骤数。为了执行这样的测量，需要使用运动方程和前面定义的数据约束来实现小车-摆杆装置的模拟器。

重复一下，本章源代码可从以下网址获得：

https://github.com/PacktPublishing/Hands-on-Neuroevolution-with-Python/tree/master/Chapter4

在 work 目录中创建一个名为 cart_pole.py 的文件。此文件包含运动方程的源代码以及用于评估单杆平衡器适应度的函数。

（1）定义描述小车-摆杆装置物理特性的常量：

```
GRAVITY = 9.8 # 单位：m/s^2
MASSCART = 1.0 # 单位：kg
MASSPOLE = 0.5 # 单位：kg
TOTAL_MASS = (MASSPOLE + MASSCART)
# 从摆杆的质心到轴心的距离
#（实际上是摆杆长度的一半）
LENGTH = 0.5 # 单位：m
POLEMASS_LENGTH = (MASSPOLE * LENGTH) # 单位：kg * m
FORCE_MAG = 10.0 # 单位：N（牛顿）
```

```
FOURTHIRDS = 4.0/3.0
# 状态更新之间的秒数
TAU = 0.02 # 单位: sec
```

（2）使用这些常量来实现运动方程:

```
force = -FORCE_MAG if action <= 0 else FORCE_MAG
cos_theta = math.cos(theta)
sin_theta = math.sin(theta)
temp = (force + POLEMASS_LENGTH * theta_dot * theta_dot * \
        sin_theta) / TOTAL_MASS
# 摆杆的角加速度
theta_acc = (GRAVITY * sin_theta - cos_theta * temp) /\
            (LENGTH * (FOURTHIRDS - MASSPOLE * \
            cos_theta * cos_theta / TOTAL_MASS))
# 小车的线性加速度
x_acc = temp - POLEMASS_LENGTH * theta_acc * \
        cos_theta / TOTAL_MASS
# 使用欧拉方程更新 4 个状态变量
x_ret = x + TAU * x_dot
x_dot_ret = x_dot + TAU * x_acc
theta_ret = theta + TAU * theta_dot
theta_dot_ret = theta_dot + TAU * theta_acc
```

注意:

有关详细信息，参见本章源代码中以下函数的实现。

```
do_step(action, x, x_dot, theta, theta_dot)
```

上面的代码段使用了当前系统状态(x, x_dot, theta, theta_dot)以及控制动作 action 作为输入，并应用了前面所述的运动公式为下一个时间步骤更新系统状态。更新后的系统状态将返回以更新模拟器并检查是否违反约束。因此，接下来需要组织模拟循环。

4.3.2　模拟循环

现在，我们已经完全实现了运动方程和状态变量的数值近似，不过，这只是对小车-摆杆装置的一个时间步骤的模拟。因此，接下来还需要开始完整模拟循环的实现，该循环将使用控制器的 ANN 评估当前系统状态并为下一个时间步骤选择适当的动作（要施加的力）。这里提到的 ANN 是为种群的每个基因组创建的，用于特定的进化世代，使我们能够评估所有基因组的性能。

ℹ️ **注意：**

有关完整实现的详细信息，参见本章源代码中以下函数的实现。

```
run_cart_pole_simulation(net, max_bal_steps,random_start=True)
```

可以参考以下步骤来实现完整模拟循环。

（1）初始化状态变量，这些变量既可以是零，也可以是在上述约束范围内且以零为中心的随机值。可以按如下方式创建随机状态值：

```
# -1.4 < x < 1.4
x = (random.random() * 4.8 - 2.4) / 2.0
# -0.375 < x_dot < 0.375
x_dot = (random.random() * 3 - 1.5) / 4.0
# -0.105 < theta < 0.105
theta = (random.random() * 0.42 - 0.21) / 2.0
# -0.5 < theta_dot < 0.5
theta_dot = (random.random() * 4 - 2) / 4.0
```

ℹ️ **注意：**

与相应的缩放约束相比，我们有意减小了所有值的范围，以确保算法不会在临界状态下启动。也就是说，不能在无法稳定（摆杆必然倾倒）时启动。

（2）在已定义的步骤数（由 max_bal_steps 参数指定）上开始模拟循环，代码将在模拟循环（Simulation Loop）内执行。

（3）在将状态变量作为输入加载到控制器的 ANN 之前，需要对其进行缩放以适应 [0, 1]。如前文所述，该过程具有计算和进化上的优势。由于 NEAT-Python 框架是在内部处理的，未明确提供 bias 值，因此可以在源代码中按以下方式定义人工神经网络（ANN）的输入：

```
input[0] = (x + 2.4) / 4.8
input[1] = (x_dot + 1.5) / 3
input[2] = (theta + 0.21) / .42
input[3] = (theta_dot + 2.0) / 4.0
```

（4）缩放的输入可用于激活表现型的 ANN，其输出将用于产生动作的离散值：

```
# 激活网络
output = net.activate(input)
# 产生动作的离散值
action = 0 if output[0] < 0.5 else 1
```

（5）在拥有了动作的离散值和状态变量的当前值之后，即可运行小车-摆杆模拟的单个步骤。在模拟步骤之后，按照约束条件再对返回的状态变量进行测试，以检查系统状态是否仍在边界内。

如果失败，则返回当前的模拟步骤数，并将其值用于评估表现型的适应度：

```
# 对模拟的小车-摆杆系统应用动作
x, x_dot, theta, theta_dot = do_step(action = action,
                    x = x, x_dot = x_dot,
                    theta = theta, theta_dot = theta_dot )

# 检查是否因为违反约束条件而失败
# 如果失败，则返回当前的模拟步骤数
if x < -2.4 or x > 2.4 or theta < -0.21 or theta > 0.21:
    return steps
```

如果控制器的 ANN 能够为所有模拟步骤保持稳定的平衡状态，则 run_cart_pole_simulation 函数将返回具有最大模拟步骤数的值。

4.3.3　基因组适应度评估

使用上面所述的 run_cart_pole_simulation 函数返回成功的模拟步骤数，即可按以下方式实现基因组适应性评估函数。

（1）运行小车-摆杆模拟循环，它将返回成功模拟的步骤数：

```
steps = run_cart_pole_simulation(net, max_bal_steps)
```

（2）评估特定基因组的适应度评分：

```
log_steps = math.log(steps)
log_max_steps = math.log(max_bal_steps)
# 损失值在[0, 1]中
error = (log_max_steps - log_steps) / log_max_steps
# 适应度值等于1减去损失值
fitness = 1.0 - error
```

🛈 注意：

有关详细信息，参见本章源代码中以下函数的实现。

```
eval_fitness(net, max_bal_steps=500000)
```

本示例之所以使用对数缩放，是因为大多数模拟运行都会在 100 个步骤以内失败，而我们测试要求的是 500000 个平衡步骤。如果要将所有模拟数据都显示在同一张图表中，那么，在不使用对数缩放的情况下，对于最大值为 500000 的图表来说，100 以内的值将由于差距过大而无法很好地显示。但是，在经过对数缩放后，100 的自然对数值约为 4.6，而 500000 的自然对数值约为 13.1，显然，现在 4.6 和 13.1 这两个值可以很愉快地显示在同一张图表中。

4.4　单杆平衡实验

现在，我们已经定义并实现了一个目标函数，并模拟了小车-摆杆装置动力学，接下来就可以开始编写源代码，以使用 NEAT 算法运行神经进化过程。

我们将使用与第 3 章 XOR 实验相同的 NEAT-Python 库，但会适当调整 NEAT 超参数。超参数存储在 single_pole_config.ini 文件中，该文件可以在与本章相关的源代码存储库中找到。需要将此文件复制到本地的 Chapter4 目录中，在该目录中，应该已经具有一个包含我们之前创建的小车-摆杆模拟器的 Python 脚本。

4.4.1　超参数选择

在配置文件的 NEAT 部分，我们将生物种群的个体数量设置为 150，并且将适应度阈值设置为 1.0 作为进化终止标准。

将 fitness_criterion 设置为 max，这意味着当有任何个体的适应度评分等于 Fitness_threshold 值时，进化过程就会终止：

```
[NEAT]
fitness_criterion   = max
fitness_threshold   = 1.0
pop_size            = 150
reset_on_extinction = False
```

此外，我们还大大降低了添加新节点的概率，以使进化过程偏向于在控制器中使用最少数量的 ANN 节点来细化连接模式。这样做的目的在于减少进化控制器的人工神经网络的能耗，并减少训练的计算成本。

配置文件中的相应参数如下：

```
# 节点添加/删除率
node_add_prob       = 0.02
node_delete_prob    = 0.02
```

通过给定隐藏节点、输入节点和输出节点的数量描述初始网络配置，其参数如下：

```
# 网络参数
num_hidden  = 0
num_inputs  = 4
num_outputs = 1
```

我们提高了物种的相容性阈值，以使进化过程偏向产生更少的物种。另外，我们增加了物种的最小规模，以表明对个体数量更多的物种感兴趣，这些物种更可能保留有益的突变。同时，我们降低了最大停滞年龄，这样可以使那些没有表现出任何适应度改善的停滞物种在早期就灭绝，以此加强进化过程。

配置文件中的相关参数如下：

```
[DefaultSpeciesSet]
compatibility_threshold = 4.0

[DefaultStagnation]
species_fitness_func = max
max_stagnation = 15
species_elitism = 2

[DefaultReproduction]
elitism = 2
survival_threshold = 0.2
min_species_size = 8
```

🛈 注意：

有关详细信息，请参考 single_pole_config.ini 配置文件。

在使用上述配置参数后，在进化过程中将产生种群规模更大的物种。但是，不同物种的数量将保持在较低水平。

4.4.2　工作环境设置

在开始编写实验运行程序的源代码之前，必须设置一个虚拟 Python 环境并安装所有必需的依赖项。可以使用 Anaconda 完成此操作，在命令行中执行以下命令：

```
$ conda create --name single_pole_neat python=3.5
$ conda activate single_pole_neat
$ pip install neat-python==0.92
$ conda install matplotlib
$ conda install graphviz
$ conda install python-graphviz
```

这些命令将先使用 Python 3.5 创建并激活 single_pole_neat 虚拟环境，然后安装 NEAT-Python 库 0.92 版本以及可视化实用程序所需的其他依赖项。

4.4.3　实验运行程序的实现

在 Chapter4 目录中创建 single_pole_experiment.py 文件，并在该文件中编写单杆平衡实验的源代码。另外，还需要将本章存储库中的 visualize.py 文件复制到该目录中。我们将使用该文件中的可视化实用程序来呈现实验结果。

该实验运行程序的脚本包含两个基本函数。

1. 评估种群中所有基因组适应度的函数

第一个函数将评估种群中所有基因组的列表，并为每个基因组分配一个适合度评分。该函数将通过引用传递给 NEAT-Python 库的神经进化运行程序。该函数的源代码如下：

```
def eval_genomes(genomes, config):
    for genome_id, genome in genomes:
        genome.fitness = 0.0
        net = neat.nn.FeedForwardNetwork.create(genome, config)
        fitness = cart.eval_fitness(net)
        if fitness >= config.fitness_threshold:
            # 使用随机初始状态进行额外的评估
            # 确保找到稳定的控制策略
            # 而不是仅适合特定初始状态的特殊情况
            success_runs = evaluate_best_net(net, config,
                                             additional_num_runs)
            # 调整适应度
            fitness = 1.0 - (additional_num_runs - success_runs) / \
                      additional_num_runs

        genome.fitness = fitness
```

ⓘ 注意：

这里引入了额外的随机初始状态的模拟运行，以确保获胜的基因组的控制策略是稳定的，可以从各种随机初始状态开始。这项额外的检查将保证我们找到的是真正的获胜者，而不是仅适合特定初始状态的特殊情况。

函数将接收种群中所有基因组的列表以及 NEAT 配置参数。对于每个特定的基因组，它将创建表现型 ANN 并将其用于控制器以运行小车-摆杆模拟器。在上述代码中，是通过以下片段定义的：

```
fitness = cart.eval_fitness(net)
```

返回的适应度得分将与我们在配置参数中定义的适应度阈值进行比较。如果超过阈值，则可以假定找到了成功的控制器。为了进一步验证找到的控制器的有效性，将使用随机初始状态对其进行额外的模拟运行和测试，并计算最终的适应度得分。在上述代码中，是通过以下片段定义的：

```
success_runs = evaluate_best_net(net, config, additional_num_runs)
fitness = 1.0 - (additional_num_runs - success_runs) / additional_num_runs
```

额外的模拟步骤将为随机数生成器使用不同的种子，以覆盖小车-摆杆设备的大多数可能的初始配置。

2．实验运行程序的函数

第二个函数将配置、执行和输出神经进化过程的结果。在这里，我们将简要介绍实验运行程序函数实现中的一些关键点。

（1）该函数将从配置文件加载超参数，并使用加载的配置孵化初始种群：

```
# 加载配置
config = neat.Config(neat.DefaultGenome,
                     neat.DefaultReproduction,
                     neat.DefaultSpeciesSet,
                     neat.DefaultStagnation,
                     config_file)

# 创建种群
# 这是 NEAT 运行所需的顶级对象
p = neat.Population(config)
```

（2）该函数将配置统计信息的报告器以收集有关进化过程中的统计信息，同时添加的还有输出报告器，以便将执行结果实时输出到控制台。另外，还配置了检查点收集器，以保存执行的中间阶段，如果以后需要恢复训练过程，那么这将非常有用：

```
# 添加标准输出报告器以在终端显示进度
p.add_reporter(neat.StdOutReporter(True))
stats = neat.StatisticsReporter()
p.add_reporter(stats)
p.add_reporter(neat.Checkpointer(5,
        filename_prefix='out/spb-neat-checkpoint-'))
```

（3）按指定的世代数执行进化过程，并将结果保存在 output 目录中：

```
# 最多运行 N 个世代
best_genome = p.run(eval_genomes, n=n_generations)

# 显示世代中的最佳基因组
print('\nBest genome:\n{!s}'.format(best_genome))

# 检查最佳基因组
# 确定它是获胜的单杆平衡控制器
net = neat.nn.FeedForwardNetwork.create(best_genome, config)
best_genome_fitness = cart.eval_fitness(net)
if best_genome_fitness >= config.fitness_threshold:
    print("\n\nSUCCESS: The Single-Pole balancing controller
has been found!!!")
else:
    print("\n\nFAILURE: Failed to find Single-Pole balancing
controller!!!")
```

🛈 注意：

有关详细信息，参见本章源代码中以下函数的实现。

```
run_experiment(config_file, n_generations=100)
```

在进化过程中找到最佳基因组后，将验证它是否确实符合我们在配置文件中设置的适应度阈值标准。在此过程中可能找不到有效的解决方案，但无论如何，NEAT-Python 库将返回适应度最高的基因组。这就是为什么我们需要进行额外的检查，以确保所产生的适应度最高的基因组可以在实践中真正解决问题。

4.4.4　运行单杆平衡实验

要运行单杆平衡实验，需要进入包含 single_pole_experiment.py 文件的目录，然后执行以下命令：

```
$ python single_pole_experiment.py
```

🛈 注意：

使用以下命令激活适当的虚拟环境：

```
conda activate single_pole_neat
```

在执行 Python 脚本的过程中，控制台将为每一个世代的进化显示以下输出：

```
****** Running generation 13 ******

Population's average fitness: 0.26673 stdev: 0.12027
Best fitness: 0.70923 - size: (1, 2) - species 1 - id 2003
Average adjusted fitness: 0.161
Mean genetic distance 1.233, standard deviation 0.518
Population of 150 members in 1 species:
   ID   age size fitness adj fit stag
  ==== === ==== ======= ======= ====
    1  13  150    0.7    0.161     7
Total extinctions: 0
Generation time: 4.635 sec (0.589 average)
```

在上面的输出中，可以看到该代种群的平均适应度很低，但是性能最佳的生物的适应度（0.70923）已经接近完成阈值（fitness_threshold = 1.0），该阈值是在配置文件中设置的。该生物冠军编码的表现型 ANN 由一个非线性节点（输出）和两个连接组成，size: (1, 2)。此外，比较有趣的是，该种群中只有一个物种。

找到获胜者后，控制台将输出以下信息：

```
****** Running generation 14 ******

Population's average fitness: 0.26776 stdev: 0.13359
Best fitness: 1.00000 - size: (1, 3) - species 1 - id 2110

Best individual in generation 14 meets fitness threshold - complexity:
(1, 3)

Best genome:
Key: 2110
Fitness: 1.0
Nodes:
  0 DefaultNodeGene(key=0, bias=-3.328545880116371, response=1.0,
activation=sigmoid, aggregation=sum)
Connections:
  DefaultConnectionGene(key=(-4, 0), weight=2.7587300138861037,
enabled=True)
  DefaultConnectionGene(key=(-3, 0), weight=2.951449584136504,
enabled=True)
  DefaultConnectionGene(key=(-1, 0), weight=0.9448711043565166,
enabled=True)
```

```
Evaluating the best genome in random runs
Runs successful/expected: 100/100
SUCCESS: The stable Single-Pole balancing controller has been found!!!
```

进化获胜者的最佳基因组编码了一个表现型 ANN，该表现型 ANN 仅由一个非线性节点（输出）和来自输入节点的 3 个连接组成，size: (1, 3)。有趣的是，该进化能够产生一种可靠的控制策略，该策略完全忽略了小车的线性速度，只使用其他 3 个输入：x、θ 和 dot_θ。这个事实是进化选择正确性的另一个标志，因为我们忽略小车的摩擦力，从而有效地从运动方程中排除了小车的线性速度。

图 4-3 描述了单杆平衡控制器的表现型 ANN 的图形。

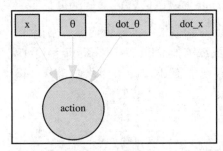

图 4-3　NEAT 算法发现的单杆平衡控制器的表现型 ANN

在世代进化中，适应度值的变化如图 4-4 所示。

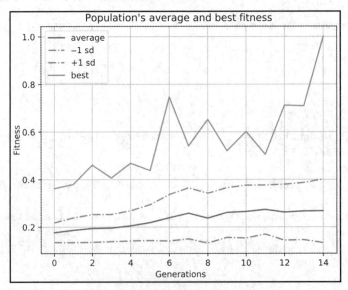

图 4-4　单杆实验中种群的平均适应度和最佳适应度

原　　文	译　　文
Population's average and best fitness	种群的平均适应度和最佳适应度
Fitness	适应度
Generations	世代
average	平均
−1 sd	种子值 −1
+1 sd	种子值 +1
best	最佳

在图 4-4 中可以看到，所有世代中种群的平均适应度都很低，但是从一开始，就有一个有益的突变产生了特定的生物谱系。经过多个世代的进化，该世系中的优秀个体不仅能够保留自己的有益特质，而且还能够加以改善，最终成了进化的获胜者。

4.5　练习 1

（1）尝试增加 node_add_prob 参数的值，然后看看会发生什么。该算法是否会产生任何数量的隐藏节点，如果有的话，有多少？

（2）尝试减小/增大 compatibility_threshold 值。如果将其设置为 2.0 或 6.0，则会发生什么？算法在每种情况下都能找到解决方案吗？

（3）尝试在 DefaultReproduction 部分将 eliteism 值设置为 0，然后看看会发生什么。在这种情况下，进化过程需要多长时间才能找到可接受的解决方案？

（4）在 DefaultReproduction 部分将 surviving_threshold 值设置为 0.5，看一看这会如何影响进化过程中的物种形成。尝试解释其原因。

（5）按大小顺序增加 additional_num_runs 和 additional_steps 值，以进一步检查找到的控制策略的一般化程度。算法仍然能够找到成功的解决方案吗？

🛈 注意：
练习（5）将导致算法的执行时间增加。

4.6　双杆平衡问题

对于 NEAT 算法来说，单杆平衡问题很容易，它可以快速找到最佳控制策略以维持稳定的系统状态。为了使实验更具挑战性，我们提出了小车-摆杆平衡问题的更高级版本。

在此版本中，两个摆杆通过铰链连接到移动小车。

新的小车-摆杆装置如图 4-5 所示。

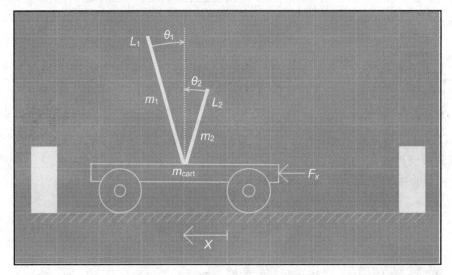

图 4-5　包含双杆的小车-摆杆装置

在讨论该实验的实现细节之前，我们需要定义其状态变量和运动方程，以模拟双杆平衡系统。

4.6.1　系统状态和运动方程

该控制器的目的是向小车施加力，以使两个摆杆尽可能长时间地保持平衡。同时，小车应保持在定义的范围内（不能撞墙）。与前面讨论的单杆平衡问题一样，该控制策略可以定义为回避控制问题，这意味着控制器必须保持稳定的系统状态，避免小车移出轨道边界，或两个摆杆中的任何一个超出允许的垂直角度（从而倾倒）。对于该问题，同样没有唯一的解，但是可以找到合适的控制策略。因为这两个摆杆具有不同的长度和质量，所以，它们对控制输入的响应也不相同。

双杆平衡装置的当前状态可以通过以下变量定义。

❑　小车在轨道上的位置（x）。

❑　小车的速度（$\dot{x}$）。

❑　第一个摆杆的垂直角度（θ_1）。

❑　第一个摆杆的角速度（$\dot{\theta}_1$）。

❑　第二个摆杆的垂直角度（θ_2）。

❑ 第二个摆杆的角速度（$\dot{\theta}_2$）。

忽略小车的车轮与轨道之间的摩擦，在一个小车上保持平衡的两个不相连的摆杆的运动方程如下：

$$\ddot{x} = \frac{F_x - \sum_{i=1}^{2} \tilde{F}_i}{M + \sum_{i=1}^{2} \tilde{m}_i}$$

$$\ddot{\theta}_i = -\frac{3}{4L_i}\left(\ddot{x}\cos\theta_i + g\sin\theta_i + \frac{\mu_{pi}\dot{\theta}_i}{m_i L_i} \right)$$

在以下公式中，$\tilde{F}_i$ 是来自小车上第 i 个摆杆的反作用力：

$$\tilde{F}_i = m_i L_i \dot{\theta}_i^2 \sin\theta_i + \frac{3}{4} m_i \cos\theta_i \left(\frac{\mu_{pi}\dot{\theta}_i}{m_i L_i} + g\sin\theta_i \right)$$

在以下公式中，$\tilde{m}_i$ 是第 i 个摆杆的有效质量：

$$\tilde{m}_i = m_i \left(1 - \frac{3}{4}\cos^2\theta_i \right)$$

在双杆模拟中，需要使用的参数如表 4-1 所示。

表 4-1　在双杆模拟中使用的参数

符 号	描 述	值
x	小车在轨道上的位置	$\in[-2.4, 2.4]$m
θ	摆杆的垂直角度	$\in[-36°, 36°]$
F_x	施加在小车上的控制力	±10N
L_i	摆杆质心到轴心的距离	$L_1 = 0.5$ m，$L_2 = 0.05$ m
M	小车的质量	1.0 kg
m_i	第 i 个摆杆的质量	$m_1 = 0.1$ kg，$m_2 = 0.01$ kg
μ_p	第 i 个摆杆轴心的摩擦系数	0.000002
g	自由落体的重力加速度	-9.8 m/s^2

相应的 Python 代码将这些系统参数定义为常量：

```
GRAVITY = -9.8 # 单位：m/s^2——此处为负值，因为双杆系统的运动公式假定它为负值
MASS_CART = 1.0 # 单位：kg
FORCE_MAG = 10.0 # 单位：N
# 第一个摆杆
MASS_POLE_1 = 1.0 # 单位：kg
LENGTH_1 = 0.5 # 单位：m，实际上就是第一个摆杆长度的一半
# 第二个摆杆
```

```
MASS_POLE_2 = 0.1 # 单位：kg
LENGTH_2 = 0.05 # 单位：m，实际上就是第二个摆杆长度的一半
# 摆杆轴心的摩擦系数
MUP = 0.000002
```

Python 中运动方程的实现如下：

```
# 找到输入的力的方向
force = (action - 0.5) * FORCE_MAG * 2.0 # 动作有二进制值
# 计算摆杆的力的投射
cos_theta_1 = math.cos(theta1)
sin_theta_1 = math.sin(theta1)
g_sin_theta_1 = GRAVITY * sin_theta_1
cos_theta_2 = math.cos(theta2)
sin_theta_2 = math.sin(theta2)
g_sin_theta_2 = GRAVITY * sin_theta_2
# 计算中间值
ml_1 = LENGTH_1 * MASS_POLE_1
ml_2 = LENGTH_2 * MASS_POLE_2
temp_1 = MUP * theta1_dot / ml_1
temp_2 = MUP * theta2_dot / ml_2
fi_1 = (ml_1 * theta1_dot * theta1_dot * sin_theta_1) + \
       (0.75 * MASS_POLE_1 * cos_theta_1 * (temp_1 + g_sin_theta_1))
fi_2 = (ml_2 * theta2_dot * theta2_dot * sin_theta_2) + \
       (0.75 * MASS_POLE_2 * cos_theta_2 * (temp_2 + g_sin_theta_2))
mi_1 = MASS_POLE_1 * (1 - (0.75 * cos_theta_1 * cos_theta_1))
mi_2 = MASS_POLE_2 * (1 - (0.75 * cos_theta_2 * cos_theta_2))
# 计算结果：小车的加速度和摆杆的角加速度
x_ddot = (force + fi_1 + fi_2) / (mi_1 + mi_2 + MASS_CART)
theta_1_ddot = -0.75 * (x_ddot * cos_theta_1 + \
                        g_sin_theta_1 + temp_1) / LENGTH_1
theta_2_ddot = -0.75 * (x_ddot * cos_theta_2 + \
                        g_sin_theta_2 + temp_2) / LENGTH_2
```

🛈 注意：

　　本章源代码存储库中的 cart_two_pole.py 文件提供了更多的实现细节。可参考以下函数的实现：

```
calc_step(action, x, x_dot, theta1, theta1_dot,theta2, theta2_dot)
```

　　上面的代码将接收当前系统状态(action, x, x_dot, theta1, theta1_dot, theta2, theta2_dot)以及控制动作 action，并计算导数（小车的加速度和两个摆杆的角加速度）。

4.6.2 强化信号

在以强化信号（r_t）的形式执行动作后，模拟环境必须提供有关系统状态的信息。强化信号指示双杆平衡系统在施加动作后是否违反边界约束。可以定义如下：

$$r_t = \begin{cases} 0 & -0.63\,\text{弧度} < \theta_i^t < 0.63\,\text{弧度且} -2.4\,\text{m} < x_t < 2.4\,\text{m} \\ 1 & \text{其他} \end{cases}$$

Python 中强化信号的实现如下：

```
res = x < -2.4 or x > 2.4 or \
    theta1 < -THIRTY_SIX_DEG_IN_RAD or theta1 > THIRTY_SIX_DEG_IN_RAD or \
    theta2 < -THIRTY_SIX_DEG_IN_RAD or theta2 > THIRTY_SIX_DEG_IN_RAD
```

该条件将检查每个摆杆的角度是否在垂直方向的±36°(0.63radians) 范围内（超过这个弧度范围摆杆将无法维持稳定），并检查小车的位置是否在轨道中心的±2.4 m 范围内（超过这个范围小车就有可能撞墙）。

4.6.3 初始条件和状态更新

在单杆平衡实验中，我们使用了随机的初始状态条件，但是对于两个摆杆来说，初始条件要稍微简化一些。系统首先将小车和摆杆的速度均设置为 0。长杆的初始位置与垂直方向成1°，而短杆则完全垂直。

综上所述，初始条件如下：

❑ $x = 0$

❑ $\dot{x} = 0$

❑ $\theta_1 = \dfrac{\pi}{180}$

❑ $\dot{\theta}_1 = 0$

❑ $\theta_2 = 0$

❑ $\dot{\theta}_2 = 0$

在每个模拟步骤中都将更新小车-摆杆系统的状态，这可以使用龙格-库塔（Runge-Kutta）四阶方法对运动公式进行数值逼近来实现（时间步长为 0.01 s）。Runge-Kutta 四阶逼近方法允许在给定当前时间步骤的状态变量的情况下计算系统响应。新的控制输入每隔 $\tau = 0.02$ s 生成一次。因此，控制频率为 50 Hz，而系统状态的更新频率则为 100 Hz。

Python 中的 Runge-Kutta 四阶方法实现如下。

（1）使用当前的小车-摆杆装置状态变量来更新下一个半时间（half-time）步骤的中间状态，并执行第一次模拟步骤：

```
hh = tau / 2.0
yt = [None] * 6

# 更新中间状态
for i in range(6):
    yt[i] = y[i] + hh * dydx[i]

# 执行模拟步骤
x_ddot, theta_1_ddot, theta_2_ddot = calc_step(action = f, yt[0],
yt[1], yt[2], yt[3], yt[4], yt[5])

# 存储导数
dyt = [yt[1], x_ddot, yt[3], theta_1_ddot, yt[5], theta_2_ddot]
```

（2）使用从第一次模拟步骤获得的导数更新中间状态，然后执行第二次模拟步骤：

```
# 更新中间状态
for i in range(6):
    yt[i] = y[i] + hh * dyt[i]

# 执行一次模拟步骤
x_ddot, theta_1_ddot, theta_2_ddot = calc_step(action = f, yt[0],
yt[1], yt[2], yt[3], yt[4], yt[5])

# 存储导数
dym = [yt[1], x_ddot, yt[3], theta_1_ddot, yt[5], theta_2_ddot]
```

（3）使用来自第一次和第二次模拟步骤的导数更新中间状态，并使用更新后的状态执行第三次摆杆平衡模拟步骤：

```
# 更新中间状态
for i in range(6):
    yt[i] = y[i] + tau * dym[i]
    dym[i] += dyt[i]

# 执行一次模拟步骤
x_ddot, theta_1_ddot, theta_2_ddot = calc_step(action = f, yt[0],
yt[1], yt[2], yt[3], yt[4], yt[5])

# 存储导数
dyt = [yt[1], x_ddot, yt[3], theta_1_ddot, yt[5], theta_2_ddot]
```

（4）使用前三次模拟步骤中的导数来逼近将用于进一步模拟的小车-摆杆装置的最终状态：

```
# 在逼近之后查找系统状态
yout = [None] * 6 # 适当的系统状态
h6 = tau / 6.0
for i in range(6):
    yout[i] = y[i] + h6 * (dydx[i] + dyt[i] + 2.0 * dym[i])
```

现在来检查一下上式的元素。

❑　f 是在模拟期间应用的控制动作（0 或 1）。

❑　y 是一个包含状态变量当前值的列表 $(x, \dot{x}, \theta_1, \dot{\theta}_1, \theta_2, \dot{\theta}_2)$。

❑　dydx 是一个包含状态变量导数的列表 $(\dot{x}, \ddot{x}, \dot{\theta}_1, \ddot{\theta}_1, \dot{\theta}_2, \ddot{\theta}_2)$。

❑　tau 是用于逼近的时间步长。

ⓘ 注意：

有关实现的更多信息，可参考 cart_two_pole.py 文件中的以下函数：

```
rk4(f, y, dydx, tau)
```

Runge-Kutta 四阶方法的实现将接收当前系统状态(x, x_dot, theta1, theta1_dot, theta2, theta2_dot)以及导数，并在下一个时间步骤中逼近系统状态。

4.6.4　控制动作

与本章前面讨论的单杆平衡实验一样，双杆平衡实验的控制系统仅生成两个控制信号：以恒定的力向左推和向右推。因此，在时间 t 的控制力可以定义如下：

$$F_t = \begin{cases} 10\text{N} & a[t] = 1 \\ -10\text{N} & a[t] = 0 \end{cases}$$

式中，$a[t]$ 是在时间 t 从控制器接收到的动作信号。

4.6.5　求解器与模拟器之间的相互作用

在将状态变量用作控制器 ANN 的输入之前，需要将它们按比例缩小至适合[0, 1]。因此，用于预处理状态输入变量的公式如下：

$$x_0[t] = \frac{1}{4.8}(x[t] + 2.4)$$

$$x_1[t] = \frac{1}{3}(\dot{x}[t] + 1.5)$$

$$x_2[t] = \frac{1}{1.256}(\theta_1[t] + 0.628)$$

$$x_3[t] = \frac{1}{4}(\dot{\theta}_1[t] + 2)$$

$$x_4[t] = \frac{1}{1.256}(\theta_2[t] + 0.628)$$

$$x_5[t] = \frac{1}{4}(\dot{\theta}_2[t] + 2)$$

式中，$x_0, \cdots, x_5$ 分别对应于小车的水平位置和水平速度、第一个摆杆的垂直角度和角速度、第二个摆杆的垂直角度和角速度。

考虑到前面定义的系统约束（参见第 4.2.1 节"单杆平衡器的运动方程"中的 r_l 公式），x_0、x_2 和 x_4 的缩放比例值保证在[0, 1]内，而 x_1、x_3 和 x_5 的缩放比例值大多在 0…1 范围内，但最终可能会超出这些范围。

用于输入缩放的相应源代码如下：

```
input[0] = (state[0] + 2.4) / 4.8
input[1] = (state[1] + 1.5) / 3.0
input[2] = (state[2] + THIRTY_SIX_DEG_IN_RAD) / (THIRTY_SIX_DEG_IN_RAD *
2.0)
input[3] = (state[3] + 2.0) / 4.0
input[4] = (state[4] + THIRTY_SIX_DEG_IN_RAD) / (THIRTY_SIX_DEG_IN_RAD *
2.0)
input[5] = (state[5] + 2.0) / 4.0
```

状态列表按以下顺序保存当前状态变量：$x, \dot{x}, \theta_1, \dot{\theta}_1, \theta_2, \dot{\theta}_2$。

4.7　双杆平衡实验的目标函数

此问题的目标函数类似于先前为单杆平衡问题定义的目标函数。它由以下公式给出：

$$\mathcal{L} = \frac{\log t_{max} - \log t_{eval}}{\log t_{max}}$$

$$\mathcal{F} = 1.0 - \mathcal{L}$$

式中，t_{max} 是实验配置中指定的预期时间步骤数（100000），而 t_{eval} 则是在指定约束条件内控制器能够将摆杆平衡器维持在稳定状态的实际时间步骤数。

　　这里之所以要使用对数缩放，是因为大多数模拟运行都会在前面的几百个步骤内失败，而我们测试要求的是 100000 个平衡步骤。在使用对数缩放后，即使试验在几百个步骤内就失败了，也可以更好地分配适应度评分。

　　式中，第一个公式定义了损失（Loss）值，该损失值在[0, 1]内，第二个公式是适应度（Fitness）评分。适应度得分等于 1 减去损失值，因此，适应度得分值在[0, 1]内，值越高，则结果越好。

　　Python 源代码类似于单杆平衡实验中的目标函数定义，但是它将使用不同的模拟器调用来获得许多平衡步骤：

```
# 首先运行模拟循环
# 返回模拟步骤成功的次数
steps = cart.run_markov_simulation(net, max_bal_steps)

if steps == max_bal_steps:
    # 最大适应度
    return 1.0
elif steps == 0: # 在获得 log(0)时需要避免匹配错误
    # 最小适应度
    return 0.0
else:
    log_steps = math.log(steps)
    log_max_steps = math.log(max_bal_steps)
    # 损失值在[0, 1]内
    error = (log_max_steps - log_steps) / log_max_steps
    # 适应度得分等于 1 减去损失值
    return 1.0 - error
```

4.8　双杆平衡实验

　　本次实验使用了双杆平衡问题的一种形式，假定完全了解当前系统状态，包括摆杆的角速度和小车的速度。此实验成功的标准是使两个摆杆保持 100000 个时间步骤的平衡，或大约 33 min 的模拟时间。当摆杆保持在垂直±36° 以内时，摆杆可以被认为是平衡的，而小车则需要保持在距轨道中心±24 m 的范围内。

4.8.1　超参数选择

　　与本章前面所介绍的单杆平衡实验相比，双杆平衡由于其复杂的运动动力学而显得难度更大。因此,成功控制策略的搜索空间更广,并且需要更多不同的种群。为了增加种群的多样性,我们使其规模比单杆平衡实验增加了 10 倍。

适应度终止阈值设置如下:

```
[NEAT]
fitness_criterion = max
fitness_threshold = 1.0
pop_size = 1000
reset_on_extinction = False
```

为了进一步加强进化的多样性,我们提高了添加新节点和连接,以及更改初始连接配置方案的概率。另外,initial_connection 参数的值包含建立连接的概率,这会在连接图的生成过程中引入其他不确定性:

```
# 连接添加/删除率
conn_add_prob = 0.5
conn_delete_prob = 0.2

initial_connection = partial_direct 0.5

# 节点添加/删除率
node_add_prob = 0.2
node_delete_prob = 0.2
```

最后,考虑到种群大小和物种的可能规模,我们减少了允许繁殖(复制)的个体比例(survival_threshold)。该项调整可通过仅允许适应度最高的生物参与重组过程来限制解决方案的搜索空间:

```
[DefaultReproduction]
elitism = 2
survival_threshold = 0.1
min_species_size = 2
```

💡 提示:

最后一项的调整是有争议的,并且通常会降低进化过程的性能。但是,在种群比较大的情况下,通常可以通过减少可能的重组数量来很好地发挥作用。因此,根据一般经验法则,对于较小的种群可使用较大的生存阈值,而对于较大的种群则可使用较小的生存阈值。

由于该实验的复杂性增加,因此额外的超参数类型对于最终结果变得极为重要。神经进化过程建立在可能发生突变的基础上,并将根据随机数生成器产生的值测试突变的概率。

众所周知，在常规计算机中，没有真正意义上的随机性来源。相反，其随机性通常是由伪随机算法生成的，该算法在很大程度上依赖于随机种子来开始随机数序列的生成。实际上，随机种子值正好定义了将由给定生成器生成的所有伪随机数的序列。

因此，我们可以将随机种子数视为定义初始条件的必要参数。此参数设置了随机吸引子（Random Attractor）属性，这将放大算法数值搜索空间中的微小变化。放大效果最终决定了算法是否能够找到获胜者以及需要多长时间。

随机种子值在 two_pole_markov_experiment.py 文件的第 100 行中定义：

```
# 设置随机种子
seed = 1559231616
random.seed(seed)
```

ℹ️ 注意:

有关双杆平衡实验中使用的超参数的完整列表，可参考本章源代码存储库中的 two_pole_markov_config.ini 文件。

上面的代码设置了 Python 环境标准随机数生成器的种子值。

4.8.2　工作环境设置

可以通过在终端应用程序中输入以下命令来设置双杆平衡实验的工作环境：

```
$ conda create --name double_pole_neat python=3.5
$ conda activate double_pole_neat
$ pip install neat-python==0.92
$ conda install matplotlib
$ conda install graphviz
$ conda install python-graphviz
```

上述命令使用 Python 3.5 创建并激活了 double_pole_neat 虚拟环境。之后，将安装 0.92 版本的 NEAT-Python 库以及可视化实用工具所使用的其他依赖项。

4.8.3　实验运行程序的实现

对于双杆平衡实验运行程序来说，实现基因组适应度评估的源代码与单杆平衡实验的源代码是类似的。主要区别在于它将参考另一个模拟环境来获得平衡步数。因此，实验人员可以参考 two_pole_markov_experiment.py 文件中 eval_fitness(net, max_bal_steps = 100000)和 eval_genomes(genomes, config)函数的源代码以获取实现细节。

在本实验中，我们引入了自适应学习（Adaptive Learning），它将尝试在进化过程中找到正确的短杆长度。短杆的长度改变了系统的运动动力学。并非所有的超参数组合与特定长度的短杆组合都可以产生成功的控制策略。因此，我们实现了短杆长度的连续递增，直至找到解决方案为止：

```
# 运行实验
pole_length = [0.1, 0.2, 0.3, 0.4, 0.5, 0.6, 0.7, 0.8]
num_runs = len(pole_length)
for i in range(num_runs):
    cart.LENGTH_2 = pole_length[i] / 2.0
    solved = run_experiment(config_path, n_generations=100, silent=False)
    print("run: %d, solved: %s, length: %f" %
                                       (i + 1, solved, cart.LENGTH_2))
    if solved:
        print("Solution found in: %d run, short pole length: %f" %
                                       (i + 1, cart.LENGTH_2))
    break
```

ℹ️ 注意：

有关更多实现细节，可参考本章源代码存储库中的 two_pole_markov_experiment.py 文件。

上面的代码将使用不同的短杆长度值运行模拟，直至找到解决方案。

4.8.4　运行双杆平衡实验

在实现了双杆平衡模拟器、基因组适应度函数评估器和实验运行程序代码后，即可开始实验。进入包含 two_pole_markov_experiment.py 文件的目录，然后执行以下命令：

```
$ python two_pole_markov_experiment.py
```

ℹ️ 注意：

使用以下命令激活适当的虚拟环境：

```
conda activate double_pole_neat
```

上面的命令将使用 two_pole_markov_config.ini 文件中指定的超参数以及我们已经实现的小车-双杆设备的模拟器，在 NEAT 算法的控制下启动进化过程。

经过 96 个世代的进化后，可以在 97 代中找到胜出的解决方案。最近一代的控制台输出类似于以下内容：

```
****** Running generation 97 ******

Population's average fitness: 0.27393 stdev: 0.10514
Best fitness: 1.00000 - size: (1, 6) - species 26 - id 95605

Best individual in generation 97 meets fitness threshold - complexity:
(1, 6)

Best genome:
Key: 95605
Fitness: 1.0
Nodes:
  0 DefaultNodeGene(key=0, bias=7.879760594997953, response=1.0,
activation=sigmoid, aggregation=sum)
Connections:
  DefaultConnectionGene(key=(-6, 0), weight=1.9934757746640883,
enabled=True)
  DefaultConnectionGene(key=(-5, 0), weight=3.703109977745863,
enabled=True)
  DefaultConnectionGene(key=(-4, 0), weight=-11.923951805881497,
enabled=True)
  DefaultConnectionGene(key=(-3, 0), weight=-4.152166115226511,
enabled=True)
  DefaultConnectionGene(key=(-2, 0), weight=-3.101569479910728,
enabled=True)
  DefaultConnectionGene(key=(-1, 0), weight=-1.379602358542496,
enabled=True)


Evaluating the best genome in random runs
Runs successful/expected: 1/1
SUCCESS: The stable Double-Pole-Markov balancing controller found!!!
Random seed: 1559231616
run: 1, solved: True, half-length: 0.050000
Solution found in: 1 run, short pole length: 0.100000
```

在该控制台输出中，可以看到获胜基因组的大小为 size: (1, 6)，这意味着它只有一个非线性节点（输出），以及从 6 个输入节点到该输出节点的全连接。因此，我们可以假定找到了控制器 ANN 的最小可能配置，因为它不包含任何隐藏节点，而是使用经过专门探索的连接权重来编码控制行为。此外，非常有趣的是，它还找到了所有可能的短杆长度值列表中最小长度值的解。

图 4-6 描述了能够执行可靠控制策略的控制器 ANN 的配置。

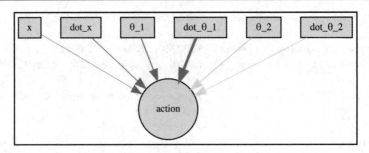

图 4-6　双杆平衡控制器的 ANN

适应度评分随世代进化而变化，如图 4-7 所示。

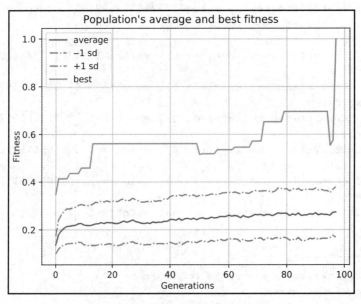

图 4-7　双杆平衡实验的适应度得分

原　　文	译　　文
Population's average and best fitness	种群的平均适应度和最佳适应度
Fitness	适应度
Generations	世代
average	平均
−1 sd	种子值 −1
+1 sd	种子值 +1
best	最佳

　　如果想知道进化是如何工作的，则图 4-7 是一个很有趣的观察对象。可以看到，在找到获胜者之前，适应度得分曾经急剧下降。这是由于停滞的物种已经灭绝，这些物种已经达到了中高适应度评分的稳定水平，在过去的 15 个世代中没有任何改善。此后，这个空出来的位置被拥有灭绝物种积累的遗传知识的新鲜物种占据。这个新生的物种还引入了有益的突变，将其遗传知识与新的技巧结合在一起，最终产生了获胜者。

　　在此实验中，我们决定通过显著增加种群中个体的数量并对超参数进行其他调整来增强物种的多样性。如图 4-8 所示，可以看到我们已经达成了该目标，神经进化过程经历了各种各样的物种，直至找到解决方案。

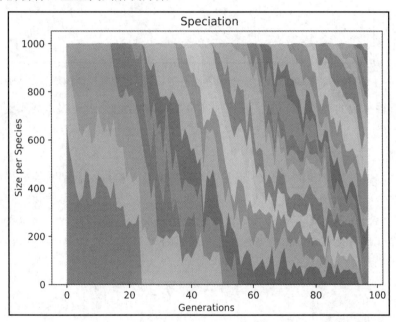

图 4-8　双杆平衡实验世代之间的物种形成

原　　文	译　　文
Speciation	物种形成
Size per Species	每个物种的规模
Generations	世代

　　接下来，我们可以尝试一下修改随机种子数字的值对 NEAT 算法的影响。首先，我们仅将随机种子数字的值增加 1（其他所有内容都没有改变）。在这种新条件下，NEAT 算法仍然可以找到稳定的控制策略，但是创建的控制器的表现型 ANN 则具有完全不同的配置，和图 4-9 描述的最佳配置差异较大。

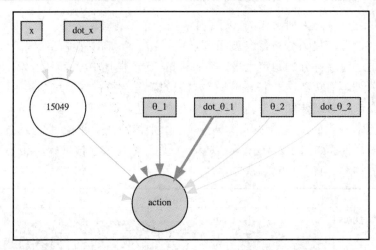

图 4-9　随机种子数增加 1（其他所有内容均不变）之后的双杆平衡控制器的 ANN 配置

当随机种子数的值继续增加（如增加 10）时，神经进化过程根本找不到任何可靠的控制策略。

ℹ️ 注意:

该实验揭示了基于神经进化的方法的另一个重要方面——初始条件的影响由随机种子数的值确定。随机种子定义了随机吸引子的属性，从而放大了对进化过程的影响，可能是好的影响，也可能是坏的影响。因此，通过该实验，找到合适的随机种子数值来引导神经进化过程至关重要。在本书的最后，我们将讨论寻找随机种子数的适当值的方法。

4.9　练习 2

（1）尝试在配置文件中将 node_add 参数值设置为 0.02，然后看看会发生什么。

（2）更改随机数生成器的种子值，然后看看会发生什么。使用新的种子值能否找到解决方案？其实验结果与本章介绍的结果是否相同？

4.10　小　　结

本章学习了如何为控制器实现控制策略，该控制器需要让装有一根或两根摆杆的小车-摆杆装置保持稳定状态。通过实现该物理设备的精确模拟（用于定义实验的目标函数），我们不但增强了 Python 编程技能，还扩展了 NEAT-Python 库的应用知识。

除此之外，我们还学习了两种微分方程数值逼近的方法，即欧拉方程和龙格-库塔（Runge-Kutta）四阶方法，并在 Python 中实现了它们。

我们还发现，确定神经进化过程的初始条件（如随机种子数的值）对算法的性能有重大影响。这些值将由随机数生成器生成的整个数字序列确定。它们充当随机吸引子，可以放大对进化的影响，这些影响有好有坏。

第 5 章将讨论如何使用神经进化来创建可以在迷宫中找到出路的导航机器人代理。读者将学习如何定义一个面向目标的目标函数来解决迷宫问题，以及如何编写可以在迷宫中导航的机器人代理的精确模拟。我们将研究两种类型的迷宫环境，并讨论在具有误导（欺骗）性环境的困难迷宫中寻找解决方案时可能遇到的问题。

第 5 章　自主迷宫导航

迷宫导航（Maze Navigation）是与自主导航领域相关的经典计算机科学问题。

在本章，读者将学习如何使用基于神经进化的方法来解决迷宫导航的挑战。此外，我们还将解释如何使用导航机器人代理的适应度得分定义目标导向的适应度函数（该适应度得分是机器人代理与最终目标之间距离的导数）。

在学完本章之后，读者将了解到使用神经进化方法训练自主导航机器人代理的基础知识，并为创建更高级的迷宫求解器做好准备。读者将看到高级可视化技术，通过这些技术将更容易理解算法执行的结果。此外，读者还将获得使用 Python 语言编写迷宫导航机器人和与迷宫环境有关的模拟器的实战经验。

本章将讨论以下主题：

❏　迷宫导航问题的误导性质。
❏　编写迷宫导航机器人的模拟器，该模拟器配备了一系列传感器和执行器。
❏　定义面向目标的适应度函数，以便在使用神经进化算法创建的迷宫求解器中指引进化的过程。
❏　使用简单和困难两种难度级别的迷宫配置运行实验。

5.1　技　术　要　求

运行本章实验的技术要求如下。

❏　Windows 8/10、Mac OS 10.13 或更高版本、当前版本的 Linux。
❏　Anaconda 发行版 2019.03 或更高版本。

访问以下网址可获得本章代码：

https://github.com/PacktPublishing/Hands-on-Neuroevolution-with-Python/tree/master/Chapter5

5.2　迷宫导航问题

迷宫导航问题是经典的计算机科学问题，与创建可以在模糊环境中找到路径的自主导航代理（Agent）密切相关。注意，在人工智能领域，Agent 通常是指驻留在某一环境下，能持续自主地发挥作用，具备驻留性、反应性、社会性和主动性等特征的计算实体。Agent 既可以是软件实体，也可以是硬件实体，所以可以这样理解：Agent 是人在 AI 环境中的代理，是完成各种任务的载体。

　　迷宫环境是一个很好的演示适应度的误导（欺骗）性问题的领域。在迷宫环境中，面向目标的适应度函数（Goal-Oriented Fitness Function）在接近迷宫最终目标点的死胡同中可以具有陡峭的适应度分数梯度。迷宫的这些死胡同区域可能会成为基于目标的搜索算法的局部最优条件，因此该目标搜索算法可能会收敛于这些区域。当搜索算法收敛于这种误导性的局部最优时，它将无法找到正确的迷宫求解器代理。

　　在图 5-1 所示的示例中，可以看到带有局部最优死胡同的二维迷宫，所有阴影部分都是有误导性的死胡同区域。

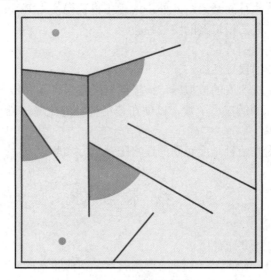

图 5-1　二维迷宫结构

　　图 5-1 中的迷宫结构直观地显示了误导性适应度评分集中在局部最优死胡同的情形（以阴影填充）。使用基于目标的搜索算法时，从起始点（底部绿色圆）导航到出口点（顶部红色圆）的迷宫求解器代理很容易就会陷入局部最优死胡同。同样，诸如此类的误导性适应度评分情况很可能会阻止基于目标的搜索算法成功找到迷宫求解器代理。

　　我们可以将需要穿越迷宫的代理想象成一个机器人，它配备了一组传感器，可以检测附近的障碍物并找到通往迷宫出口的方向。机器人的运动由两个执行器（Actuator）控制，这两个执行器会影响机器人身体的线性运动和角度运动。机器人的执行器由人工神经网络（ANN）控制，该 ANN 接收来自传感器的输入并为执行器产生两个控制信号。

5.3　迷宫模拟环境

迷宫模拟的环境由 3 个主要部分组成，分别作为单独的 Python 类实现。

❑ Agent 类：包含与模拟所使用的迷宫导航器代理相关信息的类（有关其实现的详细信息，参见 agent.py 文件）。

❑ AgentRecordStore 类：用于管理与进化过程中所有求解器代理的评估有关的记录的存储。收集的记录可用于在完成进化过程后对其进行分析（有关其实现的详细信息，参见 agent.py 文件）。

❑ MazeEnvironment：包含有关迷宫模拟环境信息的类。该类还提供了管理模拟环境、控制求解器代理的位置、执行碰撞检测以及生成代理的传感器的输入数据的方法（有关其实现的详细信息，参见 maze_environment.py 文件）。

下面将更详细地研究迷宫模拟环境的各个部分。

5.3.1　迷宫导航代理

本章我们考虑的是二维迷宫导航任务。这个任务很容易可视化，并且为二维迷宫编写迷宫导航机器人的模拟器也相对容易。机器人的主要目标是在指定的时间步骤内穿越迷宫到达定义的出口点。控制机器人的 ANN 是神经进化过程的产物。

神经进化算法从一个非常基本的初始人工神经网络配置开始，该配置只有传感器的输入节点和执行器的输出节点，人工神经网络会逐渐变得复杂，直至找到成功的迷宫求解器为止。如前文所述，该迷宫的特殊地形具有多个死胡同，使任务变得复杂，因为这会在适应度评分上创建局部最优值，从而阻止找到通往目标的路线。

图 5-2 描述了在迷宫求解模拟中使用的迷宫代理的示意图。

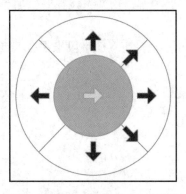

图 5-2　迷宫代理（机器人）示意图

在图 5-2 中，实心圆定义了机器人的刚体。实心圆圈内的箭头表示机器人的前进方向。实心圆圈周围的 6 个箭头表示 6 个测距仪传感器（Rangefinder Sensor），这些传感器指示在给定方向上到最近障碍物的距离。4 个外圆线段表示 4 个扇形雷达传感器（Pie-Slice Radar Sensor），它们充当着指向目标点（迷宫出口）的指南针。

当从目标点到机器人中心的线落入其视野（Field Of View，FOV，也称为视场）内时，特定的雷达传感器将被激活。雷达传感器的检测范围受到落入其 FOV 的迷宫区域的限制。因此，在任何给定时间，4 个雷达传感器之一被激活，指示迷宫出口方向。

雷达传感器相对于机器人的正前方具有的 FOV 区域如表 5-1 所示。

表 5-1　雷达传感器对应的机器人正前方的视场角

传　感　器	视场角（°）	传　感　器	视场角（°）
前	315.0～405.0	后	135.0～225.0
左	45.0～135.0	右	225.0～315.0

测距仪传感器是从机器人中心沿特定方向绘制的跟踪射线。当与任何障碍物相交时，它将激活，并返回与检测到的障碍物的距离。该传感器的检测范围由特定的配置参数定义。

机器人的测距仪传感器监视与代理正前方相关的各个方向，如表 5-2 所示。

表 5-2　机器人的测距仪传感器监视的方向

传　感　器	方向（°）	传　感　器	方向（°）
右	-90.0	左前方	45.0
右前方	-45.0	左	90.0
前	0.0	后	-180.0

机器人的运动由两个执行器控制，这两个执行器施加力来转动或推动代理，即改变其线性或角速度。

迷宫求解器代理的 Python 实现具有多个字段来保存其当前状态并维护其传感器的激活状态，具体如下：

```python
def __init__(self, location, heading=0, speed=0,
             angular_vel=0, radius=8.0, range_finder_range=100.0):
    self.heading = heading
    self.speed = speed
    self.angular_vel = angular_vel
    self.radius = radius
    self.range_finder_range = range_finder_range
```

```
self.location = location
# 定义测距仪传感器
self.range_finder_angles = [-90.0, -45.0, 0.0, 45.0, 90.0, -180.0]
# 定义雷达传感器
self.radar_angles = [(315.0, 405.0), (45.0, 135.0),
                     (135.0, 225.0), (225.0, 315.0)]
# 保存激活的测距仪的列表
self.range_finders = [None] * len(self.range_finder_angles)
# 保存激活的扇形雷达的列表
self.radar = [None] * len(self.radar_angles)
```

ℹ️ 注意:

有关该实现的详细信息，可参见以下网址的 agent.py 文件:

https://github.com/PacktPublishing/Hands-on-Neuroevolution-with-Python/blob/master/
Chapter5/agent.py

上面的代码显示了 Agent 类的默认构造函数，其中 Agent 类的所有字段都已被初始化。迷宫环境模拟将使用这些字段在每个模拟步骤中存储代理的当前状态。

5.3.2　迷宫模拟环境的实现

为了模拟在迷宫中导航的求解器代理，我们需要定义一个环境，该环境将管理迷宫墙壁和出口点之类的地形配置，跟踪迷宫求解代理的位置，并为导航机器人的传感器数据数组提供输入。

所有这些功能都将纳入一个逻辑块，该逻辑块封装在 MazeEnvironment Python 类中，该类具有以下字段（从类构造函数中可以看到）:

```
def __init__(self, agent, walls, exit_point, exit_range=5.0):
    self.walls = walls
    self.exit_point = exit_point
    self.exit_range = exit_range
    # 迷宫导航代理
    self.agent = agent
    # 指示是否找到出口的标志
    self.exit_found = False
    # 代理与出口的初始距离
    self.initial_distance = self.agent_distance_to_exit()
```

上面的代码显示了 MazeEnvironment 类的默认构造函数及其所有字段的初始化:

❑　迷宫的配置由 wall（墙壁）的列表和 exit_point（出口点）确定。墙壁是线段的列表，每个线段代表迷宫中的特定墙壁，而 exit_point 则是迷宫出口的位置。

❑ exit_range 字段存储定义出口区域的 exit_point 周围的距离范围的值。当代理位于该出口区域时，可以认为它已成功解决了迷宫问题。

❑ agent 字段包含对 5.3.1 节中描述的初始化 Agent 类的引用，该类定义了求解器代理在迷宫中的起始位置，以及其他与代理相关的数据字段。

❑ initial_distance 字段存储从代理的起始位置到迷宫出口的距离。此值将在以后用于代理的适应度评分计算。

5.3.3　传感器数据生成

迷宫求解器代理由 ANN 控制，该 ANN 需要接收传感器数据作为输入，以产生相应的控制信号作为输出。如前文所述，导航代理配备了两种传感器。

❑ 6 个测距仪传感器，用于检测代理与迷宫墙壁的碰撞，指示在特定方向上到最近障碍物的距离。

❑ 4 个扇形雷达传感器，指示从迷宫中任何位置到迷宫出口点的方向。

传感器值需要在每个模拟步骤中进行更新，并且 MazeEnvironment 类提供了两种指定的方法来更新两种类型的传感器。

测距仪传感器的数组更新如下（参见 update_rangefinder_sensors 函数）：

```python
for i, angle in enumerate(self.agent.range_finder_angles):
    rad = geometry.deg_to_rad(angle)
    projection_point = geometry.Point(
        x = self.agent.location.x + math.cos(rad) * \
            self.agent.range_finder_range,
        y = self.agent.location.y + math.sin(rad) * \
            self.agent.range_finder_range
    )
    projection_point.rotate(self.agent.heading,
                            self.agent.location)
    projection_line = geometry.Line(a = self.agent.location,
                                    b = projection_point)
    min_range = self.agent.range_finder_range
    for wall in self.walls:
        found, intersection = wall.intersection(projection_line)
        if found:
            found_range = intersection.distance(
                                    self.agent.location)
            if found_range < min_range:
```

```
            min_range = found_range
    # 存储代理到最近障碍物的距离
    self.agent.range_finders[i] = min_range
```

上述代码枚举了测距仪传感器的所有检测方向，这些方向由方向角确定（参见 Agent
构造函数中的 range_finder_angles 字段初始化）。针对每个方向创建一条投影线，该投影
线从代理的当前位置开始，其长度等于测距仪的检测范围。之后，测试投影线是否与任
何迷宫的墙壁相交。如果检测到多个交叉点，则到最近墙壁的距离将存储为特定测距仪
传感器的值。否则，最大检测范围将保存为测距仪传感器的值。

需要使用 MazeEnvironment 类中的以下代码来更新扇形雷达传感器的数据：

```
def update_radars(self):
    target = geometry.Point(self.exit_point.x, self.exit_point.y)
    target.rotate(self.agent.heading, self.agent.location)
    target.x -= self.agent.location.x
    target.y -= self.agent.location.y
    angle = target.angle()
    for i, r_angles in enumerate(self.agent.radar_angles):
        self.agent.radar[i] = 0.0 # reset specific radar
        if  (angle >= r_angles[0] and angle < r_angles[1]) or
            (angle + 360 >= r_angles[0] and angle + 360 < r_angles[1]):
            # 激活雷达
            self.agent.radar[i] = 1.0
```

上面的代码将创建迷宫出口点的副本，并相对于代理的正前方（Heading）和全局坐
标系内的位置旋转迷宫出口点。平移目标点以使其与迷宫求解器代理的局部坐标系对齐，
代理被放置在坐标的原点。之后，计算从坐标的原点到代理的局部坐标系内目标点的矢
量角度。该角度是从当前代理位置到迷宫出口点的方位角（Azimuth）。找到方位角后，
我们将枚举已注册的扇形雷达传感器，以找到在其视场中包含该方位角的传感器。通过
将其值设置为 1 来激活相应的雷达传感器，而停用其他雷达传感器（将其值清零即可）。

5.3.4 代理位置更新

在从控制器 ANN 接收到相应的控制信号后，在每个模拟步骤中都需要更新迷宫中求
解器代理的位置。执行以下代码，即可更新迷宫求解器代理的位置：

```
def update(self, control_signals):
    if self.exit_found:
        return True # 迷宫出口已经找到
```

```
self.apply_control_signals(control_signals)
vx = math.cos(geometry.deg_to_rad(self.agent.heading)) * \
            self.agent.speed
vy = math.sin(geometry.deg_to_rad(self.agent.heading)) * \
            self.agent.speed
self.agent.heading += self.agent.angular_vel
if self.agent.heading > 360:
    self.agent.heading -= 360
elif self.agent.heading < 0:
    self.agent.heading += 360
new_loc = geometry.Point(
    x = self.agent.location.x + vx,
    y = self.agent.location.y + vy
)
if not self.test_wall_collision(new_loc):
    self.agent.location = new_loc
self.update_rangefinder_sensors()
self.update_radars()
distance = self.agent_distance_to_exit()
self.exit_found = (distance < self.exit_range)
return self.exit_found
```

update(self, control_signals)函数在 MazeEnvironment 类中定义，并在每个模拟时间步骤中调用。它接收一个包含控制信号的列表作为输入，并返回一个布尔值，指示迷宫求解器代理在位置更新后是否已到达出口区域。

该函数开头的代码将接收到的控制信号应用于代理的角速度和线性速度的当前值，如下所示（参见 apply_control_signals(self, control_signals)函数）：

```
self.agent.angular_vel + =(control_signals [0]-0.5)
self.agent.speed + =(control_signals [1]-0.5)
```

计算 x 和 y 速度分量以及代理的正前方的方向，并将其用于估计代理在迷宫中的新位置。如果此新位置不会与迷宫中的任何墙壁发生碰撞，则将其分配给代理并使其变成代理的当前位置：

```
vx = math.cos(geometry.deg_to_rad(self.agent.heading)) * \
            self.agent.speed
vy = math.sin(geometry.deg_to_rad(self.agent.heading)) * \
            self.agent.speed
self.agent.heading += self.agent.angular_vel
if self.agent.heading > 360:
    self.agent.heading -= 360
```

```
elif self.agent.heading < 0:
    self.agent.heading += 360
new_loc = geometry.Point(
    x = self.agent.location.x + vx,
    y = self.agent.location.y + vy
)
if not self.test_wall_collision(new_loc):
    self.agent.location = new_loc
```

新的代理位置将在以下函数中使用，这些函数会更新测距仪和雷达传感器，以估计下一个步骤的新传感器输入：

```
self.update_rangefinder_sensors()
self.update_radars()
```

以下函数将测试代理是否已到达迷宫出口，该出口由围绕出口点的圆形区域（半径等于 exit_range 字段的值）定义：

```
distance = self.agent_distance_to_exit()
self.exit_found = (distance < self.exit_range)
return self.exit_found
```

如果已到达迷宫出口，则将 exit_found 字段的值设置为 True，以指示任务已成功完成，并且其值从函数调用中返回。

🛈 注意：

有关该实现的详细信息，参见以下网址的 maze_environment.py 文件：

https://github.com/PacktPublishing/Hands-on-Neuroevolution-with-Python/blob/master/Chapter5/maze_environment.py

5.3.5　代理记录存储

在完成实验后，即可评估和可视化在所有世代的神经进化过程中各个求解器代理的表现。这是通过收集每个代理在指定时间段内运行迷宫模拟之后的相关统计数据来实现的。代理记录的收集由两个 Python 类完成：AgentRecord 类和 AgentRecordStore 类。

从 AgentRecord 类的构造函数中可以看出，该类包含以下数据字段：

```
def __init__(self, generation, agent_id):
    self.generation = generation
    self.agent_id = agent_id
```

```
self.x = -1
self.y = -1
self.fitness = -1
self.hit_exit = False
self.species_id = -1
self.species_age = -1
```

这些字段的定义如下。

- ❑　generation：创建代理记录时，generation 保留世代的 ID。
- ❑　agent_id：代理的唯一标识符。
- ❑　x 和 y：完成模拟后，代理在迷宫中的位置。
- ❑　fitness：代理的适应度评分。
- ❑　hit_exit：一个标志，指示代理是否已到达迷宫出口区域。
- ❑　species_id：代理所属的物种 ID。
- ❑　species_age：代理所属的物种年龄。

AgentRecordStore 类包含一个代理记录列表，并提供用于从特定文件加载已收集的记录或将已收集的记录保存到特定文件的函数。

ℹ️ 注意：

有关完整的实现信息，参见本章源代码存储库中的 agent.py 文件。

在评估了基因组的适应度后，即可将新的 AgentRecord 实例添加到存储中。适应度评估由在 maze_experiment.py 文件中实现的 eval_fitness(genome_id, genome, config, time_steps = 400)函数定义。其代码如下：

```
def eval_fitness(genome_id, genome, config, time_steps=400):
    maze_env = copy.deepcopy(trialSim.orig_maze_environment)
    control_net = neat.nn.FeedForwardNetwork.create(genome, config)
    fitness = maze.maze_simulation_evaluate(
            env=maze_env, net=control_net, time_steps=time_steps)
    record = agent.AgentRecord(
        generation=trialSim.population.generation,
        agent_id=genome_id)
    record.fitness = fitness
    record.x = maze_env.agent.location.x
    record.y = maze_env.agent.location.y
    record.hit_exit = maze_env.exit_found
    record.species_id = trialSim.population.species.\
                                    get_species_id(genome_id)
```

```
record.species_age = record.generation - \
    trialSim.population.species.get_species(genome_id).created
trialSim.record_store.add_record(record)
return fitness
```

该代码首先创建原始迷宫环境的 deepcopy，以避免评估运行之间的干扰。之后，它使用提供的 NEAT 配置从指定的基因组创建控制 ANN，并在给定的时间步骤数量下开始评估迷宫模拟。然后，将返回的代理适应度评分以及其他统计信息存储到特定的 AgentRecord 实例中，并将其添加到记录存储中。

在一次试验中收集的记录将保存到 output 目录的 data.pickle 文件中，它将用于可视化所有已评估代理的性能。

ⓘ 注意：

有关完整的实现细节，可根据前言中的"下载示例代码"下载 maze_experiment.py 文件。

5.3.6　代理记录可视化

在神经进化过程中收集了所有代理的评估记录后，即可对记录进行可视化处理，以获得对性能的直观见解。

可视化应包括所有求解器代理的最终位置，并允许设置物种适应度的阈值，以控制将哪些物种添加到相应的绘图中。

我们决定将收集到的代理记录呈现在两个图上，一个在上，一个在下。上面的图用于适应度评分大于或等于指定的适应度阈值的物种的代理记录，下面的图则用于其余代理的记录。

代理记录的可视化在 visualize.py 脚本的新方法中实现。本书前面描述的实验中多次介绍了此脚本，相信读者已经很熟悉它了。

ⓘ 注意：

参阅 visualize.py 文件中的 draw_maze_records(maze_env, records, best_threshold = 0.8, filename = None, view = False, show_axes = False, width = 400, height = 400)函数定义。该文件的地址如下：

https://github.com/PacktPublishing/Hands-on-Neuroevolution-with-Python/blob/master/Chapter5/visualize.py

5.4　使用适应度评分的目标函数定义

本节将介绍使用面向目标的目标函数来指引神经进化过程，从而创建成功的迷宫求解器代理。该目标函数基于迷宫求解器适应度评分的估计，而迷宫求解器的适应度评分又是通过执行 400 个模拟步骤后测量代理的最终位置与迷宫出口之间的距离来估算的。因此，该目标函数是面向目标的，并且仅取决于实验的最终目标，即到达迷宫出口区域。

第 6 章将考虑基于新颖性搜索（Novelty Search，NS）优化方法的另一种解决方案搜索优化方法。新颖性搜索优化方法建立在探索进化过程中求解器代理的新颖性的基础上，并且在目标函数定义中不包含与最终目标的接近度。具体到本示例来说，就是不再以迷宫出口为目标，而是以新地形为目标。事实证明，新颖性方法优于在本章讨论的传统的面向目标的目标函数定义。

本实验中使用的面向目标的目标函数可以按如下方式确定。

我们需要将损失函数（Loss Function）定义为在模拟结束时求解器代理的最终位置与迷宫出口位置之间的欧几里得距离：

$$\mathcal{L} = \sqrt{\sum_{i=1}^{2} (a_i - b_i)^2}$$

其中，$\mathcal{L}$ 是损失函数，a_i 是求解器代理最终位置的坐标，而 b_i 则是迷宫出口的坐标。在此实验中，我们考虑的是二维迷宫配置，因此坐标具有两个值，每个维度一个值。

使用上面定义的损失函数，现在可以指定适应度函数：

$$\mathcal{F} = \begin{cases} 1.0 & \mathcal{L} \leqslant R_{\text{exit}} \\ \mathcal{F}_n & \text{其他} \end{cases}$$

其中，R_{exit} 是迷宫出口点附近的出口区域的半径，$\mathcal{F}_n$ 是归一化的适应度得分。归一化的适应度评分按如下方式给出：

$$\mathcal{F}_n = \frac{\mathcal{L} - D_{\text{init}}}{D_{\text{init}}}$$

其中，D_{init} 是导航模拟开始时从求解器代理到迷宫出口的初始距离（Initial Distance）。

该公式将适应度分数归一化为(0,1]，但是，在极少数情况下，当代理的最终位置远离其初始位置和迷宫出口时，可能会导致负值。因此，需要对归一化的适应度评分应用以下修正来避免出现负值：

$$\mathcal{F}_n = \begin{cases} 0.01 & \mathcal{F}_n \leqslant 0 \\ \mathcal{F}_n & \text{其他} \end{cases}$$

当适应度评分小于或等于 0.01 时，将为其分配支持的最小适应度评分值（0.01）；否则，使用原值。我们选择的最小适应度评分高于零，以使每个基因组都有繁殖的机会。

Python 中的以下代码实现了面向目标的目标函数：

```python
# 基于求解器代理与出口的距离计算适应度评分
fitness = env.agent_distance_to_exit()
if fitness <= self.exit_range:
    fitness = 1.0
else:
    # 将适应度评分归一化到(0,1]
    fitness = (env.initial_distance - fitness) / \
              env.initial_distance
    if fitness <= 0.01:
        fitness = 0.01
```

该代码首先调用 agent_distance_to_exit()函数，该函数将计算从当前代理位置到迷宫出口的欧几里得距离，并将返回值用作适应度评分的第一个近似值。之后，将适应度得分（代理到迷宫出口的距离）与出口范围值进行比较，如果适应度分数小于或等于出口范围值，则表明代理已经找到出口，于是直接将其指定为最终值 1.0；否则，将对适应度得分进行归一化处理。归一化的计算方法为：先计算代理到迷宫出口的初始距离与最终距离之间的差值，然后再除以初始距离。如前文所述，在某些情况下，这可能导致归一化适应度值变为负值，可以将适应度值与 0.01 进行比较，然后进行必要的修正。

🛈 注意：

有关完整的实现信息，参见 maze_environment.py 脚本。

5.5　使用简单迷宫地形运行实验

现在可以开始使用简单迷宫地形创建与成功迷宫导航代理有关的实验。简单的迷宫地形虽然同样具有前面讨论过的误导性局部最优解，但是从起点到出口点的路径相对简单。

图 5-3 显示了用于此实验的迷宫地形。

图 5-3 中的迷宫有两个特定的位置，均使用实心圆圈标记。左上方的绿色圆圈（在黑白印刷的纸质图书上可能需要仔细查看才能发现）表示迷宫导航代理的起始位置。右下角的红色圆圈则标记了迷宫求解器需要找到的迷宫出口的确切位置。迷宫求解器代理需要到达迷宫出口点附近的迷宫出口区域（该出口区域由红色圆圈周围的特定范围区域表示），才算是完成任务。

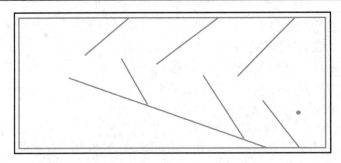

图 5-3   简单的迷宫地形

5.5.1   超参数选择

根据目标函数定义，当导航代理到达迷宫出口区域时，可以获得的适应度评分的最大值为 1.0。可以预见的是，本实验的控制器 ANN 的初始配置会比本书前面描述的实验更加复杂，这将影响算法的执行速度。因此，在中等性能 PC 上可能需要花费很长时间才能完成具有相当大的基因组种群的神经进化算法。而且，本实验的任务比以前的实验要复杂得多，并且需要使用更宽的搜索范围来成功进行解决方案探索。因此，通过反复试验，我们发现种群大小设置为 250 比较合适。

配置文件的 NEAT 部分包含上述参数的定义：

```
[NEAT]
fitness_criterion = max
fitness_threshold = 1.0
pop_size = 250
reset_on_extinction = False
```

表现型 ANN 的初始配置包括 10 个输入节点、2 个输出节点和 1 个隐藏节点。输入节点对应于输入传感器，输出节点对应于控制信号输出。提供隐藏节点是为了从神经进化过程的一开始就引入非线性，并节省进化过程发现它的时间。该 ANN 配置如下：

```
num_hidden = 1
num_inputs = 10
num_outputs = 2
```

为了扩展解决方案的搜索范围，我们需要增强种群的物种形成，以在有限的世代内尝试不同的基因组配置。这可以通过降低相容性阈值或通过增加用于执行基因组相容性评分计算的系数来完成。

在本实验中，我们同时使用了这两个修正，因为适应度函数具有误导性，并且我们需要强调基因组配置中的微小变化都能创建新物种。以下配置参数会受到影响：

```
[NEAT]
compatibility_disjoint_coefficient = 1.1
[DefaultSpeciesSet]
compatibility_threshold = 3.0
```

我们对创建具有最小数量的隐藏节点和连接的迷宫求解器控制 ANN 的最佳配置特别感兴趣。最佳 ANN 配置在通过神经进化过程进行训练期间以及在迷宫求解模拟器中的推理阶段，在计算上的开销较小。可以通过减少添加新节点的可能性来产生最佳 ANN 配置，因此，可以在 NEAT 配置文件中进行以下超参数配置：

```
node_add_prob        = 0.1
node_delete_prob     = 0.1
```

最后，我们允许神经进化过程不仅可以利用具有前馈连接的 ANN 配置，而且还可以利用循环连接。在使用循环连接的情况下，ANN 有可能拥有记忆并变成一个状态机（State Machine），而这对进化过程是有益的。以下配置超参数可以控制此行为：

```
feed_forward         = False
```

本节描述的超参数对于该实验中使用 NEAT 算法在有限的几个世代内创建成功的迷宫求解代理是很有帮助的。

ⓘ 注意：

有关简单迷宫导航实验中使用的超参数的完整列表，参见以下网址的 maze_config.ini 文件：

https://github.com/PacktPublishing/Hands-on-Neuroevolution-with-Python/blob/master/Chapter5/maze_config.ini

5.5.2 迷宫配置文件

在本实验中，有关迷宫地形的配置是以纯文本形式提供的。该文件被加载到模拟环境中，并且将实例化相应的迷宫配置。配置文件的内容类似于以下形式：

```
11
30   22
0
270 100
5 5 295  5
```

```
295 5   295   135
295 135   5   135
...
```

对迷宫地形配置文件的格式解释如下。

❑　第 1 行包含迷宫中的墙壁数量。

❑　第 2 行确定代理的起始位置坐标(x, y)。

❑　第 3 行表示代理的初始正前方，以度为单位。

❑　第 4 行显示迷宫出口位置坐标(x, y)。

❑　后面的几行定义了迷宫的墙壁。迷宫墙壁的数量由第 1 行的数字给出。

迷宫墙壁显示为线段，前两个数字定义线段起点的坐标，后两个数字确定线段终点的坐标。

导航代理的起始位置和迷宫出口的位置均以两个数字的形式表示，指示二维空间中某个点的 x 和 y 坐标。

5.5.3　工作环境设置

可以通过在终端应用程序中输入以下命令来设置简单迷宫实验的工作环境：

```
$ conda create --name maze_objective_neat python=3.5
$ conda activate maze_objective_neat
$ pip install neat-python==0.92
$ conda install matplotlib
$ conda install graphviz
$ conda install python-graphviz
```

这些命令将使用 Python 3.5 创建并激活 maze_objective_neat 虚拟环境。安装版本为 0.92 的 NEAT-Python 库以及可视化实用工具所使用的其他依赖项。

执行上述操作后，即可开始实验运行程序的实现。

5.5.4　实验运行程序的实现

本实验运行程序将在 maze_experiment.py 文件中实现，所以，读者可以参考该文件以获取完整的实现详细信息。该 Python 脚本提供了以下功能：读取命令行参数、配置和启动神经进化过程，以及在完成后呈现实验结果。此外，脚本还包括回调函数的实现，以评估属于特定种群的基因组的适应度。这些回调函数将在初始化期间提供给 NEAT-Python 库环境。

现在我们来讨论本章前面未解决的实验运行程序实现的关键部分。

（1）通过以下几行代码初始化迷宫模拟环境：

```
maze_env_config = os.path.join(local_dir, '%s_maze.txt' %
                               args.maze)
maze_env = maze.read_environment(maze_env_config)
```

args.maze 指的是用户在启动 Python 脚本时提供的命令行参数，是我们要进行实验的迷宫环境的类型。它可以具有两个值：medium（中等难度）和 hard（困难级）。本实验使用的简单迷宫配置对应于 medium 值。

（2）为随机数生成器设置特定的种子数字，创建 NEAT 配置对象，并使用创建的配置对象创建 neat.Population 对象：

```
seed = 1559231616
random.seed(seed)
config = neat.Config(neat.DefaultGenome,
                     neat.DefaultReproduction,
                     neat.DefaultSpeciesSet,
                     neat.DefaultStagnation,
                     config_file)
p = neat.Population(config)
```

ⓘ 注意：

我们发现双杆平衡实验中的随机种子值也适用于该实验。可以假设我们找到了一个随机吸引子，该吸引子特定于 NEAT-Python 库实现的随机过程。在本书后面的章节中，我们将检查其他实验是否也如此。

（3）创建合适的迷宫模拟环境并将其存储为全局变量，以简化从适应度评估回调函数对它的访问：

```
global trialSim
trialSim = MazeSimulationTrial(maze_env=maze_env, population=p)
```

MazeSimulationTrial 对象包含用于访问原始迷宫模拟环境以及用于保存迷宫求解器代理评估结果的记录存储的字段。在每次调用适应度评估回调函数 eval_fitness(genome_id, genome, config, time_steps=400)时，将复制原始迷宫模拟环境，并将由特定的求解器代理用于迷宫求解模拟，持续 400 个时间步骤。此后，将从环境中收集有关迷宫求解器代理的完整统计信息，包括它在迷宫中的最终位置，并将其添加到记录存储中。

（4）以下代码已经多次使用，可谓我们实验中的标准操作，相信读者已经熟悉了，它们与添加各种统计报告器有关：

```
p.add_reporter(neat.StdOutReporter(True))
stats = neat.StatisticsReporter()
p.add_reporter(stats)
p.add_reporter(neat.Checkpointer(5,
            filename_prefix='%s/maze-neat-checkpoint-' %
            trial_out_dir))
```

这些报告器可将神经进化过程的中间结果显示在控制台上，并收集更详细的统计信息，这些统计信息将在该过程完成后呈现。

（5）让神经进化过程运行指定的代数，并检查是否找到了解决方案：

```
start_time = time.time()
best_genome = p.run(eval_genomes, n=n_generations)
elapsed_time = time.time() - start_time
solution_found = (best_genome.fitness >= \
                    config.fitness_threshold)
if solution_found:
    print("SUCCESS: The stable maze solver controller was found!!!")
else:
    print("FAILURE: Failed to find the stable maze solver controller!!!")
```

如果 NEAT-Python 库返回的最佳基因组的适应度评分大于或等于配置文件中设置的适应度阈值（1.0），则可以假设已经找到解决方案。计算经过的时间（elapsed_time）以输出完成该过程所花费的时间。

5.5.5　基因组适应度评估

回调函数用于评估属于特定生物种群的所有基因组的适应度得分，具体实现如下：

```
def eval_genomes(genomes, config):
    for genome_id, genome in genomes:
        genome.fitness = eval_fitness(genome_id, genome, config)
```

eval_fitness(genome_id, genome, config)函数通过针对由特定基因组编码的 ANN 控制的求解器代理运行迷宫求解模拟来评估该基因组的适应度。由于本章已经讨论过此函数（详见第 5.3.5 节"代理记录存储"），因此此处未提供该函数的实现。

5.5.6　运行简单迷宫导航实验

在实现了迷宫求解器模拟器以及实验运行程序和适应度评估回调函数后，即可开始进行迷宫求解实验。确保将所有相关的 Python 脚本和配置文件（maze_config.ini 和 medium_maze.txt）复制到工作目录中。

进入工作目录并在终端应用程序中执行以下命令：

```
$ python maze_experiment.py -m medium -g 150
```

ⓘ 注意:

使用以下命令激活适当的虚拟环境：

```
conda activate maze_objective_neat
```

上面的命令将从 medium_maze.txt 文件加载简单迷宫的配置，并创建适当的迷宫模拟环境。之后，使用 maze_config.ini 文件中指定的超参数，在 NEAT 算法的控制下启动神经进化过程。NEAT 算法使用迷宫求解器模拟环境来评估 150 代以上的神经进化过程中产生的每个基因组的适应度（命令行参数中的 -g 即指定了进化世代数）。

经过 144 代的进化后，终于在 145 代发现成功的迷宫求解器代理。最近世代的控制台输出分析如下。

（1）有关基因组种群的一般统计数据：

```
****** Running generation 145 ******

Maze solved in 388 steps
Population's average fitness: 0.24758 stdev: 0.25627
Best fitness: 1.00000 - size: (3, 11) - species 7 - id 35400

Best individual in generation 145 meets fitness threshold - complexity:
 (3, 11)
```

（2）编码成功的迷宫求解器控制器 ANN 的基因组配置：

```
Best genome:
Key: 35400
Fitness: 1.0
Nodes:
  0 DefaultNodeGene(key=0, bias=5.534849614521037, response=1.0,
activation=sigmoid, aggregation=sum)
  1 DefaultNodeGene(key=1, bias=1.8031133229851957, response=1.0,
```

```
activation=sigmoid, aggregation=sum)
  158 DefaultNodeGene(key=158, bias=-1.3550878188609456,
response=1.0, activation=sigmoid, aggregation=sum)
Connections:
  DefaultConnectionGene(key=(-10, 158), weight=-1.6144052085440168,
enabled=True)
  DefaultConnectionGene(key=(-8, 158), weight=-1.1842193888036392,
enabled=True)
  DefaultConnectionGene(key=(-7, 0), weight=-0.3263706518456319,
enabled=True)
  DefaultConnectionGene(key=(-7, 1), weight=1.3186165993348418,
enabled=True)
  DefaultConnectionGene(key=(-6, 0), weight=2.0778575294986945,
enabled=True)
  DefaultConnectionGene(key=(-6, 1), weight=-2.9478037554862824,
enabled=True)
  DefaultConnectionGene(key=(-6, 158), weight=0.6930281879212032,
enabled=True)
  DefaultConnectionGene(key=(-4, 1), weight=-1.9583885391583729,
enabled=True)
  DefaultConnectionGene(key=(-3, 1), weight=5.5239054588484775,
enabled=True)
  DefaultConnectionGene(key=(-1, 0), weight=0.04865917999517305,
enabled=True)
  DefaultConnectionGene(key=(158, 0), weight=0.6973191076874032,
enabled=True)
SUCCESS: The stable maze solver controller was found!!!
Record store file: out/maze_objective/medium/data.pickle
```

在该控制台输出中，可以看到成功的迷宫求解器控制器是在进化过程中找到的，并且能够从指定的 400 个时间步骤中以 388 步到达迷宫出口区域。成功的迷宫求解器的控制 ANN 的配置包括 2 个输出节点和 1 个隐藏节点，以及来自输入节点和这些节点之间的 11 个连接。控制器 ANN 的最终配置如图 5-4 所示。

通过图 5-4 来研究不同的传感器输入如何影响输出控制信号是很有趣的一件事。可以看到，ANN 配置完全忽略了机器人前方测距传感器（RF_FR）、左侧测距传感器（RF_L）和后方扇形雷达传感器（RAD_B）的输入。同时，机器人的线性速度（VEL）和角速度（ANG_VEL）将由其他传感器的独特组合控制。

此外，我们可以通过隐藏节点看到左右扇形雷达传感器（RAD_L 和 RAD_R）与后向测距仪（RF_B）的聚合，然后将聚合的信号中继到控制角速度的节点（ANG_VEL）。如果仔细研究一下图 5-3 中显示的简单迷宫地形配置，就会发现这样的聚合看起来很自然。当迷宫求解器代理陷入局部适应度最优的死胡同时，可以使机器人转过身并继续探索迷宫。

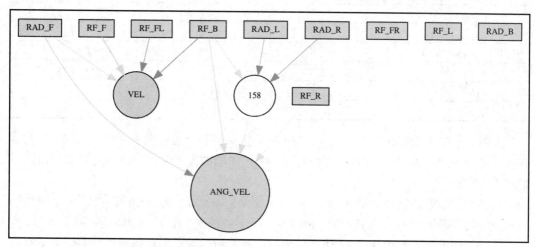

图 5-4　表现型 ANN 配置控制的简单迷宫的成功求解器

图 5-5 说明了各个世代求解器代理的适应度得分。

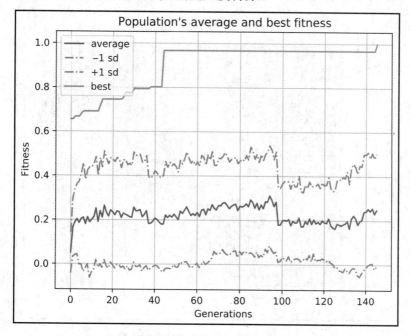

图 5-5　各个世代求解器代理的平均和最佳适应度得分

原　　文	译　　文
Population's average and best fitness	种群的平均适应度和最佳适应度
Fitness	适应度
Generations	世代
average	平均
−1 sd	种子值 −1
+1 sd	种子值 +1
best	最佳

在图 5-5 中可以看到，进化过程早在第 44 代就能够产生适应度评分为 0.96738 的非常接近成功的迷宫求解器。但是，又花了 100 代才能进化出编码成功的迷宫求解器代理 ANN 的基因组。

另外，比较有趣的是，第 44 代性能的提高是由 ID 为 1 的物种产生的，但是成功的迷宫求解器的基因组则属于 ID 为 7 的物种，而该物种在产生第一个峰值时甚至连 ID 都还不知道。产生冠军的物种在 12 代之后出现，并保留在种群中直到最后，它保留了有益的突变并完成了最后的超越。

图 5-6 描述了世代进化过程中的物种形成。

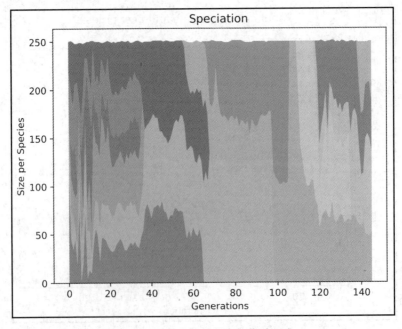

图 5-6　世代进化过程中的物种形成

原　　文	译　　文
Speciation	物种形成
Size per Species	每个物种的规模
Generations	世代

在该物种形成图上，可以看到 ID 为 7 的粉红色的物种。该物种最终在进化过程中产生了成功的迷宫求解器的基因组。物种 ID 为 7 的个体的数量在其整个生命中变化很大，并且曾经是几个世代（105～108 世代）在整个种群中唯一的物种。

5.5.7　代理记录可视化

在此实验中，我们提出了一种新的可视化方法，以便可以在视觉上辨别各个物种在进化过程中的表现。该可视化方法可以使用以下命令从实验的工作目录执行：

```
$ python visualize.py -m medium -r out/maze_objective/medium/data.pickle --
width 300 --height 150
```

该命令在进化过程中将加载有关各种迷宫求解器代理的适应度评估的记录，该记录存储在 data.pickle 文件中。此后，它会在迷宫求解模拟结束时在迷宫地图上绘制代理的最终位置。每个代理的最终位置均以彩色圆圈表示。圆圈的颜色编码与特定代理所属的种类相关。进化过程中产生的每个物种都有唯一的颜色代码。图 5-7 说明了求解器代理评估的可视化结果。

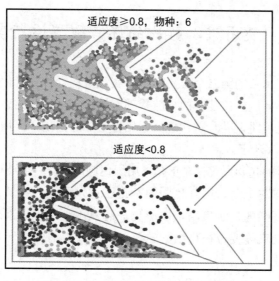

图 5-7　求解器代理评估的可视化结果

为了使该可视化结果能够提供更加丰富的信息，我们引入了适应度阈值以筛选出性能最高的物种。在图 5-7 中，上面的子图显示了属于冠军物种的求解器代理的最终位置（适应度得分高于 0.8）。可以看到，属于这 6 个物种的生物是活跃的探索者，它们的基因激发了机器人在迷宫中未知地点的搜索。它们的最终位置在起点附近的迷宫区域几乎均匀地分布，并且在局部最优路径处的密度较低。

与此同时，在下面的子图中可以看到，进化失败者表现出更为保守的行为，主要集中在起始区域和最强的局部最优区域（最大的死胡同）附近。

5.6　练习 1

（1）尝试增加 maze_config.ini 文件中的 compatibility_disjoint_coefficient 参数，并使用新设置运行实验。这种改变对进化过程中产生的物种数量有什么影响？其神经进化过程是否能够找到成功的迷宫求解器？

（2）将种群规模增加 200%（pop_size 参数）。在这种情况下，神经进化过程是否能够找到解决方案？如果可以，那么需要经过多少个世代的进化？

（3）更改随机数生成器的种子值（参见 maze_experiment.py 文件的第 118 行，或者第 5.5.4 节"实验运行程序的实现"）。神经进化过程是否能够以这个新值获得成功？

5.7　使用难以解决的迷宫配置运行实验

现在我们来进行本章的第二个实验，这个实验是运行神经进化过程，以找到能够求解墙壁结构更为复杂的困难级迷宫的导航代理。这种难以解决的迷宫地形配置引入了强大的局部适应度最优陷阱，并且从代理的起始位置到迷宫出口区域不再有直接路线。该迷宫地形配置如图 5-8 所示。

该迷宫地形配置的起始位置在左下角，用绿色圆圈标记（需要仔细辨识才能看清），迷宫出口点的位置在左上角，用红色圆圈标记。可以看到，要解决该迷宫问题，导航代理必须制定一种复杂的控制策略，以避免在起点附近出现局部适应度最优陷阱。从起点到出口，控制策略需要遵循精细的轨迹，该轨迹具有多个转弯和更多的局部最优陷阱。

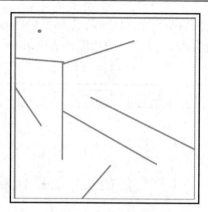

图 5-8　难以解决的迷宫配置

5.7.1　超参数选择

对于本实验，我们将使用与简单迷宫求解实验相同的超参数。我们的想法是使神经进化算法具有相同的初始条件，以查看是否可以针对不同的而且更复杂的迷宫地形配置进化出成功的求解器代理。这样的比较将体现出算法在相同的超参数设置下应用于不同迷宫地形配置的一般适用性程度。

5.7.2　工作环境设置和实验运行程序实现

本实验工作环境的设置与简单迷宫导航实验相同。实验运行程序的实现也保持不变。我们仅更改描述迷宫地形环境配置的文件。

5.7.3　运行困难级迷宫导航实验

如前文所述，我们将使用与先前实验相同的实验运行程序和相同的 NEAT 超参数设置。但是将按以下方式配置不同的迷宫环境：

```
$ python maze_experiment.py -m hard -g 500
```

在等待一段时间后，当实验结束时，我们看到，即使经过 500 个世代的进化，也没有找到成功的迷宫求解器。使用神经进化算法获得的最佳基因组编码了一个怪异而完全无效的控制器 ANN 配置，如图 5-9 所示。

从图 5-9 可以看出，机器人的旋转仅取决于正面的测距仪传感器（RF_FR），并且线性移动是由多个测距仪和雷达传感器组合控制的。这种控制配置可简化机器人的线性运动，直至在机器人前面检测到墙壁为止。也就是说，该 ANN 配置控制下的机器人几乎是直直地奔向死胡同。通过查看图 5-10 所示的代理评估记录的可视化结果，也可以确认我们对其运动模式的假设。

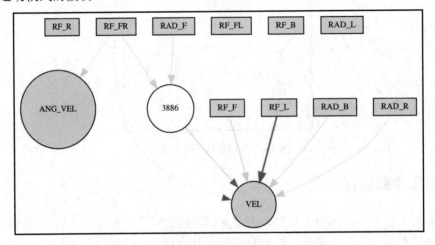

图 5-9　控制困难级迷宫求解器的 ANN 配置

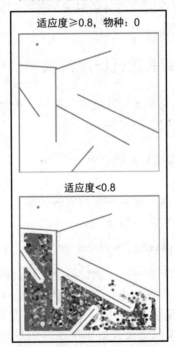

图 5-10　可视化求解器代理的评估记录

　　求解器代理最终位置的可视化表明，大多数物种都被困在起始位置附近，该位置是局部适应度评分最优值的某些区域。没有一个物种的适应度得分能够超过我们的阈值（0.8）。而且，正如我们前面提到的，由求解器代理的最终位置形成了明显可区分的垂直线（创建垂直列的灰色点），这证实了我们对在最佳基因组编码的 ANN（在进化过程中发现的）控制下的机器人错误行为的假设（几乎是直直地奔向死胡同）。

　　图 5-11 说明了各个世代的平均适应度评分。

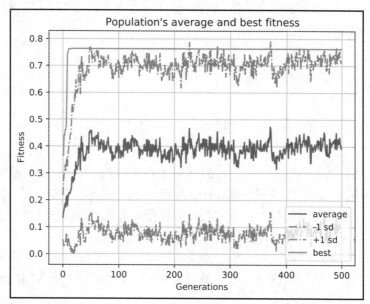

图 5-11　各个世代的平均适应度评分

原　　文	译　　文
Population's average and best fitness	种群的平均适应度和最佳适应度
Fitness	适应度
Generations	世代
average	平均
−1 sd	种子值 −1
+1 sd	种子值 +1
best	最佳

　　在该平均适应度评分图中，可以看到神经进化过程在最前面的世代中就能显著提高求解器代理的适应度评分，但此后则达到了平稳状态，没有任何改善。这意味着进化世代数目的进一步增加没有任何意义，需要采取其他措施来改善神经进化过程的性能。

5.8　练习 2

（1）尝试通过调整 maze_config.ini 文件中的 pop_size 参数来增加总体大小。这是否有助于神经进化过程进化出成功的迷宫求解器？

（2）尝试在 maze_experiment.py 文件中修改随机种子值，看看是否能够进化出成功的迷宫求解器。

ⓘ **注意：**
练习 2（1）可能需要较长的执行时间。

5.9　小　　结

本章通过实验清晰阐释了面向目标的适应度函数在求解具有误导（欺骗）性定义的问题时可能会遇到的计划和控制问题。在这种情况下，适应度函数的局部最优区域会产生多个陷阱，这些陷阱将误导解决方案的搜索过程，这是因为该搜索过程仅基于适应度得分计算，而适应度得分又被计算为从代理到目标的距离的导数。

本章的两个实验已经清楚地表明，常规的面向目标的适应度函数在求解简单的迷宫地形配置时，能够帮助创建成功的迷宫导航代理，而在面对具有强大的局部最优陷阱的复杂地形迷宫时则会导致失败。

本章提出了一种实用的可视化方法，使实验人员能够可视化迷宫地图上所有评估代理的最终位置。通过此可视化方法，实验人员可以对进化过程的性能进行假设，然后根据假设更改配置设置，以进一步提高性能。

此外，我们还从实验中了解到，当适应度函数有更大的机会收敛到局部最优条件时，神经进化过程往往会产生较少的物种。在极端情况下，它只会创造一个物种，从而削弱了创新并阻碍了进化过程。为避免这种情况，我们介绍了如何通过更改 compatibility_disjoint_coefficient（相容性不相交系数）的值来强化物种形成，该系数在计算基因组相容性因子时使用。该系数控制的权重将分配给要比较的基因组的多余或不相交部分，较高的系数值增加了所比较的基因组中拓扑形态差异的重要性，并允许更多种不同的基因组属于同一物种。

第 6 章将介绍新颖性搜索（NS）优化方法，该方法可以更好地解决诸如困难级迷宫导航之类的误导（欺骗）性任务。

第6章 新颖性搜索优化方法

本章将学习可用于创建自主导航器代理的高级解决方案——搜索优化方法。此方法称为新颖性搜索（Novelty Search，NS）。其主要思想是，可以使用求解器代理表现出来的行为的新颖性（而不是求解搜索空间中代理与目标之间的距离）来定义目标函数。

在本章，读者将学习如何联合使用基于新颖性搜索的搜索优化方法与神经进化算法，以训练成功的迷宫导航代理。本章实验将会证明，在针对特定任务时，新颖性搜索方法优于传统的面向目标的搜索优化方法。

在通读完本章后，读者将掌握 NS 优化方法的基础知识，能够使用新颖性分数定义适应度函数，并将其应用于与工作或实验相关的实际任务中。

本章将讨论以下主题：
- 新颖性搜索优化方法。
- 新颖性搜索实现的基础。
- 使用新颖性评分的适应度函数。
- 使用简单迷宫配置进行实验。
- 使用难以解决的迷宫配置进行实验。

6.1 技 术 要 求

运行本章实验的技术要求如下。
- Windows 8/10，Mac OS 10.13 或更高版本，当前版本的 Linux。
- Anaconda 发行版 2019.03 或更高版本。

访问以下网址可获得本章代码：

https://github.com/PacktPublishing/Hands-on-Neuroevolution-with-Python/tree/master/Chapter6

6.2 新颖性搜索优化方法

新颖性搜索背后的主要思想是奖励所产生的解决方案的新颖性，而不是最终解决方案的进展。这个思想是受自然进化启发的。在寻找成功的解决方案时，生物并不总是很清楚应该采取的确切步骤。自然进化不断产生新颖的形式，不同的表现型都试图利用周围的环境并适应变化。这使得地球上的生命形式不断呈现多样性的爆发，并引发了生命进化中质的飞跃。正是这个过程使得生命形式离开海洋并征服陆地。真核生物的非凡起源成为地球上所有更高级生命形式的来源。所有这些都是在进化过程中奖励新颖性的例子。而在此过程中，自然进化并没有明确的目标或最终目标。

正如在第 5 章中所阐释的那样，常规的面向目标的适应度函数容易受到局部最优陷阱的影响。这种陷阱形态往往会对进化过程产生压力，使其收敛到一个单一的解决方案，该解决方案经常陷入搜索空间的死胡同，没有可用的局部步骤可以进一步提高适应度函数的性能。因此，结果就是，无法探索到成功的解决方案。

另一方面，新颖性搜索推动了向多样性的演进。这种驱动力有助于神经进化过程产生成功的求解器代理，甚至适用于具有适应度函数值误导性的任务，如迷宫导航问题。

这种误导性问题的现实例子是在未知城市中导航的任务。如果你访问的是道路地图不规则的旧城区，则从 A 点到达 B 点，需要使用与拥有规则路网的现代城市不同的策略。在现代城市中，条条道路畅通，沿着指向目的地方向的道路行驶就足够了，但是在旧城市中，导航则要困难得多。前往目的地时通常会导致死胡同（误导性的局部最优）。这时，需要采用一种更具探索性的方法，尝试新颖且经常违反直觉的方法，这些方法似乎会导致距离目的地更远，但是，只有在经过道路上的多次曲折后，才能到达目的地。

ⓘ 注意：

有关新颖性搜索优化的更多信息，参见第 1 章"神经进化方法概述"。

6.3　新颖性搜索实现的基础

新颖性搜索实现应包括数据结构，以保存有关所探查的新颖性项目的信息。另外，还包括维护和管理新颖性项目列表的结构。在我们的实现中，该功能封装在 3 个 Python 类中。

- ❑ NoveltyItem：一种结构，其中包含有关在进化过程中评估的个体新颖性评分的所有相关信息。
- ❑ NoveltyArchive：维护相关 NoveltyItem 实例列表的类。它将提供与已经收集的 NoveltyItem 实例和当前种群相比评估个体基因组的新颖性评分的方法。
- ❑ ItemsDistance：辅助结构，用于保存两个 NoveltyItem 实例之间的距离（新颖性）

的度量值。它将用于计算平均的 k 近邻（k-nearest neighbor）距离，该距离在我们的实验中用作新颖性评分值。

🛈 注意：

有关实现的详细信息，参见以下网址的 novelty_archive.py 文件：

https://github.com/PacktPublishing/Hands-on-Neuroevolution-with-Python/blob/master/Chapter6/novelty_archive.py

6.3.1　关于 NoveltyItem

该类是一个主要结构，它将保存在进化过程中评估的每个个体的新颖性得分的相关信息。在下面的源代码中可以看到，它具有若干个存储相关信息的字段：

```
def __init__(self, generation=-1, genomeId=-1, fitness=-1, novelty=-1):
    self.generation = generation
    self.genomeId = genomeId
    self.fitness = fitness
    self.novelty = novelty
    self.in_archive = False
    self.data = []
```

这些字段的解释如下。
- ❏ generation：保存创建此项目的世代的 ID。
- ❏ genomeId：所评估的基因组的 ID。
- ❏ fitness：所评估的基因组的面向目标（与迷宫出口的接近度）的适应度得分。
- ❏ novelty：给予被评估的基因组的新颖性评分。
- ❏ in_archive：是否在 NoveltyArchive 列表中。
- ❏ data：数据点的列表，这些数据点表示迷宫求解器代理在模拟过程中访问的特定迷宫位置的坐标。该数据列表将用于估计当前 NoveltyItem 和其他新颖性项目之间的距离。计算的距离可用于估计与特定新颖性项目相关的新颖性分数。

6.3.2　关于 NoveltyArchive

该类将维护一个有关新颖性项目的列表，并提供评估个体基因组以及整个基因组种群的新颖性评分的方法。它在构造函数中定义了以下字段：

```
def __init__(self, threshold, metric):
    self.novelty_metric = metric
    self.novelty_threshold = threshold
    self.novelty_floor = 0.25
    self.items_added_in_generation = 0
    self.time_out = 0
    self.neighbors = KNNNoveltyScore
    self.generation = 0
    self.novel_items = []
    self.fittest_items = []
```

这些字段的解释如下。

❑ novelty_metric：对函数的引用，该函数可用于评估新颖性指标或两个新颖性项目之间的距离。

❑ novelty_threshold：定义 NoveltyItem 的当前最小新颖性得分值，只有超过该阈值才可以添加到此存档中。该值是动态的，在执行过程中会不断变化以将存档的大小保持在特定限制内。

❑ novelty_floor：Novelty_threshold 的最小可能值。

❑ items_added_in_generation 和 time_out 字段：用于安排 Novelty_threshold 阈值的更改动态。

❑ neighbors：该字段是 k 近邻（k-nearest neighbor）算法的默认邻居数量，该算法可用于新颖性评分估计。

❑ generation：当前的进化世代。

❑ novel_items：到目前为止收集的所有相关 NoveltyItem 实例的列表。

❑ fittest_items：所有对象中具有最大的面向目标适应度得分的新颖项目的列表。

novelty_threshold 字段的动态取决于以下源代码：

```
def _adjust_archive_settings(self):
    if self.items_added_in_generation == 0:
        self.time_out += 1
    else:
        self.time_out = 0
    if self.time_out >= 10:
        self.novelty_threshold *= 0.95
        if self.novelty_threshold < self.novelty_floor:
            self.novelty_threshold = self.novelty_floor
        self.time_out = 0
    if self.items_added_in_generation >= 4:
```

```
        self.novelty_threshold *= 1.2
    self.items_added_in_generation = 0
```

上面的函数可以在每个世代进化的末尾调用，以调整下一代的 novelty_threshold 字段值。如前文所述，该值确定了下一代应该有多少个新颖性项目添加到存档中。

动态调整属性是必要的，因为只有这样才能适应随着时间的推移使用 NS 方法查找新颖性解决方案的难度。在进化的开始，由于在迷宫中只探索了很少的路径，因此有很大的机会找到具有高新颖性分数的新颖解决方案。但是，在进化快要结束时，再找到具有高新颖性分数的新颖解决方案就会变得很困难，因为未探索的路径已经不多了。

为了弥补这一点，如果在最近的 2500 次评估（10 个世代）中未找到新的路径，则可以将 novelty_threshold 阈值降低 5%。另一方面，为了降低在进化早期向存档中添加新的 NoveltyItem 的速度，如果在上一代中添加了 4 个以上的项目，则可以将 novelty_threshold 阈值提高 20%。

以下源代码显示了如何使用 novelty_threshold 阈值确定添加哪个 NoveltyItem：

```
def evaluate_individual_novelty(self, genome, genomes, n_items_map,
                                only_fitness=False):
    item = n_items_map[genome.key]
    result = 0.0
    if only_fitness:
        result = self._novelty_avg_knn(item=item, genomes=genomes,
                                       n_items_map=n_items_map)
    else:
        result = self._novelty_avg_knn(item=item, neighbors=1,
                                       n_items_map=n_items_map)
        if result > self.novelty_threshold or \
            len(self.novel_items) < ArchiveSeedAmount:
             self._add_novelty_item(item)
    item.novelty = result
    item.generation = self.generation
    return result
```

上面的代码使用了一个函数来评估新颖性分数，以估计所提供基因组的新颖性。如果在更新存档模式下调用该函数（only_fitness = False），则将获得的新颖性分数（result）与 novelly_threshold 字段的当前值进行比较。根据比较结果，决定是否将该 NoveltyItem 对象添加到 NoveltyArchive 对象。此外，这里还引入了 ArchiveSeedAmount 常量，以便在进化开始时（存档为空的情况下）使用 NoveltyItem 实例对存档进行初始化，添加初始种子。

6.4　适应度函数与新颖性评分

现在我们已经理解了新颖性搜索的基本原理，接下来需要找到一种方法将其集成到适应度函数的定义中，然后使用该函数引导神经进化过程。换句话说，我们需要定义新颖性度量，以捕获特定的求解器代理在进化过程中引入的新颖性数量。以下两个特征可以用作求解器代理的新颖性度量标准。

❑ Structural Novelty（结构新颖性）：求解器基因型结构的新颖性。

❑ Behavioral Novelty（行为新颖性）：在解决方案搜索空间中发现的垫脚石。垫脚石是通往成功之路的敲门砖。例如，在充满误导性陷阱的困难级迷宫中，那些看似距离目标越来越远的点却是通往最终目标的必由之路，这些点就是需要导航代理发现的垫脚石。

本章，我们将创建一个成功的迷宫导航代理。为了成功通过迷宫，代理必须对迷宫中的大多数地方给予同等的关注。可以通过奖励选择独特探索路径的代理（与以前测试过的代理已知的路径相比）来实现这种行为。就上面提到的新颖性度量标准的类型而言，这意味着我们需要使用围绕 Behavioral Novelty（行为新颖性）建立的度量标准来定义适应度函数。

6.4.1　新颖性评分

迷宫求解器代理的行为空间由运行迷宫求解模拟时通过迷宫的轨迹定义。有效的新颖性评分实现需要在这种行为空间中的任何一点上计算稀疏度（Sparseness）。因此，在行为空间中，任何访问点密集的区域都是不怎么新颖的，给予求解器代理的奖励也很少。

本书在第 1 章"神经进化方法概述"中已经介绍过，最简单的衡量某个点的稀疏度的方法是使用 k 近邻（k-nearest neighbor）算法计算它与 k 个最近邻居的平均距离。很明显，稀疏区域将具有较大的距离值，而密集区域则具有较小的距离值。以下公式给出了行为空间中点 x 的稀疏度：

$$\rho(x) = \frac{1}{k}\sum_{i=0}^{k}\mathrm{dist}(x,\mu_i)$$

注意，μ_i 是 x 的第 i 个最接近的邻居，而 $\mathrm{dist}(x,\mu_i)$ 则可以计算出它们之间的距离（新颖性）指标。

通过上述公式计算得出的在行为空间中特定点的稀疏度就是该点的新颖性分数，可以用在适应度函数中。

以下函数定义了用于查找新颖性分数的 Python 代码：

```python
def _novelty_avg_knn(self, item, n_items_map, genomes=None,
                     neighbors=None):
    distances = None
    if genomes is not None:
        distances = self._map_novelty_in_population(item=item,
                    genomes=genomes, n_items_map=n_items_map)
    else:
        distances = self._map_novelty(item=item)
    distances.sort()
    if neighbors is None:
        neighbors = self.neighbors

    density, weight, distance_sum = 0.0, 0.0, 0.0
    length = len(distances)
    if length >= ArchiveSeedAmount:
        length = neighbors
        if len(distances) < length:
            length = len(distances)
        i = 0
        while weight < float(neighbors) and i < length:
            distance_sum += distances[i].distance
            weight += 1.0
            i += 1
        if weight > 0:
            sparsity = distance_sum / weight
    return sparsity
```

上面的函数具有以下主要实现部分。

（1）检查参数所提供的_novelty_avg_knn 函数是否包含当前种群中所有基因组的列表。如果包含，则首先填充种群中所有基因组的行为特征之间的距离列表，包括来自 NoveltyArchive 的所有 NoveltyItem 对象。否则，将使用提供的新颖性项目（item）从 NoveltyArchive 中找到它与所有 NoveltyItem 对象之间的距离。

```python
distances = None
if genomes is not None:
    distances = self._map_novelty_in_population(item=item,
                genomes=genomes, n_items_map=n_items_map)
else:
    distances = self._map_novelty(item=item)
```

（2）对距离列表按升序排序，使最小的距离先出现，因为我们对行为空间中最接近所提供的新颖项的点感兴趣：

```
distances.sort()
```

（3）初始化计算 k 个最近邻居分数所需的所有中间变量，并测试在步骤（2）中收集到的距离值的数量是否大于 ArchiveSeedAmount 常数值：

```
if neighbors is None:
    neighbors = self.neighbors

density, weight, distance_sum = 0.0, 0.0, 0.0
length = len(distances)
```

（4）检查找到的距离列表的长度是否小于要求针对其进行测试的邻居的数量（neighbors）。如果是这样，则更新相关变量的值：

```
if length >= ArchiveSeedAmount:
    length = neighbors
    if len(distances) < length:
        length = len(distances)
```

（5）在将所有局部变量设置为正确的值后，即可开始一个循环，为每个连接收集所有距离和权重之和：

```
i = 0
while weight < float(neighbors) and i < length:
    distance_sum += distances[i].distance
    weight += 1.0
    i += 1
```

（6）当计算出的权重值由于超过指定的邻居数而导致上面的循环退出时，或者程序已经对 distance 列表中的所有距离值进行了迭代，则可将给定项目的新颖性得分计算为到 k 个最近邻居的平均距离：

```
if weight < 0:
    sparsity = distance_sum / weight
```

该函数将返回估计的新颖性得分值。

ℹ️ **注意：**

有关该实现的详细信息，参见以下网址的 novelty_archive.py 文件：

https://github.com/PacktPublishing/Hands-on-Neuroevolution-with-Python/blob/master/Chapter6/novelty_archive.py

6.4.2　新颖性度量指标

新颖性度量指标是衡量当前解决方案与已知解决方案有多大差异的一种度量。当估计行为空间中的当前点到它的 k 个最近邻居的距离时，该指标可用于计算新颖性分数。

在实验中，我们将通过两个轨迹向量（每个代理一个向量）之间的逐项距离（Item-Wise Distance）来确定衡量两个代理的行为差异的新颖性度量。轨迹向量（Trajectory Vector）包含迷宫导航代理在模拟过程中访问的位置坐标。以下公式给出了新颖性度量指标的定义：

$$\text{dist}(x, \mu) = \frac{1}{n} \sum_{j=0}^{n} |x_j - \mu_j|$$

注意，n 是轨迹向量的大小，μ 和 x 是比较轨迹的两个向量，μ_j 和 x_j 分别是 μ 和 x 在位置 j 的值。

在迷宫导航实验中，我们对求解器代理的最终位置非常感兴趣。因此，在完成迷宫导航模拟中的所有必要步骤后（或找到迷宫出口时），轨迹向量可能仅包含代理的最终坐标。

用于新颖性度量值估计的 Python 代码如下：

```python
def maze_novelty_metric(first_item, second_item):
    diff_accum = 0.0
    size = len(first_item.data)
    for i in range(size):
        diff = abs(first_item.data[i] - second_item.data[i])
        diff_accum += diff
    return diff_accum / float(size)
```

上面的代码采用了两个新颖性项，并找到了在迷宫导航模拟过程中保存相应求解器代理位置的两个轨迹向量之间的逐项距离。

6.4.3　适应度函数

本章实验中使用的适应度函数将直接应用先前定义为基因组适应度值的新颖性评分。结果就是，神经进化过程试图通过使用这种适应度函数来使产生的个体的新颖性最大化。

对于实验中的不同任务，我们将使用不同的适合度因子。

❑　新颖性分数将用于指导神经进化过程（解决方案搜索优化）。它被指定为每个基因组的适应度值，并在进化世代中用于基因组评估。

❑　从迷宫模拟器获得的面向目标的适应度分数（到迷宫出口的距离）将用于测试
　　是否已实现最终目标（即已找到迷宫出口）。另外，记录该值也是为了评估每
　　个求解器代理的性能。

适应度值评估的源代码通过两个函数提供。

❑　回调函数，用于评估整个种群的适应度得分（eval_genomes）。

❑　通过迷宫求解模拟评估个体基因组的函数（eval_individual）。

6.4.4　种群适应度评估函数

　　eval_genomes 适应度评估函数是在 NEAT-Python 库中注册的回调函数，允许该库针对需要解决的特定任务的特定条件运行种群基因组评估。我们将实现该函数，以评估当前种群中的每个基因组。在本实验中，需要解决的特定任务是迷宫导航，而特定条件则是使用获得的新颖性分数作为基因组适应度值。

　　NEAT-Python 库不允许通过回调函数发送任何有关任务完成的信号，除非通过指定获胜者基因组的特定适应度得分值。该适应度值必须高于 NEAT-Python 超参数配置中的适应度阈值。但是，使用新颖性搜索算法，不可能准确估计获胜者基因组可以达到的新颖性评分上限。此外，当解决方案的搜索空间并未得到全面的探索时（这是很有可能的，因为许多迷宫地形不必探索完全可能就已经找到了出口），获胜者基因组的新颖性得分值可能会低于在进化过程中早期基因组获得的值。

　　因此，鉴于已经将新颖性评分指定为基因组的适应度值，我们需要提出一种解决方法，以便能够使用 NEAT-Python 库定义的标准终止条件。我们的做法是，使用一个特定的具有指示意义的新颖性评分值，该值要足够大，并且难以在常规算法执行期间遇到。该值将确定通过 NEAT-Python 超参数配置提供的终止条件。

　　在本示例中，我们使用 800000 作为具有指示意义的新颖性分数度量，并将其自然对数（约为 13.59）作为适当的适应度阈值。

　　该函数的完整源代码如下：

```
def eval_genomes(genomes, config):
    n_items_map = {}
    solver_genome = None
    for genome_id, genome in genomes:
        found = eval_individual(genome_id=genome_id,
                                genome=genome,
                                genomes=genomes,
                                n_items_map=n_items_map,
```

```
                                       config=config)
        if found:
            solver_genome = genome
    trial_sim.archive.end_of_generation()
    # 现在评估种群中每个基因组的适应度
    for genome_id, genome in genomes:
        fitness = trial_sim.archive.evaluate_individual_novelty(
                    genome=genome,
                    genomes=genomes,
                    n_items_map=n_items_map,
                    only_fitness=True)
        if fitness > 1:
            fitness = math.log(fitness)
        else:
            fitness = 0
        genome.fitness = fitness

    if solver_genome is not None:
        solver_genome.fitness = math.log(800000) # ~=13.59
```

该函数实现的重要部分如下。

（1）创建字典来存储种群中每个基因组已评估的新颖性项目（n_items_map），并遍历种群中的所有基因组，评估其迷宫求解性能：

```
n_items_map = {}
solver_genome = None
for genome_id, genome in genomes:
    found = eval_individual(genome_id=genome_id,
                            genome=genome,
                            genomes=genomes,
                            n_items_map=n_items_map,
                            config=config)
    if found:
        solver_genome = genome
trial_sim.archive.end_of_generation()
```

（2）再次遍历种群中的所有基因组，以使用估计的新颖性分数为基因组分配适应度分数。在迷宫求解模拟过程中，新颖性分数估算过程将使用前述第一个循环在 n_items_map 中收集的 NoveltyItem 对象：

```
for genome_id, genome in genomes:
    fitness = trial_sim.archive.evaluate_individual_novelty(
                genome=genome,
```

```
                genomes=genomes,
                n_items_map=n_items_map,
                only_fitness=True)
    if fitness > 1:
        fitness = math.log(fitness)
    else:
        fitness = 0
    genome.fitness = fitness
```

（3）如果在第一个循环中找到了成功的求解器基因组，则为其分配的适应度值等于之前所述的具有指示意义的适应度得分（约为 13.59）：

```
if solver_genome is not None:
    solver_genome.fitness = math.log(800000) # ~=13.59
```

注意，本示例将自然对数应用于获得的新颖性得分值和指示性新颖性得分，以使它们在数值上保持接近。这样，可以保证使用在实验期间收集的统计信息正确绘制性能图。

6.4.5　个体适应度评估函数

eval_individual 函数是种群适应度评估的重要组成部分，它可以从前面讨论的 eval_genomes 函数中调用，以评估种群中每个基因组的迷宫求解性能。

通过迷宫导航模拟对作为迷宫求解代理的个体基因组进行评估的代码如下：

```
def eval_individual(genome_id, genome, genomes, n_items_map, config):
    n_item = archive.NoveltyItem(
                        generation=trial_sim.population.generation,
                        genomeId=genome_id)
    n_items_map[genome_id] = n_item
    maze_env = copy.deepcopy(trial_sim.orig_maze_environment)
    control_net = neat.nn.FeedForwardNetwork.create(genome, config)
    goal_fitness = maze.maze_simulation_evaluate(
                                env=maze_env,
                                net=control_net,
                                time_steps=SOLVER_TIME_STEPS,
                                n_item=n_item,
                                mcns=MCNS)

    if goal_fitness == -1:
        # 该个体不符合最低适应度标准
        print("Individ with ID %d marked for extinction, MCNS %f"
                % (genome_id, MCNS))
```

```
        return False

    record = agent.AgentRecord(
        generation=trial_sim.population.generation,
        agent_id=genome_id)
    record.fitness = goal_fitness
    record.x = maze_env.agent.location.x
    record.y = maze_env.agent.location.y
    record.hit_exit = maze_env.exit_found
    record.species_id = trial_sim.population.species \
        .get_species_id(genome_id)
    record.species_age = record.generation - \
        trial_sim.population.species.get_species(genome_id).created
    trial_sim.record_store.add_record(record)

    if not maze_env.exit_found:
        record.novelty = trial_sim.archive \
            .evaluate_individual_novelty(genome=genome,
                        genomes=genomes, n_items_map=n_items_map)

    trial_sim.archive.update_fittest_with_genome(genome=genome,
                                    n_items_map=n_items_map)
    return maze_env.exit_found
```

现在来深入研究一下 eval_individual 函数实现的所有核心部分的含义。

（1）创建 NoveltyItem 对象，以保存与特定基因组相关的新颖性评分的信息，并将其保存在 n_items_map 字典的 genome_id 键下：

```
n_item = archive.NoveltyItem(
                generation=trial_sim.population.generation,
                genomeId=genome_id)
n_items_map[genome_id] = n_item
```

（2）创建原始迷宫环境的 deepcopy，以避免在模拟过程中产生干扰，然后从提供的基因组创建控制 ANN：

```
maze_env = copy.deepcopy(trial_sim.orig_maze_environment)
control_net = neat.nn.FeedForwardNetwork.create(genome, config)
```

（3）使用迷宫环境的副本和创建的控制 ANN，执行迷宫求解模拟（需要执行给定的模拟步骤数）：

```
goal_fitness = maze.maze_simulation_evaluate(
                            env=maze_env,
```

```
                        net=control_net,
                        time_steps=SOLVER_TIME_STEPS,
                        n_item=n_item,
                        mcns=MCNS)
```

（4）在模拟完成后，返回的基于目标（这里的目标就是指靠近迷宫出口）的适应度评分以及其他模拟和基因组参数将存储在 AgentRecord 中，然后将其添加到记录存储中：

```
record = agent.AgentRecord(
    generation=trial_sim.population.generation,
    agent_id=genome_id)
record.fitness = goal_fitness
record.x = maze_env.agent.location.x
record.y = maze_env.agent.location.y
record.hit_exit = maze_env.exit_found
record.species_id = trial_sim.population.species \
    .get_species_id(genome_id)
record.species_age = record.generation - \
    trial_sim.population.species.get_species(genome_id).created
trial_sim.record_store.add_record(record)
```

（5）如果给定的基因组不是获胜者，则估计其新颖性分数，并在适当的情况下使用当前基因组的 NoveltyItem 更新 NoveltyArchive 中适应度最高的基因组列表：

```
if not maze_env.exit_found:
    record.novelty = trial_sim.archive \
     .evaluate_individual_novelty(genome=genome,
         genomes=genomes, n_items_map=n_items_map)

trial_sim.archive.update_fittest_with_genome(genome=genome,
                                n_items_map=n_items_map)
```

在该实验中，基因组的适应度评分定义为两个单独的值，每个值都具有不同的用途。面向目标的适应度评分有助于测试是否找到解决方案并收集有用的性能统计信息。基于新颖性的适应度评分则可以在求解器行为的最大多样性方向上指导神经进化过程，这意味着求解搜索的梯度旨在探索不同的行为，而没有任何明确的目标。

ⓘ 注意：

有关该实现的更多信息，参见以下网址的 maze_experiment.py 文件：

https://github.com/PacktPublishing/Hands-on-Neuroevolution-with-Python/blob/master/Chapter6/maze_experiment.py

6.5　使用简单迷宫配置进行实验

现在可以使用第 5 章描述的简单迷宫配置来开始实验。只不过，这次我们将使用新颖性搜索优化方法来引导神经进化过程，而不是面向目标的目标函数。在使用新颖搜索时，我们相信可以找到一个进化世代较少的成功的迷宫求解器。

简单的迷宫地形配置如图 6-1 所示。

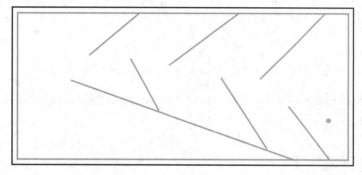

图 6-1　简单的迷宫地形配置

可以看到，这个迷宫的地形配置与第 5 章完全相同。但是，我们需要调整相应的 NEAT 超参数以满足新颖性搜索优化方法的规范。

6.5.1　超参数选择

本章描述的实验所使用的目标函数基于没有明确上限值的新颖性度量。其结果就是，我们无法精确地估计适合度阈值。因此，为了表明找到了获胜的解决方案，我们使用了一个具有指示性意义的值，该指示值足够大以至于在常规算法执行过程中难以遇到。

我们选择 800000 作为具有指示意义的新颖性得分值。但是，为了在绘制实验结果时保持适应度得分的直观表示，我们使用自然对数按比例缩小了求解器代理的新颖性得分（对数缩放是非常强力的数值缩放工具，详见第 4.3.3 节"基因组适应度评估"）。因此，配置文件中使用的适应度阈值变为 13.5，这比最大可能适应度得分（13.59）小一点，目的是避免出现舍入浮点数的问题。另外，由于需要检查迷宫中唯一位置的最大数量，我们根据第 5 章所述的种群规模值（250）增加了种群的大小，以使解决方案搜索空间更深：

```
[NEAT]
fitness_criterion = max
```

```
fitness_threshold = 13.5
pop_size = 500
reset_on_extinction = False
```

与第 5 章相比，我们每次在实验中运行的世代数都比之前运行的世代数更多。因此，我们增加了物种停滞值，以使物种停留的时间更长：

```
[DefaultStagnation]
max_stagnation = 100
```

所有其他 NEAT 超参数的值都与第 5 章介绍的值相似。参考第 5 章以了解选择特定超参数值的原理。

🛈 注意：

有关该实现的更多信息，参见以下网址的 maze_config.ini 文件：

https://github.com/PacktPublishing/Hands-on-Neuroevolution-with-Python/blob/master/Chapter6/maze_config.ini

6.5.2　工作环境设置

本实验的工作环境应包括所有依赖关系，并且可以使用 Anaconda 通过以下命令创建：

```
$ conda create --name maze_ns_neat python=3.5
$ conda activate maze_ns_neat
$ pip install neat-python==0.92
$ conda install matplotlib
$ conda install graphviz
$ conda install python-graphviz
```

这些命令将使用 Python 3.5 创建并激活 maze_ns_neat 虚拟环境。安装版本为 0.92 的 NEAT-Python 库以及可视化实用程序使用的其他依赖项。

6.5.3　实验运行程序的实现

本章使用的实验运行程序的实现大部分与第 5 章使用的实现类似，但部分地方也有很大的差异，下面将详细进行讨论。

1．试验循环

本章引入了对实验运行程序实现的升级。我们的实现将支持按顺序运行多次试验，直至找到解决方案为止。这样的升级极大地简化了按顺序进行多次试验的工作，尤其是考虑到每次试验可能需要执行很长的时间。

实验运行程序的主循环如下所示（参见 maze_experiment.py 脚本中的__main__）：

```
print("Starting the %s maze experiment (Novelty Search), for %d trials"
      % (args.maze, args.trials))
for t in range(args.trials):
    print("\n\n----- Starting Trial: %d ------" % (t))
    # 创建新颖性存档
    novelty_archive = archive.NoveltyArchive(
                            threshold=args.ns_threshold,
                            metric=maze.maze_novelty_metric)
    trial_out_dir = os.path.join(out_dir, str(t))
    os.makedirs(trial_out_dir, exist_ok=True)
    solution_found = run_experiment(config_file=config_path,
                                    maze_env=maze_env,
                                    novelty_archive=novelty_archive,
                                    trial_out_dir=trial_out_dir,
                                    n_generations=args.generations,
                                    args=args,
                                    save_results=True,
                                    silent=True)
    print("\n------ Trial %d complete, solution found: %s ------\n"
          % (t, solution_found))
```

该循环将运行 args.trials 次试验，其中，args.trials 参数由用户通过命令行提供。

循环的第一行创建了 NoveltyArchive 对象，它是 Novelty Search 算法的一部分。在特定的试用期间，该对象将用于存储所有相关的 NoveltyItems：

```
novelty_archive = archive.NoveltyArchive(
                threshold=args.ns_threshold,
                metric=maze.maze_novelty_metric)
```

注意，maze.maze_novelty_metric 是对用于评估每个求解器代理的新颖性评分的函数的引用。

在本章的源代码中，我们提供了两个新颖性度量函数的实现。

❑ 逐项的距离新颖性度量标准（maze.maze_novelty_metric）。

❑ 欧几里得距离新颖性度量标准（maze.maze_novelty_metric_euclidean）。

在我们的实验中使用的是第一个实现，第二个实现将用于运行其他实验。

2. 实验运行程序功能

本实验运行程序的功能与第 5 章介绍的运行程序的功能有许多相似之处，但同时它也具有特定于新颖性搜索优化算法的独特功能。

我们来解释一下该实现的重要部分。

（1）根据当前系统时间为随机数生成器选择特定的种子值：

```
seed = int(time.time())
random.seed(seed)
```

（2）加载 NEAT 算法配置并创建初始的基因组种群：

```
config = neat.Config(neat.DefaultGenome,
                     neat.DefaultReproduction,
                     neat.DefaultSpeciesSet,
                     neat.DefaultStagnation,
                     config_file)
p = neat.Population(config)
```

（3）为了在每个世代评估之后保留中间结果，使用 MazeSimulationTrial 对象初始化一个 trial_sim 全局变量。

由于使用的是一个全局变量，因此它可以被传递给 NEAT-Python 框架的适应度评估回调函数 eval_genomes(genomes, config)访问：

```
global trial_sim
trial_sim = MazeSimulationTrial(maze_env=maze_env,
                                population=p,
                                archive=novelty_archive)
```

（4）和以前一样，我们还需要向 Population 对象注册一些报告器，以输出算法结果并收集统计信息：

```
p.add_reporter(neat.StdOutReporter(True))
stats = neat.StatisticsReporter()
p.add_reporter(stats)
```

（5）准备在指定的世代数中运行 NEAT 算法并评估结果：

```
start_time = time.time()
best_genome = p.run(eval_genomes, n=n_generations)
elapsed_time = time.time() - start_time
# 显示世代中的最佳基因组
print('\nBest genome:\n%s' % (best_genome))
solution_found = \
    (best_genome.fitness >= config.fitness_threshold)
if solution_found:
    print("SUCCESS: The stable maze solver controller was found!!!")
```

```
else:
    print("FAILURE: Failed to find the stable maze solver controller!!!")
```

（6）将收集到的统计数据和新颖性存档记录可视化并保存到文件系统中：

```
node_names = {-1:'RF_R', -2:'RF_FR', -3:'RF_F', -4:'RF_FL',
              -5:'RF_L', -6: 'RF_B', -7:'RAD_F', -8:'RAD_L',
              -9:'RAD_B', -10:'RAD_R', 0:'ANG_VEL', 1:'VEL'}
visualize.draw_net(config, best_genome, view=show_results,
                   node_names=node_names,
                   directory=trial_out_dir, fmt='svg')
if args is None:
    visualize.draw_maze_records(maze_env,
                                trial_sim.record_store.records,
                                view=show_results)
else:
    visualize.draw_maze_records(maze_env,
                                trial_sim.record_store.records,
                                view=show_results,
                                width=args.width,
                                height=args.height,
                                filename=os.path.join(trial_out_dir,
                                                      'maze_records.svg'))
visualize.plot_stats(stats, ylog=False,
                     view=show_results,
                     filename=os.path.join(trial_out_dir,
                                           'avg_fitness.svg'))
visualize.plot_species(stats, view=show_results,
                       filename=os.path.join(trial_out_dir,
                                             'speciation.svg'))
# 存储 NoveltyItems 存档数据
trial_sim.archive.write_fittest_to_file(
                       path=os.path.join(trial_out_dir,
                                         'ns_items_fittest.txt'))
trial_sim.archive.write_to_file(
                       path=os.path.join(trial_out_dir,
                                         'ns_items_all.txt'))
```

（7）执行本章介绍的其他可视化例程，可视化迷宫求解器代理通过迷宫的路径。

为了完成该操作，对进化过程中发现的最佳求解器代理的控制器 ANN 运行迷宫导航模拟。在此模拟运行期间，将收集求解器代理到达过的所有路径点，以便通过 draw_agent_path 函数进行渲染：

```
maze_env = copy.deepcopy(trial_sim.orig_maze_environment)
control_net = neat.nn.FeedForwardNetwork.create(
                                    best_genome, config)
path_points = []
evaluate_fitness = maze.maze_simulation_evaluate(
                            env=maze_env,
                            net=control_net,
                            time_steps=SOLVER_TIME_STEPS,
                            path_points=path_points)
print("Evaluated fitness of best agent: %f"
        % evaluate_fitness)
visualize.draw_agent_path(trial_sim.orig_maze_environment,
                        path_points,
                        best_genome,
                        view=show_results,
                        width=args.width,
                        height=args.height,
                        filename=os.path.join(trial_out_dir,
                            'best_solver_path.svg'))
```

最终，run_experiment 函数将返回一个布尔值，该布尔值指示在试验期间是否找到了成功的迷宫求解器代理。

🛈 注意：

参见 maze_experiment.py 文件中的 run_experiment(config_file, maze_env, novelty_ archive, trial_out_dir, args = None, n_generations = 100, save_results = False, silent = False)函数实现。该文件的网址如下：

https://github.com/PacktPublishing/Hands-on-Neuroevolution-with-Python/blob/master/ Chapter6/maze_experiment.py

6.5.4　运行新颖性搜索优化的简单迷宫导航实验

要运行经过新颖性搜索优化的简单迷宫导航实验，确保将所有相关的 Python 脚本和配置文件（maze_config.ini 和 medium_maze.txt）都从在线存储库复制到本地目录。该存储库的位置如下：

https://github.com/PacktPublishing/Hands-on-Neuroevolution-with-Python/blob/master/ Chapter6/

进入本地实验目录，在终端应用程序中执行以下命令：

```
python maze_experiment.py -g 500 -t 10 -m medium --width 300 --height 150
```

ℹ️ 注意：

使用以下命令激活适当的虚拟环境：

```
conda activate maze_ns_neat
```

上面的命令使用从 medium_maze.txt 文件加载的简单迷宫配置运行了 10 次迷宫导航实验。神经进化算法使用从 maze_config.ini 文件加载的 NEAT 配置数据评估每个试验中的 500 代迷宫求解器。width 和 height 参数指定了迷宫记录子图的尺寸（详细信息参见 visualize.draw_maze_records 函数的实现）。

经过 99 个世代的进化，成功的迷宫求解器代理已出现在 100 代中。在最后一代的进化中，有关于基因组种群的一般统计数据。在完成的 Python 程序的控制台输出中，可以看到最近一个世代的进化信息：

```
****** Running generation 100 ******

Maze solved in 391 steps
Population's average fitness: 1.28484 stdev: 0.90091
Best fitness: 13.59237 - size: (2, 8) - species 1 - id 48354

Best individual in generation 100 meets fitness threshold - complexity:
(2, 8)
```

显示的是获胜者基因组的配置和有关该试验的一般统计信息：

```
Best genome:
Key: 48354
Fitness: 13.592367006650065
Nodes:
  0 DefaultNodeGene(key=0, bias=-2.1711339938349026, response=1.0,
activation=sigmoid, aggregation=sum)
  1 DefaultNodeGene(key=1, bias=6.576480565646596, response=1.0,
activation=sigmoid, aggregation=sum)
Connections:
  DefaultConnectionGene(key=(-10, 1), weight=-0.5207773885939109,
enabled=True)
  DefaultConnectionGene(key=(-9, 0), weight=1.7778928210387814,
enabled=True)
  DefaultConnectionGene(key=(-7, 1), weight=-2.4940590667086524,
```

```
enabled=False)
  DefaultConnectionGene(key=(-6, 1), weight=-1.3708732457648565,
enabled=True)
  DefaultConnectionGene(key=(-4, 0), weight=4.482428082179011,
enabled=True)
  DefaultConnectionGene(key=(-4, 1), weight=-1.3103728328721098,
enabled=True)
  DefaultConnectionGene(key=(-3, 0), weight=-0.4583080031587811,
enabled=True)
  DefaultConnectionGene(key=(-3, 1), weight=4.643599450804774,
enabled=True)
  DefaultConnectionGene(key=(-2, 1), weight=-0.9055329546235956,
enabled=True)
  DefaultConnectionGene(key=(-1, 0), weight=-1.5899992185951817,
enabled=False)
SUCCESS: The stable maze solver controller was found!!!
Record store file: out/maze_ns/medium/0/data.pickle
Random seed: 1567086899
Trial elapsed time: 7452.462 sec
Plot figure width: 6.8, height: 7.0
Maze solved in 391 steps
Evaluated fitness of best agent: 1.000000
Plot figure width: 7.8, height: 4.0
```

通过以上控制台输出可以看到，编码成功的迷宫求解器的控制 ANN 的获胜者基因组只有 2 个节点基因和 8 个连接基因，size: (2, 8)。这些基因对应于控制器 ANN 中的 2 个输出节点，另外还有 8 个连接用于建立与输入的链接。该控制器 ANN 的最终配置如图 6-2 所示。

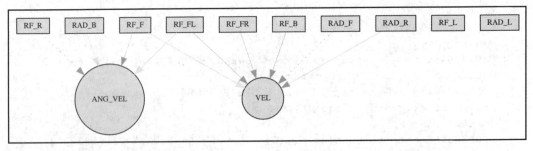

图 6-2　成功控制器 ANN 的配置

这个成功的控制器 ANN 的配置明显优于第 5 章中描述的配置（在第 5 章的 ANN 配置是使用面向目标的搜索优化方法找到的）。在本实验中，ANN 配置完全忽略了隐藏的节点，并且用更少世代的进化找到了成功的解决方案。

因此，我们可以假设新颖性搜索优化方法至少与面向目标的方法一样有效，即使搜索优化方法不是基于接近最终目标，而是基于奖励新颖行为。这个神经进化过程产生了成功的迷宫求解器代理，而没有提供任何接近最终目标（迷宫出口）的暗示，这真是令人惊讶。

该实验在进化过程中的物种形成图如图 6-3 所示。

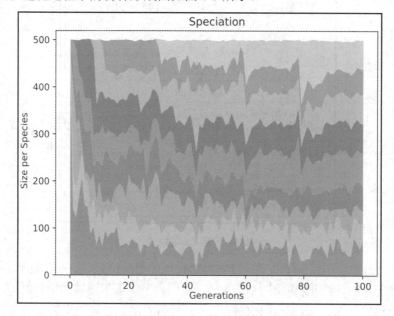

图 6-3　物种形成图

原　　文	译　　文
Speciation	物种形成
Size per Species	每个物种的规模
Generations	世代

在该物种形成图中，可以看到进化过程中的物种总数不超过 9 个。此外，它们中的大多数都在很早的世代就出现了，直至找到成功的迷宫求解器。

6.5.5　代理记录可视化

我们使用第 5 章介绍的可视化代理记录的方法，并引入了一种新的可视化方法来可视化求解器代理通过迷宫的路径。

代理记录的可视化功能可以将每个已完成的试验自动保存为 SVG 格式的文件（文件名为 obj_medium_maze_records.svg），位于相应实验的输出目录中。

在图 6-4 中，可以查看到本实验代理记录的可视化结果。

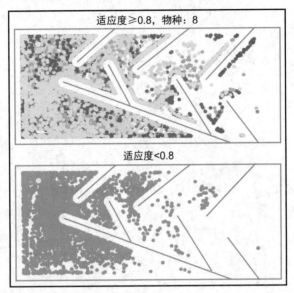

图 6-4　代理记录的可视化

图 6-9 上面的子图显示了高适应度物种的代理的最终位置，这些代理的面向目标的适应度得分高于 0.8。我们能够找到 8 个物种，它们几乎探索了迷宫的所有区域，并最终找到了迷宫出口。同时，即使是进化失败者（下面的子图）也表现出高度的探索性行为，均匀地填充了迷宫区域的前半部分（可以将该图与第 5 章中的相似图进行比较）。

值得一提的是，在进化过程中创造的全部 9 个物种中，有 8 个表现出最高的面向目标适应度得分。也就是说，它们几乎都能够到达迷宫出口（其中一个率先到达了迷宫出口）。这一成就与第 5 章的实验形成了鲜明的对比，在第 5 章中，只有一半的物种（12 个物种中的 6 个）取得了相同的结果。

本实验还有一项更让人兴奋的可视化效果，那就是可以查看找到迷宫出口的成功迷宫求解器代理的路径，如图 6-5 所示。

该可视化效果被保存为 best_solver_path.svg 文件，同样可以在实验的输出目录中找到。

可以看到，这个成功的迷宫求解器代理几乎找到了通过迷宫的最佳路径，尽管一开始似乎有些困惑。

真正令人惊奇的是，迷宫导航代理根本没有参考迷宫出口的位置，而只是奖励了其新颖性发现，就可以找到这样复杂的通过迷宫的路径。

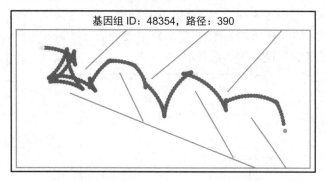

图 6-5　成功的迷宫求解器通过迷宫的路径

6.5.6　练习 1

（1）将 maze_config.ini 文件中的种群大小（pop_size）参数设置为 250。在这种情况下，是否可以找到成功的迷宫求解器代理？

（2）更改指定添加新节点的概率的参数值（node_add_prob）。神经进化过程是否能够找到解决方案？从拓扑形态的角度来看是否最优？

（3）更改初始基因组配置，使其开头的隐藏节点数（num_hidden）为零。这将如何影响算法的性能？

（4）尝试使用源代码（maze.maze_novelty_metric_euclidean）随附的另一个新颖性度量标准，然后看看会发生什么。

（5）更改 location_sample_rate 命令行参数的默认值（4000），该参数允许仅将迷宫求解器的最终位置包括到其行为向量中。尝试小于 400 的值（迷宫模拟步骤数）。例如，如果将此参数设置为 100，则行为向量将为每个求解器代理包含最多 4 个轨迹点的坐标。了解此参数影响算法性能的方式，可以通过运行以下命令为此参数提供一个值：

```
python maze_experiment.py -g 500 -t 10 -r 100 -m medium --width 300
--height 150
```

其中将 location_sample_rate 设置为 100，并使用该值运行简单迷宫实验。

6.6　使用难以解决的迷宫配置进行实验

在接下来的实验中，我们将评估新颖性搜索优化方法在更复杂任务中的有效性。在此任务中，尝试进化出一种迷宫求解代理，以找到困难级迷宫地形的出口路径。

在本实验中，我们将使用与第 5 章相同的难以解决的迷宫地形配置。这样我们就可以将新颖性搜索优化方法获得的结果与第 5 章中使用面向目标的优化方法获得的结果进行比较。该迷宫地形的配置如图 6-6 所示。

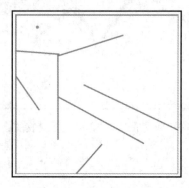

图 6-6　难以解决的迷宫配置

可以看到，该迷宫的地形配置与第 5 章的困难级迷宫配置完全相同。因此，可以参考第 5 章"自主迷宫导航"的内容以获得详细说明。

6.6.1　超参数选择和工作环境设置

该实验的超参数与本章前面的简单迷宫实验所用的参数相同。我们决定不更改超参数，以通过尝试在相同域内但使用不同配置的任务找到解决方案来测试该算法的一般化程度。

该实验的工作环境与前面为简单迷宫实验创建的环境完全兼容。因此，我们也可以直接使用。

6.6.2　运行难以解决的迷宫导航实验

运行此实验，可以使用为简单迷宫实验开发的相同实验运行程序，唯一的区别是应在开始时提供不同的命令行参数。可以使用以下命令启动困难级迷宫实验：

```
$ python maze_experiment.py -m hard -g 500 -t 10 --width 200 --height 200
```

该命令将启动困难级迷宫实验，每个实验有 500 个世代，共进行 10 次试验。width 和 height 参数确定子图的尺寸，以绘制实验期间收集的迷宫记录。

使用 NEAT-Python 库进行困难级迷宫实验，即使使用新颖性搜索优化方法，我们也无法在 10 次试验中找到成功的迷宫求解器。

尽管如此,与第 5 章的面向目标的优化方法相比,使用新颖性搜索方法获得的结果更有希望。图 6-7 描述了迷宫导航模拟过程中求解器代理的最终位置。

这个可视化了所有评估代理的最终位置的图形表明,在实验期间,使用新颖性搜索优化方法比使用面向目标的方法探索了更多的迷宫区域。此外,可以看到有些物种几乎已经到达终点,距离到达迷宫出口仅几步之遥。

最成功的迷宫求解器代理的路径如图 6-8 所示。

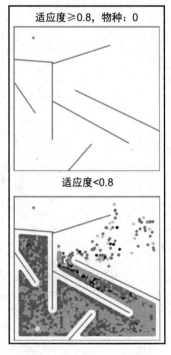

图 6-7 代理记录可视化　　图 6-8 最成功的迷宫求解器代理通过迷宫的路径

这个最成功的求解器代理通过迷宫的路径表明,代理能够发现传感器输入与执行操作之间的关键关系。但是,在施加控制信号方面仍然缺乏精确度。由于存在此缺陷,某些控制动作会导致无效的轨迹循环,从而消耗分配给解决迷宫问题的宝贵时间步长。

最后,看一下最成功的迷宫求解器的控制 ANN 的拓扑形态,如图 6-9 所示。

与本章先前实验中设计的控制 ANN 的拓扑形态相比,可以看到所有传感器输入都参与了决策。

此外,该网络拓扑形态包括两个隐藏节点,这使代理可以实现复杂的控制策略以在难以解决的迷宫环境中导航。

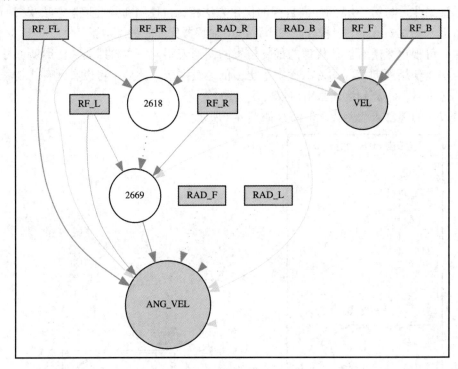

图 6-9　控制 ANN 的拓扑形态

　　尽管在本次使用 NEAT-Python 库的实验中，我们未能使用新颖性搜索优化方法进化出成功的迷宫求解器代理，但这并不是新颖性搜索方法的失败，而是 NEAT-Python 库的 NEAT 实现效率的问题。

ⓘ 注意：

　　我们已经使用 Go 编程语言实现了 NEAT 算法，该解决方案可以高效地解决困难级迷宫的导航任务。可以在 GitHub 上进行验证，网址如下：

　　https://github.com/yaricom/goNEAT_NS

6.6.3　练习 2

　　在本章的源代码中，我们还提供了基于第 2 章"Python 库和环境设置"中介绍的 MultiNEAT Python 库的实验运行程序的实现。

可以尝试使用 MultiNEAT Python 库来求解这个困难级的迷宫地形配置，操作步骤如下：

（1）通过以下命令安装 MultiNEAT Python 库，更新当前的 Anaconda 环境：

```
$ conda install -c conda-forge multineat
```

（2）运行基于 MultiNEAT 库的实验运行程序的实现：

```
$ python maze_experiment_multineat.py -m hard -g 500 -t 10 --width
200 --height 200
```

这些命令会将 MultiNEAT 库安装在当前的 Anaconda 环境中，并使用适当的实验运行程序开始进行 10 次困难级迷宫实验的试验（每次试验 500 个世代）。

6.7　小　　结

本章详细阐释了新颖性搜索优化方法，以及如何将其用于指引具有误导性的问题空间环境（如迷宫导航）中的神经进化过程。

我们进行了与第 5 章相同的迷宫导航实验，并比较了获得的结果。结果证明：新颖性搜索方法比第 5 章介绍的面向目标的优化方法更具优势。

本章通过实例介绍了使用 Python 编写源代码的实践经验，并尝试调整了 NEAT 算法的重要超参数。

另外，我们还引入了一种新的可视化方法，使读者可以直观地查看代理通过迷宫的路径。通过该方法，读者可以轻松地比较不同代理如何尝试解决迷宫导航问题，以及确认它们找到的穿过迷宫的路径是否最佳。

第 7 章将介绍 NEAT 算法的更多高级应用。我们将从视觉辨别的任务开始，向读者介绍 NEAT 算法的 HyperNEAT 扩展。HyperNEAT 方法允许用户在数千或数百万个参数上运行大规模 ANN，这样的运算规模是传统的 NEAT 算法无法实现的。

第 3 部分

高级神经进化方法

本部分将讨论高级神经进化方法以及如何使用它们来解决实际问题。读者将掌握高级神经进化的相关技术，并找到开发新项目的思路。

本部分包括以下章节：

- ❏ 第 7 章：基于超立方体的 NEAT 和视觉辨别
- ❏ 第 8 章：ES-HyperNEAT 和视网膜问题
- ❏ 第 9 章：协同进化和 SAFE 方法
- ❏ 第 10 章：深度神经进化

第 7 章　基于超立方体的 NEAT 和视觉辨别

本章将详细阐释基于超立方体的增强拓扑的神经进化 HyperNEAT 算法背后的主要概念以及该算法要解决的主要问题。

首先，我们将讨论对大规模的 ANN 使用直接基因组编码时出现的问题，以及如何通过引入间接基因组编码方案来解决这些问题。

其次，我们将学习如何使用 CPPN 来存储具有超高压缩率的基因组编码信息，以及 HyperNEAT 算法使用 CPPN 的方式。

最后，我们将通过一些实例来演示 HyperNEAT 算法的强大功能。

本章将讨论以下主题：

❑ 使用 NEAT 对大型神经网络进行直接编码会产生的问题，以及 HyperNEAT 如何通过引入间接编码方法来解决该问题。

❑ 通过使用 NEAT 的 CPPN 进化，探索超立方体内的几何规律，这使我们能够有效地编码目标 ANN 中的连通性模式。

❑ 使用 HyperNEAT 方法检测和识别可视域中的对象。

❑ 视觉辨别实验目标函数的定义。

❑ 视觉辨别实验结果的讨论。

7.1　技　术　要　求

运行本章实验的技术要求如下。

❑ Windows 8/10、Mac OS 10.13 或更高版本、当前版本的 Linux。

❑ Anaconda 发行版 2019.03 或更高版本。

访问以下网址可获得本章代码：

https://github.com/PacktPublishing/Hands-on-Neuroevolution-with-Python/tree/master/Chapter7

7.2　使用 CPPN 对 ANN 进行间接编码

在前面的章节中，我们介绍了使用受自然启发的基因型概念对 ANN 进行直接编码的概念，该基因型（Genotype）以 1∶1 的比例映射到表现型（Phenotype）以表示 ANN 拓扑形态。这种映射使我们能够使用 NEAT 算法的高级功能，例如创新数字，从而使我们能够跟踪进化过程在何时引入了特定的突变。基因组中的每个基因都有一个特定的创新数字，可以快速、准确地杂交亲本基因组以产生后代。尽管此功能带来了巨大的好处，并且降低了重组期间匹配亲本基因组所需的计算成本，但是用于编码表现型的 ANN 拓扑形态的直接编码具有明显的缺点，因为它限制了编码的 ANN 的大小。编码的 ANN 越大，在进化过程中评估的基因组就越大，而这涉及巨大的计算成本。

有许多任务，主要与图像或其他高维数据源中的模式识别有关，需要使用具有高级拓扑形态的 ANN，其中有许多层和节点。由于上面讨论到的直接编码效率低下的问题，传统的 NEAT 算法无法有效处理此类拓扑形态配置。

鉴于此，研究人员提出了一种编码表现型 ANN 的新方法来解决此缺点，同时，新方法仍具有 NEAT 算法提供的所有优点。7.2.1 节将详细讨论。

7.2.1　CPPN 编码

研究人员所提出的编码方案是，采用一种方法来表示表现型 ANN 中的连接模式，而这种方法将查询另一个专门的神经网络有关节点之间的连接权重，这就是所谓的间接编码方案。

这种专门的神经网络称为复合模式生成网络（CPPN），它的主要任务是根据表现型 ANN 的几何形状表示其连接模式，所得的连接模式表示为一个四维超立方体。

该超立方体的每个点都对表现型 ANN 中两个相关节点之间的连接进行编码，并用 4 个数字描述：源节点的坐标和目标节点的坐标。连接的 CPPN 将超立方体的每个点作为输入，并计算表现型 ANN 中每个节点之间的连接权重。

此外，如果 CPPN 返回的连接权重的大小小于最小阈值（w_{min}），则不会表示两个节点之间的连接。因此，我们可以将连接的 CPPN 定义为返回连接权重的四维函数，如以下公式所示：

$$w = \text{CPPN}(x_1, y_1, x_2, y_2)$$

表现型 ANN 的源节点位于 (x_1, y_1)，目标节点位于 (x_2, y_2)。

CPPN 的另一个基本特征是，与传统 ANN 每个节点仅使用一种类型的激活函数（通常是 Sigmoid 函数系列）不同，CPPN 可以使用多个几何函数作为节点激活器。因此，CPPN 可以在产生的连接模式中表达丰富的几何模体（Motif）。

- ❏　对称性（高斯函数）。
- ❏　不完美的对称性（高斯函数与不对称坐标系的结合）。

□　重复（正弦函数）。

□　有变化的重复（正弦函数与不重复坐标系的结合）。

考虑到上述 CPPN 的功能，我们可以假设它所产生的连接模式可以表示表现型 ANN 的任何网络拓扑形态。此外，通过发现训练数据中的规律性并重用 CPPN 中相同的基因集来编码表现型 ANN 中的重复序列，该连接模式可用于编码大规模的拓扑形态。

7.2.2　基于超立方体的增强拓扑的神经进化

7.2.1 节描述的方法是由 Kenneth O. Stanley 发明的，该方法被称为基于超立方体的增强拓扑的神经进化。顾名思义，它是本书前面多次使用过的 NEAT 算法的扩展。这两种方法的主要区别是 HyperNEAT 方法使用了基于 CPPN 的间接编码方案。

在进化过程中，HyperNEAT 方法将采用 NEAT 算法进化出一个基因组的种群，该基因组使用连接的 CPPN 拓扑形态编码。之后，每个已创建的 CPPN 均可用于建立特定表现型 ANN 内的连接模式。最后，可以针对问题空间评估该表现型 ANN。

到目前为止，我们已经讨论了如何使用包含 CPPN 的 NEAT 进化连接模式并将其应用于表现型 ANN 的节点。但是，我们尚未提到如何确定节点的几何布局。定义节点及其位置（布局）的职责被分配给人类架构师。架构师将分析问题空间并利用最恰当的布局。

按照约定，表现型 ANN 节点的初始布局的名称为基板（Substrate）。

基板配置有若干种类型（布局），它们已经证明了其在特定任务上的效率。

□　二维网格：以(0,0)为中心的二维笛卡儿空间中网络节点的规则网格。

□　三维网格：以(0,0,0)为中心的三维笛卡儿空间中网络节点的规则网格。

□　状态空间三明治：带有源节点和目标节点的两个 2D 平面网格，其中一层可以发送连接到另一层。

□　圆环：规则的径向结构，适合于定义基于径向几何的极坐标中的规律性。

通过在基板上的适当布局中排列 ANN 节点，可以利用问题空间的几何规律。通过使用连接的 CPPN 在基板节点之间绘制连接模式，可以大大提高编码效率。

接下来我们将介绍视觉辨别实验的基础知识。

ⓘ 注意：

有关 HyperNEAT 方法的其他信息，参见第 1 章"神经进化方法概述"。

7.3　视觉辨别实验的基础知识

正如我们已经提到的，HyperNEAT 算法采用间接编码方式的主要优点是能够对大型

ANN 的拓扑形态进行编码。本节将描述一个可用于测试 HyperNEAT 方法训练大规模 ANN 能力的实验。由于输入数据的高维度（图像高度乘以图像宽度），视觉模式识别任务通常需要大型 ANN 作为检测器。在此，我们将讨论计算科学问题系列的一种变体，称为视觉辨别（Visual Discrimination）任务。

视觉辨别的任务是在二维视觉空间中将大对象与小对象区分开，而不管它们在视觉空间中的位置以及彼此之间的位置如何。视觉辨别任务由专门的辨别器（Discriminator）ANN 执行，该辨别器 ANN 在包含两个 2D 平面网格的状态空间三明治基板上构建。

- ❑ 可视域（Visual Field）是传感器的二维阵列，可以处于两种状态：开或关（黑色和白色）。
- ❑ 目标域（Target Field）是输出的二维数组，其激活值在[0, 1]内。

视觉辨别任务的模式如图 7-1 所示。

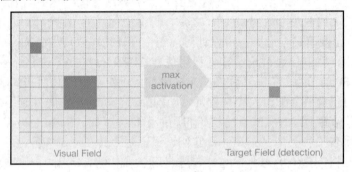

图 7-1　视觉辨别任务

原　　文	译　　文
max activation	激活值最高的节点（其位置将被标记为检测到的对象的中心）
Visual Field	可视域
Target Field(detection)	目标域（检测）

在图 7-1 中可以看到，要检测的对象表示为两个正方形，中间用空格隔开。较大对象的大小恰好是另一个对象的 3 倍（其大小是按宽和高来对比的，虽然面积是 9 倍，但宽和高都是 3 倍）。我们尝试构建的算法需要检测较大对象的中心。该检测基于测量目标域中 ANN 节点的激活值，激活值最高的节点的位置将被标记为检测到的对象的中心。我们的目标是发现可视域和目标域之间的正确连接模式，该模式将激活值最高的输出节点与可视域中大对象的中心对齐。此外，发现的连接模式应不改变两个对象的相对位置。

用于视觉辨别任务的算法需要评估大量的输入，也就是表示可视域中单元格的值。因此，成功的算法需要发现可以同时处理来自多个单元格的输入的策略。这样的策略应该基于允许检测可视域中对象相对大小的一般原理。实验中，可视域表示为二维网格。因此，要发现的一般几何原理就是局部性（Locality）的概念。

可以通过在连接可视域和目标域节点的连接方案中发现特定模式，来利用所选辨别器 ANN 的基板配置中的局部性原理。在此连接方案中，可视域的单独节点将连接到目标域中特定位置周围的多个相邻输出节点。其结果就是，输出节点收集的激活越多，单个输入节点通过连接提供给它的信号也越多。

为了有效地利用前面提到的局部性原理，连接的表示应该考虑到辨别器 ANN 基板的几何形状，以及正确的连接图案在基板上重复这一事实。这种表示形式的最佳候选者是 CPPN，它可以一次发现局部连接图案（模式），然后以任何分辨率在整个基板网格上重复。

视觉辨别器的主要任务是正确确定较大对象的位置，而不管两个对象的相对位置如何。因此，我们可以定义目标函数来引导神经进化过程。该目标函数应基于可视域中较大对象的精确位置与其在目标域中的预测位置之间的欧几里得距离。

损失函数可以直接表示为实际位置和预测位置之间的欧几里得距离，如下所示：

$$\mathcal{L} = \sqrt{\sum_{i=1}^{2}(G_i - P_i)^2}$$

其中，$\mathcal{L}$是损失（Loss）函数，G_i是较大对象的地面（Ground）真实坐标，而P_i则是由辨别器 ANN 预测（Predicted）的坐标。

使用上面定义的损失函数，可以编写以下目标函数：

$$\mathcal{F}_n = 1.0 - \frac{\mathcal{L}}{D_{max}}$$

其中，D_{max}是目标域空间内两点之间的最大可能距离。目标函数公式可确保计算出的适应度分数（$\mathcal{F}_n$）始终落在[0, 1]内。

在理解了视觉辨别实验的基础知识后，即可开始设置该实验。

7.4　视觉辨别实验设置

对于我们的实验来说，在辨别器 ANN 的训练过程中，可以使用固定为 11×11 的可视域和目标域分辨率。因此，连接的 CPPN 必须学习 121 个可视域输入和 121 个目标域输出之间的正确连接模式，这意味着总共有 14641 个潜在的连接权重。

图 7-2 显示了该辨别器 ANN 的基板方案。

图 7-2 中的辨别器 ANN 有两层，每层节点形成一个二维平面网格。连接的 CPPN 通过将节点从一层连接到另一层来绘制连接模式。

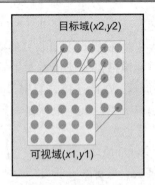

图 7-2　辨别器 ANN 的状态空间三明治基板

对于进化的每一个世代来说，都将评估种群中每个个体（编码 CPPN 的基因组）创建辨别器 ANN 的连接模式的能力，然后对辨别器 ANN 进行测试，以查看它是否可以在可视域内找到大对象的中心。

本实验的特定 ANN 总共有 75 个评估试验，每个试验中有两个对象放置在不同的位置。在每次试验中，我们将一个小对象放在可视域内均匀分布的 25 个位置中的一个位置上。大对象的中心则是从小对象向右下角方向数的第 5 格（参见图 7-1）。如果大对象不能完全放入可视域中，那么它将环绕到另一侧。因此，考虑到对象相对于彼此和网格的放置逻辑，我们应该能够在 75 次试验中评估所有可能的配置。

本实验的设置包括两个主要部分，我们将在以下各节中进行详细的讨论。

7.4.1　视觉辨别器测试环境

首先，我们需要定义测试环境并提供对数据集的访问，该数据集包含 7.3 节所描述的所有可能的可视域配置。本实验使用的数据集是在测试环境初始化期间创建的。我们将在本节后面讨论该数据集的创建。

测试环境具有以下两个主要组成部分。

❑　维护可视域定义的数据结构。

❑　测试环境管理器，它将存储数据集并提供一种方法，针对该数据集评估辨别器 ANN。

接下来，我们将提供这两个组成部分的详细说明。

7.4.2　可视域定义

如前文所述，本实验的特定 ANN 总共有 75 个评估试验，每个试验有两个对象放置在不同的位置，这些对象的放置方式就是可视域定义。我们将在 VisualField Python 类中存储可视域的定义。它具有以下构造函数：

```
def __init__(self, big_pos, small_pos, field_size):
    self.big_pos = big_pos
    self.small_pos = small_pos
    self.field_size = field_size
    self.data = np.zeros((field_size, field_size))

    # 存储小对象的位置
    self._set_point(small_pos[0], small_pos[1])

    # 存储大对象的点
    offsets = [-1, 0, 1]
    for xo in offsets:
        for yo in offsets:
            self._set_point(big_pos[0] + xo, big_pos[1] + yo)
```

VisualField 的构造函数接受元组作为参数，该元祖包含大对象和小对象的坐标以及可视域的大小。我们考虑的是方形可视域，因此可视域在 X 轴和 Y 轴上的大小是相等的。可视域在内部表示为一个二维的二进制数组，其中，1 表示对象所占据的位置，0 表示空白空间。它存储在 self.data 字段中，该字段是形状为(2, 2)的 NumPy 数组。

小对象的尺寸为 1×1，大对象的尺寸是其 3 倍。在构造函数的源代码中，以下代码片段创建了数据数组中大对象的表示形式：

```
offsets = [-1, 0, 1]
for xo in offsets:
    for yo in offsets:
        self._set_point(big_pos[0] + xo, big_pos[1] + yo)
```

VisualField 类的构造函数将大对象中心的坐标作为元组(x, y)接收。上面的代码绘制了从左上角$(x-1, y-1)$开始到右下角$(x + 1, y + 1)$结束的大对象。

上面代码引用的_set_point(self, x, y)函数将 self.data 字段的特定位置设置为 1.0，表示对象占据了该位置：

```
def _set_point(self, x, y):
    px, py = x, y
    if px < 0:
        px = self.field_size + px
    elif px >= self.field_size:
        px = px - self.field_size
```

```
    if py < 0:
        py = self.field_size + py
    elif py >= self.field_size:
        py = py - self.field_size

    self.data[py, px] = 1 # Numpy 数组中的索引是[row, col]
```

如前文所述，如果大对象不能完全放入可视域中，那么它将环绕到另一侧。所以，当坐标值超过每个轴允许的尺寸数时，_set_point(self, x, y)函数将执行坐标值转换。例如，对于 X 轴，坐标值转换的源代码如下：

```
if px < 0:
    px = self.field_size + px
elif px >= self.field_size:
    px = px - self.field_size
```

沿 Y 轴进行转换的源代码与此类似。

在转换指定为函数参数的坐标之后（如果有必要的话），可以将 self.data 字段中的相应位置设置为 1.0。

ℹ️ 注意：

NumPy 索引为[row, column]。因此，需要在索引的第一个位置使用 y 值，而在第二个位置使用 x 值。

7.4.3　视觉辨别器环境

视觉辨别器环境将保存使用可视域定义生成的数据集。而且，它还提供了创建数据集并根据数据集评估辨别器 ANN 的方法。VDEnvironment Python 类包含上述方法的定义以及相关的数据结构。

现在我们就来研究一下 VDEnvironment 类定义的所有重要部分。

（1）该类的构造函数定义如下：

```
def __init__(self, small_object_positions, big_object_offset, field_size):
    self.s_object_pos = small_object_positions
    self.data_set = []
    self.b_object_offset = big_object_offset
    self.field_size = field_size

    self.max_dist = self._distance((0, 0),(field_size - 1, field_size - 1))
```

```
# 创建测试数据集
self._create_data_set()
```

VDEnvironment 构造函数的第一个参数是一个数组，其中包含所有可能的小对象位置，它们被定义为每个轴的坐标值序列。第二个参数则定义了大对象中心的坐标与小对象坐标的偏移。本实验使用 5 作为该参数的值。第三个参数则是可视域在两个维度上的大小。

在将所有接收到的参数保存到对象字段之后，即可计算可视域中两点之间的最大可能距离，代码如下：

```
self.max_dist = self._distance((0, 0), (field_size - 1, field_size - 1))
```

将可视域左上角和右下角之间的欧几里得距离存储在 self.max_dist 字段中，然后使用此值来归一化视点之间的距离（即将它们保持在[0, 1]内）。

（2）_create_data_set()函数将根据给定的环境参数创建所有可能的数据集。该函数的源代码如下：

```
def _create_data_set(self):
    for x in self.s_object_pos:
        for y in self.s_object_pos:
            # 对角线
            vf = self._create_visual_field(x, y,
                            x_off=self.b_object_offset,
                            y_off=self.b_object_offset)
            self.data_set.append(vf)
            # 右侧
            vf = self._create_visual_field(x, y,
                            x_off=self.b_object_offset,
                            y_off=0)
            self.data_set.append(vf)
            # 下方
            vf = self._create_visual_field(x, y,
                            x_off=0,
                            y_off=self.b_object_offset)
            self.data_set.append(vf)
```

该函数将沿两个轴迭代小对象的位置，并尝试在小对象坐标的右侧、下方或对角线上的坐标处创建大对象。

（3）顾名思义，_create_visual_field 函数将使用小对象的坐标(sx, sy)和大对象中心的偏移量(x_off, y_off)创建适当的可视域配置。以下源代码显示了实现此目的的方式：

```
def _create_visual_field(self, sx, sy, x_off, y_off):
    bx = (sx + x_off) % self.field_size # 按 X 坐标转换
    by = (sy + y_off) % self.field_size # 按 Y 坐标转换

    # 创建可视域
    return VisualField(big_pos=(bx, by), small_pos=(sx, sy),
                       field_size=self.field_size)
```

如果通过上面的函数计算的大对象的坐标在可视域空间之外，则按以下方式应用坐标转换，使它环绕到另一侧：

```
if bx >= self.field_size:
    bx = bx - self.field_size # 转换
```

上面的代码段显示了沿 *X* 轴的环绕转换。沿 *Y* 轴的环绕转换是类似的。

最后，创建 VisualField 对象，将其返回并附加到数据集。

（4）当然，VDEnvironment 定义中最令人兴奋的部分与对辨别器 ANN 的评估有关，后者是在 evaluate_net(self, net)函数中定义的，具体如下：

```
def evaluate_net(self, net):
    avg_dist = 0

    # 评估预测的位置
    for ds in self.data_set:
        # 评估和获取输出
        outputs, x, y = self.evaluate_net_vf(net, ds)

        # 找到与大对象的距离
        dist = self._distance((x, y), ds.big_pos)
        avg_dist = avg_dist + dist

    avg_dist /= float(len(self.data_set))
    # 归一化位置误差
    error = avg_dist / self.max_dist
    # 适应度
    fitness = 1.0 - error

    return fitness, avg_dist
```

上面的函数将接收辨别器 ANN 作为参数，并返回评估的适应度得分，以及检测到的大对象坐标与为所有已评估的可视域计算的地面真实值之间的平均距离。平均距离的计算方式如下：

```
for ds in self.data_set:
    # 评估和获取输出
    outputs, x, y = self.evaluate_net_vf(net, ds)

    # 找到与大对象的距离
    dist = self._distance((x, y), ds.big_pos)
    avg_dist = avg_dist + dist

avg_dist /= float(len(self.data_set))
```

上面的源代码将遍历数据集中的所有 VisualField 对象，并使用辨别器 ANN 确定大对象的坐标。之后，我们将计算地面真实值与大对象的预测位置之间的距离（检测误差）。最后，找到误差的平均值并将其归一化，代码如下：

```
# 归一化位置误差
error = avg_dist / self.max_dist
```

根据上面的代码，最大可能的误差值为 1.0。适应度评分的值就是 1.0 减去误差值的结果，因为它随着误差的减小而增加：

```
# 适应度
fitness = 1.0 - error
```

最后，evaluate_net 函数返回计算出的适应度得分以及未归一化的检测误差。

（5）evaluate_net_vf(self, net, vf)函数提供了一种根据特定的 VisualField 对象评估辨别器 ANN 的方法。定义如下：

```
def evaluate_net_vf(self, net, vf):
    depth = 1 # 本示例只有 2 层

    net.Flush()
    # 准备输入
    inputs = vf.get_data()
    net.Input(inputs)
    # 激活
    [net.Activate() for _ in range(depth)]

    # 获取输出
    outputs = net.Output()
    # 发现大对象的坐标
    x, y = self._big_object_coordinates(outputs)

    return outputs, x, y
```

上面的函数将接收辨别器 ANN（net）作为第一个参数，将 VisualField 对象（vf）作为第二个参数。之后，它从 VisualField 对象获得由 Flush()函数展平的输入数组，并将其用作辨别器 ANN 的输入：

```
inputs = vf.get_data()
net.Input(inputs)
```

在设置辨别器 ANN 的输入之后，必须将其激活以通过所有网络节点传播输入值。本示例的辨别器人工神经网络只有两层（这是由状态空间三明治基板的结构决定的），因此，我们需要将其激活两次——每层一次。在激活信号通过辨别器 ANN 的两层传播之后，可以将大对象在目标域中的位置确定为输出数组中最大值的索引。使用_big_object_coordinates(self, outputs)函数，可以提取目标域内大对象的笛卡儿坐标(x, y)。

最后，evaluate_net_vf 函数将返回原始输出数组，以及在目标域空间中提取的大对象的笛卡儿坐标(x, y)。

（6）_big_object_coordinates(self, outputs)函数将从辨别器 ANN 获得的原始输出中提取目标域空间内大对象的笛卡儿坐标。该函数的源代码如下：

```
def _big_object_coordinates(self, outputs):
    max_activation = -100.0
    max_index = -1
    for i, out in enumerate(outputs):
        if out > max_activation:
            max_activation = out
            max_index = i

    # 估计最大激活值的坐标
    x = max_index % self.field_size
    y = int(max_index / self.field_size)

    return (x, y)
```

首先，该函数将对输出数组进行枚举并找到最大值的索引：

```
max_activation = -100.0
max_index = -1
for i, out in enumerate(outputs):
    if out > max_activation:
        max_activation = out
        max_index = i
```

之后，它将使用找到的索引来估计笛卡儿坐标，同时考虑目标域的大小：

```
x = max_index % self.field_size
y = int(max_index / self.field_size)
```

最后，该函数返回具有目标域内大对象的笛卡儿坐标的元组(x, y)。

ⓘ 注意：

有关该实现的更多细节，可查看以下网址的 vd_environment.py 文件：

https://github.com/PacktPublishing/Hands-on-Neuroevolution-with-Python/blob/master/Chapter7/vd_environment.py

7.4.4　实验运行程序

如前文所述，可以使用 HyperNEAT 方法找到视觉辨别任务的解决方案。因此，我们需要使用提供 HyperNEAT 算法实现的库。MultiNEAT Python 库是该实验的正确选择。因此，我们将使用该库实现本实验。

接下来，我们将讨论实验运行程序实现的最关键组成部分。

ⓘ 注意：

有关该实验运行程序实现的更多细节，可查看以下网址的 vd_experiment_multineat.py 文件：

https://github.com/PacktPublishing/Hands-on-Neuroevolution-with-Python/blob/master/Chapter7/vd_experiment_multineat.py

7.4.5　实验运行程序函数

run_experiment 函数使我们能够使用提供的超参数和已初始化的视觉辨别器测试环境来运行实验。该函数实现包括以下部分。

1. 初始化第一个 CPPN 基因组种群

首先，使用当前系统时间初始化随机数生成器种子；然后，为辨别器 ANN 创建合适的基板配置，以便能够在实验可视域的整个维度上进行操作；最后，使用已创建的基板配置创建 CPPN 基因组：

```
# 随机种子
seed = int(time.time())
```

```
# 创建基板
substrate = create_substrate(num_dimensions)
# 创建 CPPN 基因组和种群
g = NEAT.Genome(0,
                substrate.GetMinCPPNInputs(),
                0,
                substrate.GetMinCPPNOutputs(),
                False,
                NEAT.ActivationFunction.UNSIGNED_SIGMOID,
                NEAT.ActivationFunction.UNSIGNED_SIGMOID,
                0,
                params, 0)
pop = NEAT.Population(g, params, True, 1.0, seed)
pop.RNG.Seed(seed)
```

上面代码所创建的 CPPN 基因组具有适当数量的输入和输出节点，这是由基板提供的。最初，它使用无符号 Sigmoid 作为节点激活函数；之后，在进化过程中，将按照 HyperNEAT 算法例程更改 CPPN 每个节点上的激活函数类型；最后，使用初始化的 CPPN 基因组和 HyperNEAT 超参数创建初始种群。

2．按指定的世代数执行神经进化

本部分将创建中间变量以保存执行结果，并创建统计信息收集器（Statistics），然后按照 n_generations 参数中指定的世代数执行进化循环：

```
start_time = time.time()
best_genome_ser = None
best_ever_goal_fitness = 0
best_id = -1
solution_found = False

stats = Statistics()
for generation in range(n_generations):
```

在进化循环中，我们将获得当前世代属于种群的基因组列表，并针对测试环境评估列表中的所有基因组，如下所示：

```
genomes = NEAT.GetGenomeList(pop)
# 评估基因组
genome, fitness, distances = eval_genomes(genomes,
                               vd_environment=vd_environment,
                               substrate=substrate,
                               generation=generation)
```

```
stats.post_evaluate(max_fitness=fitness, distances=distances)
solution_found = fitness >= FITNESS_THRESHOLD
```

我们将当前世代的 eval_genomes(genomes, vd_environment, substrate, generation) 函数返回的值保存到统计信息收集器中。此外，使用 eval_genomes 函数返回的适应度评分来估计是否找到了成功的解决方案。如果适应度得分超过 FITNESS_THRESHOLD 阈值，则可以认为已找到成功的解决方案。

如果找到了成功的解决方案，或者当前的适应度评分是有史以来的最高适应度评分，则保存该 CPPN 基因组和当前的适应度评分：

```
if solution_found or best_ever_goal_fitness < fitness:
    best_genome_ser = pickle.dumps(genome)
    best_ever_goal_fitness = fitness
    best_id = genome.GetID()
```

另外，如果找到了成功的解决方案，则跳出进化循环，转到报告步骤：

```
if solution_found:
    print('Solution found at generation: %d, best fitness: %f,
species count: %d' % (generation, fitness, len(pop.Species)))
    break
```

如果未能找到成功的解决方案，则输出当前世代的统计信息，并使用以下代码前进到下一个世代：

```
# 前进到下一个世代
pop.Epoch()
# 输出统计信息
gen_elapsed_time = time.time() - gen_time
print("Best fitness: %f, genome ID: %d" % (fitness, best_id))
print("Species count: %d" % len(pop.Species))
print("Generation elapsed time: %.3f sec" % (gen_elapsed_time))
print("Best fitness ever: %f, genome ID: %d"
      % (best_ever_goal_fitness, best_id))
```

在主进化循环之后，将报告实验结果，该结果将使用在循环中收集的统计信息。

3. 保存实验结果

实验结果报告将保存为文本和图形表示形式（SVG 文件）。该报告将输出总体性能统计数据，如下所示：

```
print("\nBest ever fitness: %f, genome ID: %d"
      % (best_ever_goal_fitness, best_id))
```

```
print("\nTrial elapsed time: %.3f sec" % (elapsed_time))
print("Random seed:", seed)
```

该代码将显示有关实验执行的常规统计信息，例如达到的最高适应度得分、实验执行所花费的时间以及随机生成器的种子值。

如果要求保存或显示可视化，则调用相应的函数：

```
# 可视化实验结果
show_results = not silent
if save_results or show_results:
    net = NEAT.NeuralNetwork()
    best_genome.BuildPhenotype(net)
    visualize.draw_net(net, view=show_results, node_names=None,
                       directory=trial_out_dir, fmt='svg')
```

上面的代码绘制了 CPPN 的网络图，并输出了该图的统计信息。

接下来，可以转到辨别器 ANN 输出的可视化：

```
# 可视化最佳基因组激活图
net = NEAT.NeuralNetwork()
best_genome.BuildHyperNEATPhenotype(net, substrate)
# 选择随机可视域
index = random.randint(0, len(vd_environment.data_set) - 1)
vf = vd_environment.data_set[index]
# 绘制激活图
outputs, x, y = vd_environment.evaluate_net_vf(net, vf)
visualize.draw_activations(outputs, found_object=(x, y), vf=vf,
        dimns=num_dimensions, view=show_results,
        filename=os.path.join(trial_out_dir,
                              "best_activations.svg"))
```

在上面的代码中，我们使用了在进化过程中发现的最佳 CPPN 基因组来创建辨别器 ANN。之后，绘制了通过在测试环境运行辨别器 ANN 的评估而获得的激活值输出。我们将使用从实验数据集中随机选择的可视域。

最后可视化的是实验期间收集的一般统计数据：

```
# 可视化统计数据
visualize.plot_stats(stats, ylog=False, view=show_results,
        filename=os.path.join(trial_out_dir, 'avg_fitness.svg'))
```

统计数据的可视化图形包括最佳适应度评分和各世代进化的平均误差距离。

ℹ 注意：

有关该实验运行程序实现的更多细节，可查看以下网址的 visualize.py 文件：

https://github.com/PacktPublishing/Hands-on-Neuroevolution-with-Python/blob/master/Chapter7/visualize.py

7.4.6　基板生成器函数

HyperNEAT 方法将围绕定义辨别器 ANN 结构的基板概念构建。因此，创建适当的基板配置以在实验执行期间使用显得尤为重要。基板创建例程由以下两个函数定义。

（1）基板生成器函数 create_substrate 将按如下方式创建基板对象：

```
def create_substrate(dim):
    # 构建输入和输出的表配置
    inputs = create_sheet_space(-1, 1, dim, -1)
    outputs = create_sheet_space(-1, 1, dim, 0)
    substrate = NEAT.Substrate( inputs, [], # 隐藏输出)
    substrate.m_allow_input_output_links = True
    ...
    substrate.m_hidden_nodes_activation = \
                NEAT.ActivationFunction.SIGNED_SIGMOID
    substrate.m_output_nodes_activation = \
                NEAT.ActivationFunction.UNSIGNED_SIGMOID
    substrate.m_with_distance = True
    substrate.m_max_weight_and_bias = 3.0
    return substrate
```

上面的函数首先创建两个基于网格的笛卡儿表（Sheet），分别表示基板配置的输入（可视域）和输出（目标域）。注意，在此实验中，我们选择了状态空间三明治基板配置。之后，使用创建的域配置初始化基板实例：

```
inputs = create_sheet_space(-1, 1, dim, -1)
outputs = create_sheet_space(-1, 1, dim, 0)
substrate = NEAT.Substrate( inputs, [], # 隐藏输出)
```

ℹ 注意：

基板本身不使用任何隐藏节点；我们提供的是一个空列表，而不是隐藏节点。

接下来，我们将基板配置为仅允许从输入节点到输出节点的连接，并在输出节点上使用无符号的 Sigmoid 激活函数。最后，为偏置和连接权重设置最大值。具体如下：

（2）基板构建器函数调用的 create_sheet_space 函数定义如下：

```
def create_sheet_space(start, stop, dim, z):
    lin_sp = np.linspace(start, stop, num=dim)
    space = []
    for x in range(dim):
        for y in range(dim):
            space.append((lin_sp[x], lin_sp[y], z))

    return space
```

create_sheet_space 函数将接收一维内网格的开始和结束坐标以及网格维度的数字。另外，这里还提供了表（Sheet）的 z 坐标。使用指定的参数，上面的代码将创建均匀的线性空间，其坐标以[start, stop]为起点，并以 dim 为步长：

```
lin_sp = np.linspace(start, stop, num=dim)
```

之后，使用此线性空间按如下方式用网格节点的坐标填充二维数组：

```
space = []
for x in range(dim):
    for y in range(dim):
        space.append((lin_sp[x], lin_sp[y], z))
```

最后，create_sheet_space 函数以二维数组的形式返回网格配置。

7.4.7　适应度评估

基因组适应度评估是任何神经进化算法（包括 HyperNEAT 方法）的重要组成部分。如前文所述，主实验循环将调用 eval_genomes 函数来评估每一个世代的种群中所有基因组的适应度。接下来，我们将考虑适应度评估例程的实现细节，该例程包含两个主要函数。

（1）eval_genomes 函数将评估种群中的所有基因组：

```
def eval_genomes(genomes, substrate, vd_environment, generation):
    best_genome = None
    max_fitness = 0
    distances = []
    for genome in genomes:
        fitness, dist = eval_individual(genome, substrate, vd_environment)
        genome.SetFitness(fitness)
        distances.append(dist)
```

```
        if fitness > max_fitness:
            max_fitness = fitness
            best_genome = genome
    return best_genome, max_fitness, distances
```

eval_genomes 函数将采用基因组列表、辨别器 ANN 基板配置、初始化的测试环境以及当前世代的 ID 作为参数。函数的第一行将创建中间变量，这些中间变量用于存储评估结果：

```
best_genome = None
max_fitness = 0
distances = []
```

之后，我们将遍历种群中的所有基因组并收集适当的统计数据：

```
for genome in genomes:
    fitness, dist = eval_individual(genome, substrate, vd_environment)
    genome.SetFitness(fitness)
    distances.append(dist)

    if fitness > max_fitness:
        max_fitness = fitness
        best_genome = genome
```

最后，eval_genomes 函数以元组(best_genome, max_fitness, distances)的形式返回收集到的统计信息。

（2）eval_individual 函数使我们可以按如下方式评估个体基因组的适应度：

```
def eval_individual(genome, substrate, vd_environment):
    # 根据提供的 CPPN 基因组和基板创建 ANN
    net = NEAT.NeuralNetwork()
    genome.BuildHyperNEATPhenotype(net, substrate)

    fitness, dist = vd_environment.evaluate_net(net)
    return fitness, dist
```

上述源代码将使用提供的 CPPN 基因组作为参数来创建辨别器表现型 ANN。此后，再根据测试环境来评估辨别器表现型 ANN。

eval_individual 函数将返回在表现型评估期间从测试环境获得的适应度评分（fitness）和误差距离（dist）。

现在我们已经完成设置，可以开始视觉辨别实验。

7.5　视觉辨别实验

在完成所有必要的设置后，即可开始视觉辨别实验。

在该视觉辨别实验中，使用的可视域配置如表 7-1 所示。

表 7-1　可视域配置

参　　数	值
可视域大小	11×11
小对象在可视域中沿每个轴的位置	[1, 3, 5, 7, 9]
小对象的大小	1×1
大对象的大小	3×3
大对象中心与小对象的偏移量	5

接下来，我们需要选择 HyperNEAT 超参数的适当值，以使我们能够找到视觉辨别问题的成功解决方案。

🛈 注意：

接下来描述的超参数将确定如何使用神经进化过程来进化连接的 CPPN。辨别器 ANN 是通过将连接的 CPPN 应用于基板来创建的。

7.5.1　超参数选择

MultiNEAT 库使用 Parameters Python 类来保存所有必需的超参数。要设置适当的超参数值，可以在实验运行程序 Python 脚本中定义 create_hyperparameters 函数。

在本实验中，可以按如下方式设置对 HyperNEAT 算法性能产生重大影响的基本超参数。

（1）create_hyperparameters 函数将创建一个 Parameters 对象来保存 HyperNEAT 参数。

```
params = NEAT.Parameters()
```

（2）我们决定从中等规模的基因组种群开始，以维持较为快速的计算。同时，我们希望在种群中保持足够数量的生物，以实现进化的多样性。种群规模定义如下：

```
params.PopulationSize = 150
```

（3）我们对产生紧凑的 CPPN 基因组感兴趣，该基因组应该具有尽可能少的节点以增加间接编码的有效性。因此，我们设置了在进化过程中添加新节点的极小概率，并且将创建新连接的概率保持在非常低的水平：

```
params.MutateAddLinkProb = 0.1
params.MutateAddNeuronProb = 0.03
```

（4）HyperNEAT 方法在隐藏和输出节点中将产生具有不同类型激活函数的 CPPN 基因组。因此，我们定义了改变节点激活类型的突变概率。另外，在该实验中，我们只想使用 4 种类型的激活函数：有符号的高斯函数、有符号的 Sigmoid 函数、有符号的正弦函数和线性函数。我们将这 4 种激活函数类型被选中的可能性均设置为 1.0，使每种类型被选中的可能性相等。在超参数中的定义如下：

```
params.MutateNeuronActivationTypeProb = 0.3
params.ActivationFunction_SignedGauss_Prob = 1.0
params.ActivationFunction_SignedSigmoid_Prob = 1.0
params.ActivationFunction_SignedSine_Prob = 1.0
params.ActivationFunction_Linear_Prob = 1.0
```

（5）定义种群内物种的数量要保持在[5, 10]内，并将物种停滞参数的值设置为 100 个世代。这种配置可保持适度的物种多样性，但将物种保留足够长的时间，以使其进化并产生有用的 CPPN 基因组配置：

```
params.SpeciesMaxStagnation = 100
params.MinSpecies = 5
params.MaxSpecies = 10
```

以上超参数的选择将证明在进化过程中产生成功 CPPN 基因组的高效率。

7.5.2　工作环境设置

本实验将使用 MultiNEAT Python 库，该库提供了 HyperNEAT 算法的实现。因此，我们需要创建一个适当的 Python 环境，其中包括 MultiNEAT Python 库和所有必需的依赖项。可以使用 Anaconda 在命令行中执行以下命令来完成此操作：

```
$ conda create --name vd_multineat python=3.5
$ conda activate vd_multineat
$ conda install -c conda-forge multineat
$ conda install matplotlib
$ conda install -c anaconda seaborn
$ conda install graphviz
$ conda install python-graphviz
```

上述命令将使用 Python 3.5 创建并激活 vd_multineat 虚拟环境。安装最新版本的 MultiNEAT Python 库，以及用于结果可视化的代码的依赖项。

7.5.3　运行视觉辨别实验

开始实验前，需要进入包含 vd_experiment_multineat.py 脚本的本地目录，然后执行以下命令：

```
$ python vd_experiment_multineat.py
```

ⓘ 注意:

使用以下命令激活适当的虚拟环境:

```
$ conda activate vd_multineat
```

经过特定世代数的进化后，将找到成功的解决方案，并且将在控制台输出中看到类似于以下内容的行：

```
****** Generation: 16 ******

Best fitness: 0.995286, genome ID: 2410
Species count: 11
Generation elapsed time: 3.328 sec
Best fitness ever: 0.995286, genome ID: 2410

****** Generation: 17 ******

Solution found at generation: 17, best fitness: 1.000000, species count: 11

Best ever fitness: 1.000000, genome ID: 2565

Trial elapsed time: 57.753 sec
Random seed: 1568629572

CPPN nodes: 10, connections: 16

Running test evaluation against random visual field: 41
Substrate nodes: 242, connections: 14641
found (5, 1)
target (5, 1)
```

控制台输出显示该解决方案是在第 17 代找到的。成功的 CPPN 基因组的 ID 为 2565，该基因组具有 10 个节点和 16 个连接。此外，还可以看到最佳 CPPN 基因组针对随机选择的可视域产生的辨别器 ANN 的评估结果。

在本示例中，目标区域中检测到的大对象的笛卡儿坐标与可视域中的实际坐标相同 (5, 1)，这意味着找到的解决方案拥有精确的视觉辨别力。

现在我们可以来看一下在测试评估期间获得的辨别器 ANN 的激活值输出的可视化结果，如图 7-3 所示。

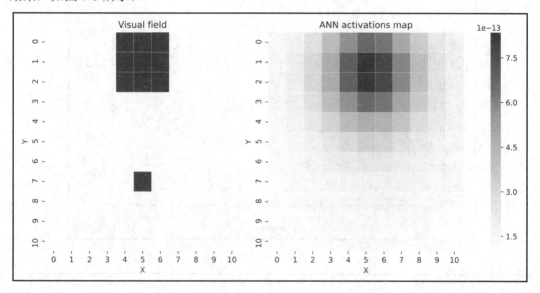

图 7-3 辨别器 ANN 的目标域激活值输出

原　　文	译　　文
Visual field	可视域
ANN activations map	ANN 激活图

图 7-3 的右侧部分呈现了辨别器 ANN 的目标域（输出层）的激活值，这是我们在对随机可视域进行评估时获得的。另外，图 7-3 的左侧可以看到实际的可视域配置，最大的目标域激活值（显示为最暗的单元格）与可视域中大对象的中心恰好在同一位置，坐标为(5, 1)。

从图 7-3 可以看出，ANN 激活值的比例非常低：最小激活值约为 1e-13，最大激活值约为 9e-13。人为设计的人工神经网络可能会被归一化，以使输出为[0, 1]，最小值接近于 0，最大值接近于 1。但是，我们只要求激活在正确的位置具有最大数量，并且网络可以自由选择大多数人认为不寻常的输出激活方案。

另外，让我们研究进化过程中进化的执行情况，以及所产生的连接 CPPN 在创建成功的辨别器 ANN 方面的表现，如图 7-4 所示。

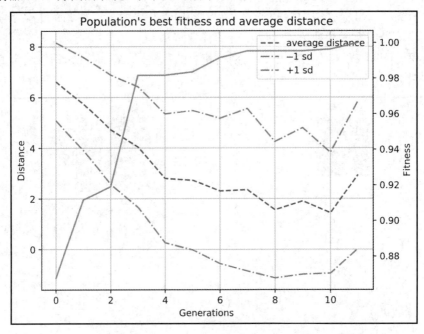

图 7-4　辨别器 ANN 的最佳适应度得分和平均误差距离

原　　文	译　　文
Population's best fitness and average distance	种群的最佳适应度和平均距离
Distance	距离
Fitness	适应度
Generations	世代
average distance	平均距离
−1 sd	种子值 −1
+1 sd	种子值 +1

图 7-4 显示了进化的每一代的适应度得分（上升线）和平均误差距离（下降线）的变化。可以看到，适应度评分在进化的第三代就几乎达到了最大值，但仍然花了 7 代以上的时间来细化 CPPN 基因组的配置，以便最终找到获胜者。此外，还可以看到，在进化过程中，大对象检测到的位置与地面真实位置之间的平均误差距离是逐渐减小的。

如图 7-5 所示，CPPN 表现型的示意图显示了该实验最令人兴奋的地方。

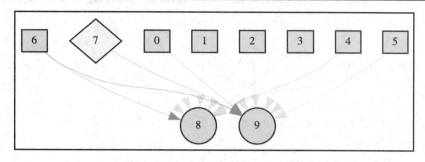

图 7-5　最佳基因组的 CPPN 表现型图

图 7-5 演示了 CPPN 表现型的网络拓扑形态，该拓扑形态用于在辨别器 ANN 上绘制连接，从而生成成功的视觉辨别器。在 CPPN 表现型图中，输入节点用正方形标记，输出节点用实心圆标记，而偏置节点则是菱形。

CPPN 的两个输出节点具有以下含义。

❑　第一个节点（8）提供连接权重。

❑　第二节点（9）确定连接是否被表示。

CPPN 输入节点按如下方式定义。

❑　前两个节点（0 和 1）在基板的输入层中设置点坐标(x, y)。

❑　接下来的两个节点（2 和 3）在基本的隐藏层（本实验中未使用隐藏层）中设置点坐标(x, y)。

❑　再接下来的两个节点（4 和 5）在基板的输出层中设置点坐标(x, y)。

❑　最后一个节点（6）设置从输入层中的点到坐标原点的欧几里得距离。

另外，可以看到 CPPN 表现型不包含任何隐藏节点。对于视觉辨别任务，神经进化过程能够为 CPPN 的输出节点找到合适的激活函数类型。这一发现使连接的 CPPN 可以在辨别器 ANN 的基板内绘制正确的连接性图案（模式）。

如图 7-5 所示，通过计算节点及其之间的连接数，我们可以感受到 HyperNEAT 算法引入的间接编码方法的强大功能。在 10 个节点之间只有 16 个连接的情况下，CPPN 表现型完全能够显示基板的连接模式。对于 11×11 分辨率的可视域来说，该可视域中的节点与目标可视域之间最多可以有 14641 个连接。因此，这意味着实现了约 16/14641 = 0.11% 的信息压缩比，这实在是令人惊叹。

这样高的压缩率是可能的，因为通过连接的 CPPN 在基板的连接图案中发现了几何规律。使用发现的图案的规律性，CPPN 只需要为基板的整个连接空间存储一些图案（即局部连接结构）。之后，CPPN 就可以在不同的基板位置上多次应用这些局部图案（模式），以绘制基板各层之间的完整连接方案，本示例绘制的就是输入层（可视域）和输出层（目标域）之间的连接。

7.6　练　习

（1）尝试减小 params.PopulationSize 超参数的值，看一看会发生什么。这对算法的性能会有怎样的影响？

（2）尝试将以下超参数的值设置为 0 概率。

❑　params.ActivationFunction_SignedGauss_Prob

❑　params.ActivationFunction_SignedSigmoid_Prob

❑　params.ActivationFunction_SignedSine_Prob

在进行这些更改之后，是否可以找到成功的解决方案？它们对基板连接的配置有什么样的影响？

（3）输出获胜的基因组，尝试进行可视化处理，然后通过查看基因组与 CPPN 的可视化结果来印证自己的直觉。

7.7　小　结

本章详细介绍了使用 CPPN 对 ANN 拓扑形态进行间接编码的方法。

本章解释了 NEAT 算法的 HyperNEAT 扩展，该扩展可以使用连接的 CPPN 在辨别器 ANN 表现型的基板内绘制连接模式。

此外，本章还演示了间接编码方案如何使 HyperNEAT 算法能与大规模 ANN 拓扑形态一起使用。在模式识别和视觉辨别任务中，大规模 ANN 拓扑形态是很常见的。

有了上述理论背景，就有机会通过使用 Python 和 MultiNEAT 库实现视觉辨别任务的解决方案来提高编码技能。

最后，本章还介绍了一种新的可视化方法（该方法可在辨别器 ANN 的输出层中呈现节点的激活值），以及如何使用此可视化方法来验证解决方案。

第 8 章将讨论如何通过引入自动生成合适的基板配置的方法来进一步改进 HyperNEAT 方法。我们将讨论 NEAT 算法的可进化基板 HyperNEAT（Evolvable Substrate HyperNEAT，ES-HyperNEAT）方法，并介绍如何将其应用于求解器 ANN 的模块化拓扑形态的实际任务。

第8章 ES-HyperNEAT 和视网膜问题

本章将介绍第 7 章讨论的 HyperNEAT 方法的扩展，即可进化基板 HyperNEAT（Evolvable Substrate HyperNEAT，ES-HyperNEAT）方法。

如前文所述，HyperNEAT 方法允许对大型人工神经网络（ANN）拓扑形态进行编码，这对于输入数据在具有很高维数的领域（如计算机视觉领域）中的工作至关重要。但是，尽管功能强大，HyperNEAT 方法仍然存在一个重大的缺陷，那就是 ANN 基板的配置必须要由人类架构师预先设计。发明 ES-HyperNEAT 方法的目的就是通过引入可进化基板的概念来解决此问题的，这使得我们能够在进化过程中自动产生适当的基板配置。

在掌握了 ES-HyperNEAT 方法的基础知识后，即可考虑应用该知识来解决模块化视网膜问题。在此任务中，我们将展示如何选择合适的初始基板配置，以帮助进化过程发现模块化结构。此外，我们还将讨论模块化视网膜问题求解器的源代码以及测试环境，该代码可用于评估每个检测器 ANN 的适应度。

通过本章的学习，开发人员将获得使用 MultiNEAT Python 库应用 ES-HyperNEAT 方法的实战经验。

本章将讨论以下主题：
- ❑ 手动建立的神经节点的拓扑形态和基于进化配置的神经网络拓扑形态。
- ❑ 四叉树信息提取和 ES-HyperNEAT 基础。
- ❑ 模块化的左右视网膜实验。
- ❑ 对实验结果的讨论。

8.1 技 术 要 求

运行本章实验的技术要求如下。
- ❑ Windows 8/10、Mac OS 10.13 或更高版本、当前版本的 Linux。
- ❑ Anaconda 发行版 2019.03 或更高版本。

访问以下网址可获得本章代码：

https://github.com/PacktPublishing/Hands-on-Neuroevolution-with-Python/tree/master/Chapter8

8.2　手动建立的神经节点拓扑形态和
基于进化配置的神经网络拓扑形态

我们在第 7 章"基于超立方体的 NEAT 和视觉辨别"中讨论了 HyperNEAT 方法,该方法使实验人员能够将神经进化方法应用于需要使用大规模 ANN 结构来寻找解决方案的广泛问题。此类问题遍及多个实际领域,包括视觉模式识别领域。所有这些问题的主要特征是输入/输出数据的高维度。

在第 7 章中,我们介绍了如何定义辨别器 ANN 的基板配置以解决视觉鉴别任务。我们还提到过,使用与目标问题的搜索空间的几何特征对齐的适当基板配置至关重要。在使用 HyperNEAT 方法时,作为架构师,仅需要了解问题的空间几何形状,就可以预先定义基板配置。但是,并非总能了解隐藏在特定问题空间后面的所有几何规律。

在手动设计基板的情况下,很可能会对连接的复合模式生成网络(Compositional Pattern Producing Network,CPPN)在基板上绘制的权重图案(模式)产生意外约束。将节点放置在基板中的特定位置,会干扰 CPPN 发现自然世界的几何规律的能力。CPPN 应该产生与提供的基板结构完全对齐的连接图案(模式),并且只能在该结构的节点之间进行连接。此限制将导致不必要的逼近误差,当使用这样的 CPPN 创建解决方案——求解器 ANN(表现型)的拓扑形态时,结果自然会受到污染。

既然如此,为什么要手动设计基板配置从而带来限制呢?如果 CPPN 能够细化基板节点之间的连接方式,自动确定在基板上的正确位置,那岂不是更好?似乎基板中不断进化的连接模式就提供了这种有价值的隐式提示,这些提示有助于我们为进化的下一个世代估计节点的位置。这种在 CPPN 训练期间进化基板配置的方法也由此而得名:Evolvable-Substrate(可进化基板)。

能够帮助我们估计下一个节点位置的隐式数据正是在特定基板区域中由连接图案(模式)编码的信息量。连接权重分布均匀的区域将仅编码少量信息,因此在这些区域中只需要几个基板节点即可。而与此同时,具有较大连接权重梯度的基板区域则信息密集,并且可以在这些区域内放置更多的节点。这样做是有好处的,当在基板的此类区域中放置更多节点时,即意味着允许 CPPN 表示自然世界的更细粒度的编码。这就好比现实世界中的车站或邮局(它们具有和节点类似的意义),在人烟稀少的偏远地带,可能每几百千米才有一个车站或邮局;而在人烟稠密的繁华地区,可能每几千米甚至几百米就有一个车站或邮局,由这些车站或邮局连接起来的图案(模式)可以清晰地展示当地经济和社会发展的图景。同样地,当 CPPN 在进化过程中自动产生连接权重时,也可以通过连接权重的分布来展现节点的位置和连接图案（模式）。

HyperNEAT 将基板的两个节点之间的连接表示为四维超立方体中的一个点。可进化基板 HyperNEAT（ES-HyperNEAT）扩展 HyperNEAT 的算法是，在连接权重变化较小的超立方体区域中，自动放置较少的超点（Hyperpoint）。因此，ES-HyperNEAT 在确定进化过程中基板的拓扑形态时，实际上是将信息密度用作主要的指导原则。

接下来，我们将讨论 ES-HyperNEAT 算法的细节。

8.3　四叉树信息提取和 ES-HyperNEAT 基础知识

为了有效计算基板连接图案（模式）内的信息密度，需要使用适当的数据结构。这种结构应该允许以不同的粒度级别有效搜索二维基板空间。在计算机科学中，有一种数据结构可以完全满足这些要求，该结构就是四叉树。

四叉树（Quadtree）是一种数据结构，通过将感兴趣的任何区域划分为 4 个子区域，我们可以在二维空间中组织有效的搜索。因此，这些子区域中的每一个都成为树的叶子，其根节点则代表初始区域。

ES-HyperNEAT 从数据科学家预定义的输入和输出节点开始，使用四叉树数据结构来迭代查找基板中的新连接和节点。在计算上，使用四叉树搜索新的连接和节点比在超立方体的四维空间中搜索更加有效。

图 8-1 显示了使用四叉树结构提取信息的示意图。该图和图 1-11 实际上是一样的，可以对照查看。

基于四叉树的搜索算法分为以下两个主要阶段。

（1）划分和初始化：该阶段显示在图 8-1 的上半部分。在此阶段，按递归方式将初始基板空间划分为从$(-1, -1)$到$(1, 1)$的区域，并以此来创建四叉树。当达到所需的树深度时，划分将停止，这隐式确定了子空间适合基板的初始空间，也就是基板的初始分辨率（Resolution），记为 r。

对于每个中心在(x_i, y_i)的四叉树节点，将查询 CPPN 以找到该节点和坐标在(a, b)的特定输入或输出神经元之间的连接权重。当计算出特定四叉树节点 p 的 k 个叶节点的连接权重时，可以通过以下公式计算该节点的信息方差：

$$\sigma^2 = \sum_{i=1}^{k} (\bar{w} - w_i)^2$$

其中，$\bar{w}$ 是 k 个叶节点之间的平均连接权重，w_i 是到特定叶节点的连接权重。

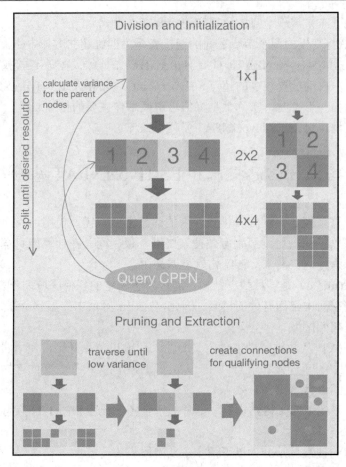

图 8-1　信息提取方案

原　　文	译　　文
Division and Initialization	划分和初始化
split until desired resolution	拆分至需要达到的分辨率
calculate variance for the parent nodes	计算亲本节点的方差
Query CPPN	查询 CPPN
Pruning and Extraction	修剪和提取
traverse until low variance	遍历直到低方差
create connections for qualifying nodes	为合格节点创建连接

　　计算出的方差值是特定基板区域中信息存在的启发式指标。该值越高，则信息越密集。该方差可用于管理基板特定分区中的信息密度。如果该值高于特定的划分阈值（该

阈值实际上定义的就是我们所需的信息密度），则可以对基板的相应正方形重复划分阶段，直到达到所需的信息密度。

在此阶段，我们将创建一个指示结构，该结构允许 CPPN 决定在给定基板内的何处进行连接。处理的下一阶段将使用创建的四叉树结构放置所有必要的连接。

（2）修剪和提取：该阶段显示在图 8-1 的下半部分。在此阶段，我们将使用上一阶段填充的四叉树结构来查找具有高方差的区域，并确保在这些区域的节点之间表示更多的连接。

我们先遍历四叉树，然后在方差值小于给定方差阈值（σ_t^2）的节点上或当前节点没有子节点（方差为 0）时停止遍历四叉树。对于通过深度优先搜索找到的每个合格的节点，连接是在其中心(x, y)与每个父节点之间定义的，父节点可以由架构师确定（输入/输出节点），也可以在前一阶段运行提取信息方法时找到（即从已经由 ES-HyperNEAT 方法创建的隐藏节点中找到）。

当此阶段完成时，基板配置将在信息密集型基板区域中具有更多节点，而在编码少量信息的区域中则具有较少节点。

🛈 注意：

有关 ES-HyperNEAT 算法的更多信息，参见第 1.4 节 "可进化基板 HyperNEAT"。

8.4 节将讨论如何使用刚刚介绍的 ES-HyperNEAT 算法来找到模块化视网膜问题的解决方案。

8.4　模块化视网膜问题的基础知识

分层的模块化结构是复杂生物有机体的重要组成部分，在其进化过程中起着不可或缺的作用。模块化提高了可进化性，允许在进化过程中重组各种模块。模块化组件的进化层次结构引导了进化过程，从而允许对一系列复杂结构而不是基础基因进行操作。之后，神经进化过程不需要花费时间从头开始进化类似的功能，而是可以将现成的模块化组件用作构建模块，以生成非常复杂的神经网络。

本章将使用 ES-HyperNEAT 算法实现视网膜（Retina）问题的解决方案。所谓"视网膜"问题，其实就是有关同时识别分辨率为 4×2 的人工视网膜左侧和右侧的有效 2×2 图案（模式）的问题。也就是说，检测器 ANN 必须决定在视网膜的左侧和右侧呈现的图案对于视网膜的对应侧（左侧或右侧）是否有效。

在视网膜问题中，左侧和右侧问题的组成部分被完美地分为不同的功能单元。与此同时，某些成分可以出现在视网膜的每一侧，而另外一些成分则是视网膜特定部分所独有的。因此，为了产生成功的检测器（Detector）ANN，神经进化过程需要分别发现左侧和右侧检测区域的模块化结构。

图 8-2 显示了视网膜问题模式的示意图。

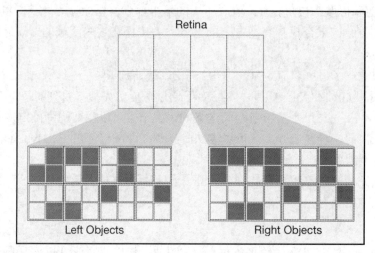

图 8-2　视网膜问题模式示意图

原　　文	译　　文
Retina	视网膜
Left Objects	左侧对象
Right Objects	右侧对象

如图 8-2 所示，该人造视网膜被表示为具有 4×2 像素分辨率的 2D 网格，代表在视网膜上绘制的图案的二维阵列的值构成检测器 ANN 的输入。数组中填充像素的值为 1.0，空白像素的值为 0.0。

在给定分辨率的情况下，可以为视网膜的左侧和右侧绘制 16 种不同的 2×2 图案。也就是说，我们在视网膜的左侧有 8 个有效图案（模式），在视网膜的右侧有 8 个有效图案（模式）。这些图案（模式）对视网膜的两侧均有效。

检测器 ANN 在视网膜问题域中的决策模式如图 8-3 所示。

该检测器 ANN 具有 8 个输入，以接受来自视网膜两侧的输入数据的图案（模式），另外它还有两个输出节点，每个输出节点都会产生一个值，该值可用于对视网膜每一侧的图案有效性进行分类。第一个输出节点被相应地分配给视网膜的左侧，第二个节点则被分配给视网膜的右侧。

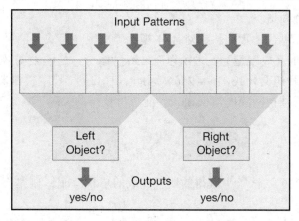

图 8-3　检测器 ANN 的决策模式

原　　文	译　　文
Input Patterns	输入图案（模式）
Left Object?	左侧对象？
Right Object?	右侧对象？
yes/no	是/否
Outputs	输出

如果输出节点的激活值大于或等于 0.5，则将视网膜相关侧的图案（模式）归类为有效；如果激活值小于 0.5，则认为该图案（模式）无效。

为了进一步简化检测，我们将根据示意图中所显示的舍入模式对输出节点的值进行舍入。因此，检测器 ANN 的每个输出节点将用作视网膜相关部分的二进制分类器，它将产生值 0.0 或 1.0，以相应地将输入图案（模式）标记为无效或有效。

8.5　目标函数定义

检测器 ANN 的任务是通过产生值为 0.0 或 1.0 的二进制输出向量来正确地将来自视网膜左侧和右侧的输入分类为有效或无效。该输出向量的长度为 2，等于输出节点的数量。

可以将检测误差（Detection Error）定义为包含地面真实值的向量与包含检测器 ANN 输出值的向量之间的欧几里得距离，如以下公式所示：

$$e^2 = \sum_{i=1}^{2}(a_i - b_i)^2$$

其中，e^2 是一次试验的检测误差的平方值，a_i 是包含检测器 ANN 输出的向量，b_i 则是包含地面真实值的向量。

在进化的每一个世代，我们将针对 4×4 视网膜图案（模式）的所有 256 种可能组合评估每种检测器 ANN（表现型）。之所以有 256 种组合，是因为视网膜每一侧的 2×2 图案（模式）都有 16 种组合，16×16 = 256。因此，为了获得特定检测器 ANN 的最终检测误差值，需要计算每种视网膜图案（模式）配置所获得的 256 个误差值的总和，其公式如下：

$$\varepsilon = \sum_{i=1}^{256} e_i^2$$

其中，ε 是在 256 次试验中获得的所有完成的总和，而 e_i^2 则是特定试验的检测误差的平方值。

适应度函数可以定义为针对所有可能的视网膜图案（模式）从所有 256 次试验中获得的误差总和的倒数，其计算公式如下：

$$\mathcal{F} = \frac{1000.0}{1.0 + \varepsilon}$$

注意，该公式在分母的误差总和（ε）上添加了 1.0，这样做是为了避免在所有试验均未产生误差的情况下被 0 除。因此，根据该适应度函数公式，实验中的适应度得分最大值为 1000.0，稍后可将它用作适应度阈值。

8.6　模块化视网膜实验设置

本节将讨论为模块化视网膜问题创建成功求解器的实验细节。在我们的实验中，实际上是将视网膜问题作为一项测试基准，来检测 ES-HyperNEAT 方法发现表现型 ANN 中的模块化拓扑形态的能力。

8.6.1　初始基板配置

如前文所述，视网膜的尺寸为 4×2，具有两个 2×2 区域，一个在左侧，一个在右侧。视网膜几何形状的细节必须以初始基板配置的几何形状表示。在我们的实验中，使用的是三维基板，如图 8-4 所示。

从图 8-4 中可以看到，输入节点位于 XZ 平面内，该平面与 XY 平面正交。输入节点分为两组，分别用 4 个节点描述视网膜的左侧和右侧。

两个输出节点和偏置节点位于 XY 平面内，该平面将 Z 平面与输入节点一分为二。基板的进化在输出节点所在的同一 XY 平面中创建了新的隐藏节点。

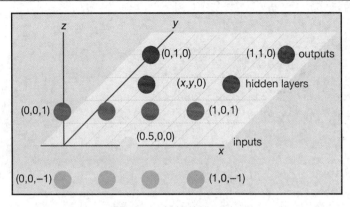

图 8-4　初始基板配置

原　　文	译　　文
outputs	输出
hidden layers	隐藏层
inputs	输入

　　进化的连接 CPPN 将绘制基板内所有节点之间的连接模式。我们的最终目标是进化 CPPN 和基板配置，从而生成检测器 ANN 的适当模块化图。该图应包括两个模块，每个模块代表前面所讨论的二进制分类器的适当配置。

　　接下来将讨论模块化视网膜问题的测试环境。

8.6.2　模块化视网膜问题的测试环境

　　首先，我们需要创建一个测试环境，该环境可用于评估旨在创建成功检测器 ANN 的神经进化过程的结果。测试环境应创建一个数据集，该数据集由视网膜上所有可能的像素图案（模式）组成。此外，它还应提供针对数据集中的每个图案（模式）评估检测器 ANN 的函数。因此，测试环境可以分为两个主要部分。

　　❑　数据结构，用于保存视网膜左、右或两侧的可视图案（模式）。
　　❑　测试环境应该存储数据集并提供用于检测器 ANN 评估的函数。

　　以下各节将对这两个部分进行详细的说明。

8.6.3　可视对象定义

　　在视网膜空间的特定部分，每个允许的像素配置都可以表示为单独的可视对象。封装相关功能的 Python 类名为 VisualObject，它是在 retina_experiment.py 文件中定义的，具有以下构造函数：

```python
def __init__(self, configuration, side, size=2):
    self.size = size
    self.side = side
    self.configuration = configuration
    self.data = np.zeros((size, size))
    # 解析配置
    lines = self.configuration.splitlines()
    for r, line in enumerate(lines):
        chars = line.split(" ")
        for c, ch in enumerate(chars):
            if ch == 'o':
                # 像素状态为 ON
                self.data[r, c] = 1.0
            else:
                # 像素状态为 OFF
                self.data[r, c] = 0.0
```

该构造函数以字符串的形式接收特定可视对象的配置，以及该对象在视网膜空间中的有效位置。之后，它将接收到的参数分配给内部字段，并创建一个二维数据数组，其中包含可视对象中像素的状态。

像素的状态可通过解析可视对象配置字符串获得，如下所示：

```python
# 解析配置
lines = self.configuration.splitlines()
for r, line in enumerate(lines):
    chars = line.split(" ")
    for c, ch in enumerate(chars):
        if ch == 'o':
            # 像素状态为 ON
            self.data[r, c] = 1.0
        else:
            # 像素状态为 OFF
            self.data[r, c] = 0.0
```

可视对象配置字符串具有 4 个字符（换行符除外），这些字符定义了可视对象中相应像素的状态。如果配置行中特定位置的符号为 o，则将可视对象相应位置的像素设置为ON 状态，并将值 1.0 保存到该位置的数据数组中。

8.6.4　视网膜环境定义

视网膜环境将创建并存储由所有可能的可视对象组成的数据集，并提供用于评估检测器 ANN 适应度的函数。它包含以下主要实现部分。

1. 使用所有可能的可视对象创建数据集的函数

在该函数中，我们将为数据集创建可视对象，如下所示：

```
def create_data_set(self):
    # 设置左侧对象
    self.visual_objects.append(VisualObject(". .\n. .", side=Side.BOTH))
    self.visual_objects.append(VisualObject(". .\n. o", side=Side.BOTH))
    self.visual_objects.append(VisualObject(". o\n. o", side=Side.LEFT))
    self.visual_objects.append(VisualObject(". o\n. .", side=Side.BOTH))
    self.visual_objects.append(VisualObject(". o\no o", side=Side.LEFT))
    self.visual_objects.append(VisualObject(". o\no .", side=Side.BOTH))
    self.visual_objects.append(VisualObject("o o\n. o", side=Side.LEFT))
    self.visual_objects.append(VisualObject("o .\n. .", side=Side.BOTH))
```

上面的代码可以为视网膜的左侧创建可视对象。右侧的可视对象可以通过类似的方式创建，代码如下：

```
# 设置右侧对象
self.visual_objects.append(VisualObject(". .\n. .", side=Side.BOTH))
self.visual_objects.append(VisualObject("o .\n. .", side=Side.BOTH))
self.visual_objects.append(VisualObject("o .\no .", side=Side.RIGHT))
self.visual_objects.append(VisualObject(". .\no .", side=Side.BOTH))
self.visual_objects.append(VisualObject("o o\no .", side=Side.RIGHT))
self.visual_objects.append(VisualObject(". o\n. .", side=Side.BOTH))
self.visual_objects.append(VisualObject("o .\no o", side=Side.RIGHT))
self.visual_objects.append(VisualObject(". .\n. o", side=Side.BOTH))
```

附加到可视对象列表上的已创建对象被定义为数据集，可用于评估神经进化过程从基板产生的检测器 ANN 的适应度。

2. 针对两个特定可视对象评估检测器 ANN 的函数

此函数将针对两个给定的可视对象（视网膜空间的左右两侧，一侧一个）评估检测器 ANN 的性能。

ℹ️ 注意：

有关该函数的完整源代码，参考以下网址的文件中定义的 def_evaluate(self, net, left, right, depth, debug = False)函数：

https://github.com/PacktPublishing/Hands-on-Neuroevolution-with-Python/blob/master/Chapter8/retina_environment.py

该函数的源代码包含以下基本部分。

（1）按照为基板配置定义的顺序准备检测器 ANN 的输入：

```
inputs = left.get_data() + right.get_data()
inputs.append(0.5)  # 偏置节点

net.Input(inputs)
```

inputs 数组从左侧数据开始，然后是右侧数据。之后，将偏置值附加到 inputs 数组的末尾，并将该数组数据作为输入提供给检测器 ANN。

（2）在激活检测器 ANN 特定次数后，获得输出并四舍五入：

```
outputs = net.Output()
outputs[0] = 1.0 if outputs[0] >= 0.5 else 0.0
outputs[1] = 1.0 if outputs[1] >= 0.5 else 0.0
```

（3）计算检测误差的平方值。检测误差即输出向量与具有真实值的向量之间的欧几里得距离。因此，需要先创建包含真实值的向量，如下所示：

```
left_target = 1.0 if left.side == Side.LEFT or \
                    left.side == Side.BOTH else 0.0
right_target = 1.0 if right.side == Side.RIGHT or \
                    right.side  == Side.BOTH else 0.0
targets = [left_target, right_target]
```

如果可视对象对视网膜的给定侧或两侧均有效，则将相应的地面真实值设置为 1.0。否则，将其设置为 0.0 以指示不正确的可视对象位置。

（4）检测误差的平方值，计算如下：

```
error = (outputs[0]-targets[0]) * (outputs[0]-targets[0]) + \
        (outputs[1]-targets[1]) * (outputs[1]-targets[1])
```

该函数将返回检测误差和检测器 ANN 的输出。

ⓘ 注意：

有关完整的实现，参见以下网址的 retina_environment.py 文件：

https://github.com/PacktPublishing/Hands-on-Neuroevolution-with-Python/blob/master/Chapter8/retina_environment.py

8.7 节将讨论视网膜实验运行程序的实现。

8.7　实验运行程序

要解决模块化视网膜问题，需要使用 ES-HyperNEAT 算法实现的 Python 库。如果读者已阅读第 7 章，则应该熟悉 MultiNEAT Python 库，该库还具有 ES-HyperNEAT 算法的实现。因此，可以使用该库来创建视网膜实验运行程序的实现。

现在我们来讨论一下该实现的基本组成部分。

注意：

有关完整实现的细节，参见以下网址的 retina_experiment.py 文件：

https://github.com/PacktPublishing/Hands-on-Neuroevolution-with-Python/blob/master/Chapter8/retina_experiment.py

8.7.1　实验运行程序的函数

run_experiment 函数可使用提供的超参数和初始化的测试环境运行实验，以针对可能的视网膜配置评估发现的检测器 ANN。该函数实现包含以下重要部分。

（1）初始 CPPN 基因组的种群的初始化：

```
seed = 1569777981
# 创建基板
substrate = create_substrate()
# 创建 CPPN 基因组和种群
g = NEAT.Genome(0,
        substrate.GetMinCPPNInputs(),
        2, # 隐藏单元
        substrate.GetMinCPPNOutputs(),
        False,
        NEAT.ActivationFunction.TANH,
        NEAT.ActivationFunction.SIGNED_GAUSS, # 隐藏
        1, # 隐藏层种子
        params,
        1) # 1 隐藏层
pop = NEAT.Population(g, params, True, 1.0, seed)
pop.RNG.Seed(seed)
```

在上面的代码中，我们将随机种子值设置为一个在前面的许多实验中都使用过并成

功找到解决方案的值。之后，考虑到视网膜空间的几何形状，我们将创建适合于视网膜实验的基板配置。

接下来，我们使用已有的基板配置创建初始 CPPN 基因组。CPPN 基因组需要具有许多与基板配置兼容的输入和输出节点。

另外，我们使用了两个隐藏节点设置初始 CPPN 基因组的种子，这两个隐藏节点使用了高斯激活函数，以引导神经进化过程朝着正确的方向进行。

高斯隐藏节点使用偏置值开始神经进化搜索，以生成特定检测器 ANN 拓扑形态。通过这些隐藏节点，我们将对称性原理引入基板的连接模式中，而这正是我们期望在成功的检测器 ANN 的拓扑形态中实现的原理。

对于视网膜问题，我们需要发现一个包含两个对称分类器模块（Symmetrical Classifier Module）的对称检测器 ANN 配置。

（2）准备中间变量以保存实验执行结果。当然，统计信息收集器也是需要的。之后，即可运行指定世代数的进化循环：

```
start_time = time.time()
best_genome_ser = None
best_ever_goal_fitness = 0
best_id = -1
solution_found = False

stats = Statistics()
...
```

（3）在进化循环中，将获得属于当前种群的基因组列表，并根据测试环境对其进行评估，如下所示：

```
# 获得当前基因组的列表
genomes = NEAT.GetGenomeList(pop)

# 评估基因组
genome, fitness, errors = eval_genomes(genomes,
                  rt_environment=rt_environment,
                  substrate=substrate,
                  params=params)
stats.post_evaluate(max_fitness=fitness, errors=errors)
solution_found = fitness >= FITNESS_THRESHOLD
```

eval_genomes 函数将返回一个元组，该元组包含以下组成部分：最佳适应度基因组、所有评估基因组中的最高适应度得分，以及每个评估基因组的检测误差列表。

　　我们将适当的参数保存到统计信息收集器中，并根据搜索终止条件评估获得的适应度得分。该搜索终止条件定义为 FITNESS_THRESHOLD 常量，值为 1000.0。如果种群的最佳适应度得分大于或等于 FITNESS_THRESHOLD 阈值，则进化搜索将成功终止。

　　（4）如果找到了成功的解决方案，或者当前种群的最佳适应度得分高于曾经达到的最大适应度得分，则保存该最佳 CPPN 基因组和当前适应度得分：

```
if solution_found or best_ever_goal_fitness < fitness:
    # 转存到pickle文件以冻结基因组状态
    best_genome_ser = pickle.dumps(genome)
    best_ever_goal_fitness = fitness
    best_id = genome.GetID()
```

　　（5）如果 solution_found 变量的值设置为 True，则终止进化循环：

```
if solution_found:
    print('Solution found at generation: %d, best fitness:
%f, species count: %d' % (generation, fitness, len(pop.Species)))
    break
```

　　（6）如果进化未能产生成功的解决方案，则输出当前世代的统计数据并前进至下一个世代继续进化：

```
# 前进到下一个世代
pop.Epoch()

# 输出统计信息
gen_elapsed_time = time.time() - gen_time
print("Best fitness: %f, genome ID: %d" %
        (fitness, best_id))
print("Species count: %d" % len(pop.Species))
print("Generation elapsed time: %.3f sec" %
        (gen_elapsed_time))
print("Best fitness ever: %f, genome ID: %d" %
        (best_ever_goal_fitness, best_id))
```

该实验运行程序代码的其余部分将以不同的格式报告实验结果。

　　（7）使用进化循环中收集到的统计信息以文本和视觉格式报告实验结果。同样地，可视化效果还是以 SVG 矢量格式保存到本地文件系统中：

```
print("\nBest ever fitness: %f, genome ID: %d" %
        (best_ever_goal_fitness, best_id))
print("\nTrial elapsed time: %.3f sec" % (elapsed_time))
print("Random seed:", seed)
```

　　该代码将显示有关实验执行的常规统计信息，例如达到的最高适应度得分、实验执行所花费的时间以及随机生成器的种子值。

　　（8）代码的下一部分是关于可视化实验结果的信息，这是最有用的部分，读者应格外注意。我们从可视化在进化过程中发现的最佳基因组创建的 CPPN 网络开始：

```
if save_results or show_results:
    # 绘制 CPPN 网络图
    net = NEAT.NeuralNetwork()
    best_genome.BuildPhenotype(net)
    visualize.draw_net(net, view=False, node_names=None,
                       filename="cppn_graph.svg",
                       directory=trial_out_dir, fmt='svg')
    print("\nCPPN nodes: %d, connections: %d" %
              (len(net.neurons), len(net.connections)))
```

　　（9）通过以下代码可视化使用最佳 CPPN 基因组和视网膜基板创建的检测器 ANN 的拓扑形态：

```
net = NEAT.NeuralNetwork()
best_genome.BuildESHyperNEATPhenotype(net, substrate, params)
visualize.draw_net(net, view=False, node_names=None,
                   filename="substrate_graph.svg",
                   directory=trial_out_dir, fmt='svg')
print("\nSubstrate nodes: %d, connections: %d" %
         (len(net.neurons),
       len(net.connections)))
inputs = net.NumInputs()
outputs = net.NumOutputs()
hidden = len(net.neurons) - net.NumInputs() - \ net.NumOutputs()
print("\n\tinputs: %d, outputs: %d, hidden: %d" %
       (inputs, outputs, hidden))
```

　　（10）针对完整的数据集和两个随机选择的可视对象进行测试，并输出由上面的代码创建的检测器 ANN 的评估结果：

```
# 针对随机视网膜配置进行测试
l_index = random.randint(0, 15)
r_index = random.randint(0, 15)
left = rt_environment.visual_objects[l_index]
right = rt_environment.visual_objects[r_index]
err, outputs = rt_environment._evaluate(net, left, right, 3)
print("Test evaluation error: %f" % err)
print("Left flag: %f, pattern: %s" % (outputs[0], left))
```

```
print("Right flag: %f, pattern: %s" % (outputs[1], right))

# 针对所有可视对象进行测试
fitness, avg_error, total_count, false_detections = \
            rt_environment.evaluate_net(net, debug=True)
print("Test evaluation against full data set [%d], fitness:
%f, average error: %f, false detections: %f" % (total_count,
fitness, avg_error, false_detections))
```

显示实验期间收集的统计数据，如下所示：

```
# 可视化统计信息
visualize.plot_stats(stats, ylog=False, view=show_results,
        filename=os.path.join(trial_out_dir,'avg_fitness.svg'))
```

执行完该实验后，可以在本地文件系统的 trial_out_dir 目录中找到上面提到的所有可视化结果图。

接下来将讨论如何实现基板生成器函数。

8.7.2　基板生成器函数

ES-HyperNEAT 方法将运行神经进化过程，其中包括 CPPN 基因组的进化以及基板配置的进化。但是，即使在进化过程中基板会自动进化，从合适的初始基板配置开始也是非常有益的。此配置最好能够对应于问题空间的几何形状。

对于视网膜实验，将按以下方式创建适当的基板配置。

（1）创建基板输入层的配置。在第 8.6.1 节 "初始基板配置" 中已经介绍过，输入层的 8 个节点位于 XZ 平面内，该平面与 XY 平面正交。此外，为了反映视网膜空间的几何形状，左对象的节点需要放置在平面的左侧，而右对象的节点需要放置在平面的右侧。偏置节点应位于输入节点平面的中心（见图 8-4）。因此，输入层的创建方式如下：

```
# 输入层
x_space = np.linspace(-1.0, 1.0, num=4)
inputs = [
    # 左侧
    (x_space[0], 0.0, 1.0), (x_space[1], 0.0, 1.0),
    (x_space[0], 0.0, -1.0), (x_space[1], 0.0, -1.0),
    # 右侧
    (x_space[2], 0.0, 1.0), (x_space[3], 0.0, 1.0),
    (x_space[2], 0.0, -1.0), (x_space[3], 0.0, -1.0),
    # 偏置节点
```

```
    (0,0,0)
    ]
```

两个输出节点均位于与输入平面正交的 *XY* 平面内。通过将发现的隐藏节点放置在 *XY* 平面内，可以实现基板的自然进化。

（2）输出层的创建方式如下：

```
# 输出层
outputs = [(-1.0, 1.0, 0.0), (1.0, 1.0, 0.0)]
```

（3）定义通用的基板配置参数，如下所示：

```
# 允许的连接：输入到隐藏，隐藏到输出，隐藏到隐藏
# 其他连接类型均禁止
substrate.m_allow_input_hidden_links = True
substrate.m_allow_hidden_output_links = True
substrate.m_allow_hidden_hidden_links = True

substrate.m_allow_input_output_links = False
substrate.m_allow_output_hidden_links = False
substrate.m_allow_output_output_links = False
substrate.m_allow_looped_hidden_links = False
substrate.m_allow_looped_output_links = False

substrate.m_hidden_nodes_activation = \
        NEAT.ActivationFunction.SIGNED_SIGMOID
substrate.m_output_nodes_activation = \
        NEAT.ActivationFunction.UNSIGNED_SIGMOID

# 发送连接长度到 CPPN 作为参数
substrate.m_with_distance = True
substrate.m_max_weight_and_bias = 8.0
```

该基板允许 3 种类型的连接，即从输入到隐藏（input_hidden）、从隐藏到隐藏（hidden_hidden）以及从隐藏到输出（hidden_output）的连接。隐藏节点被指定为应使用有符号的 Sigmoid 激活函数，而输出节点则应使用无符号的 Sigmoid 激活函数。之所以为输出节点选择无符号 Sigmoid 激活函数，是为了使检测器 ANN 输出值在[0, 1]内。

接下来将讨论评估解决方案适应度的函数的实现。

8.7.3　适应度评估

神经进化过程需要一种方法来评估每一代进化过程中基因组种群的适应度。本实验

中的适应度评估包括两个部分，以下将展开详细讨论。

1. eval_genomes 函数

eval_genomes 函数函数将评估种群的总体适应度。它具有以下定义：

```
def eval_genomes(genomes, substrate, rt_environment, params):
    best_genome = None
    max_fitness = 0
    errors = []
    for genome in genomes:
        fitness, error, total_count, false_detetctions = eval_individual(
                            genome, substrate, rt_environment, params)
        genome.SetFitness(fitness)
        errors.append(error)

        if fitness > max_fitness:
            max_fitness = fitness
            best_genome = genome
    return best_genome, max_fitness, errors
```

eval_genomes 函数将采用来自当前种群的 CPPN 基因组列表、基板配置、初始化的测试环境以及 ES-HyperNEAT 超参数作为参数。

在代码的开头，将创建一个中间对象来收集每个特定基因组的评估结果：

```
best_genome = None
max_fitness = 0
errors = []
```

之后，开始循环遍历所有基因组，针对给定的测试环境评估每个基因组：

```
for genome in genomes:
    fitness, error, total_count, false_detetctions = eval_individual(
                        genome, substrate, rt_environment, params)
    genome.SetFitness(fitness)
    errors.append(error)

    if fitness > max_fitness:
        max_fitness = fitness
        best_genome = genome
```

最后，函数以元组的形式返回评估结果，其中包括最佳基因组、最高适应度得分以及每个评估基因组的所有检测误差列表。

2. eval_individual 函数

eval_individual 函数函数将评估每个单独的基因组的适应度，并具有以下定义：

```
def eval_individual(genome, substrate, rt_environment, params):
    # 根据提供的 CPPN 基因组和基板创建 ANN
    net = NEAT.NeuralNetwork()
    genome.BuildESHyperNEATPhenotype(net, substrate, params)

    fitness, dist, total_count, false_detetctions = \
        rt_environment.evaluate_net(net, max_fitness=MAX_FITNESS)
    return fitness, dist, total_count, false_detetctions
```

该函数将要评估的 CPPN 基因组、基板配置、测试环境和 ES-HyperNEAT 超参数为参数，然后使用这些参数创建检测器 ANN 的神经网络配置，并根据给定的测试环境对其进行评估，最后返回评估结果。

8.8　模块化视网膜实验

现在，我们已经可以在模拟模块化视网膜问题空间的测试环境中进行实验。下面将学习如何选择适当的超参数，以及如何设置环境和运行实验。最后，我们还将讨论实验结果。

8.8.1　超参数选择

超参数被定义为 Parameters Python 类，MultiNEAT 库将其引用为必要的配置选项。在实验运行程序脚本的源代码中，我们定义了一个名为 create_hyperparameters 的专用函数，该函数封装了超参数初始化的逻辑。现在就来解释一下最关键的超参数以及选择这些特定值的原因。

（1）我们决定对 CPPN 基因组种群使用中等大小的规模。这样做是为了从一开始就为解决方案搜索提供大量的选项，从而加强进化。种群规模定义如下：

```
params.PopulationSize = 300
```

（2）将在进化过程中要保留的物种数量定义在[5, 15]内，并将物种停滞设置为 100 代。这种配置能够在物种之间保持健康的多样性，并使它们存活足够长的时间，以产生我们要寻找的解决方案：

```
params.SpeciesMaxStagnation = 100
params.MinSpecies = 5
params.MaxSpecies = 15
```

（3）我们对产生 CPPN 基因组的紧凑结构感兴趣。因此，可以使用很小的概率值来控制将新节点和连接引入基因组的频率：

```
params.MutateAddLinkProb = 0.03
params.MutateAddNeuronProb = 0.03
```

（4）ES-HyperNEAT 方法是 HyperNEAT 方法的扩展。因此，在进化过程中，它会更改隐藏节点和输出节点中激活函数的类型。在此实验中，为了产生合适的基板配置，我们对以下激活函数类型更感兴趣，这些激活函数类型有相等的选择概率：

```
params.ActivationFunction_SignedGauss_Prob = 1.0
params.ActivationFunction_SignedStep_Prob = 1.0
params.ActivationFunction_Linear_Prob = 1.0
params.ActivationFunction_SignedSine_Prob = 1.0
params.ActivationFunction_SignedSigmoid_Prob = 1.0
```

（5）定义 ES-HyperNEAT 特定的超参数，该参数将控制基板的进化方式。以下超参数控制进化过程中在基板内创建节点和连接的动态：

```
params.DivisionThreshold = 0.5
params.VarianceThreshold = 0.03
```

其中，params.DivisionThreshold 控制着每一代进化将多少个新节点和连接引入到基板中。params.VarianceThreshold 确定在修剪和提取阶段之后允许在基板中保留多少个节点和连接。有关这些阈值的详细信息，参见第 8.3 节"四叉树信息提取和 ES-HyperNEAT 基础知识"。

8.8.2　工作环境设置

在本实验中，我们将使用 MultiNEAT Python 库，该库提供 ES-HyperNEAT 算法的实现。因此，我们需要创建一个适当的 Python 环境，其中包括 MultiNEAT Python 库和所有必要的依赖项。可以使用 Anaconda 在命令行上执行以下命令来完成此操作：

```
$ conda create --name rt_multineat python=3.5
$ conda activate vd_multineat
$ conda install -c conda-forge multineat
$ conda install matplotlib
```

```
$ conda install -c anaconda seaborn
$ conda install graphviz
$ conda install python-graphviz
```

这些命令将使用 Python 3.5 创建并激活 rt_multineat 虚拟环境。之后，它们将安装最新版本的 MultiNEAT Python 库，以及用于结果可视化代码的依赖项。

8.8.3　运行模块化视网膜实验

在此阶段，我们已经在 retina_experiment.py Python 脚本中定义了全部实验运行程序脚本。读者可以通过复制（用 clone 命令）本章配套的 GitHub 存储库中的文件来开始实验。

使用以下命令运行脚本：

```
$ git clone
https://github.com/PacktPublishing/Hands-on-Neuroevolution-with-Python.git
$ cd Hands-on-Neuroevolution-with-Python/Chapter8
$ python retina_experiment.py -t 1 -g 1000
```

ℹ️ 注意：

使用以下命令激活适当的虚拟环境：

```
conda activate rt_multineat
```

上面的命令将开始进行 1000 个世代进化的一次试验。经过特定的世代数之后，应该能够找到成功的解决方案，并且将在控制台中看到以下输出：

```
****** Generation: 949 ******

Solution found at generation: 949, best fitness: 1000.000000, species
count: 6

Best ever fitness: 1000.000000, genome ID: 284698

Trial elapsed time: 1332.576 sec
Random seed: 1569777981

CPPN nodes: 21, connections: 22

Substrate nodes: 15, connections: 28
```

从以上输出可以看到，成功的解决方案是在第 949 代中找到的。它是由包含 21 个节点和 22 个连接的 CPPN 基因组产生的。同时，确定检测器 ANN 拓扑形态的基板包含了

15 个节点和它们之间的 28 个连接。成功的解决方案是使用随机种子值 1569777981 生成的。使用其他随机种子值可能无法生成成功的解决方案，或者将需要更多世代的进化。

接下来，可以观察进化过程中的最佳适应度和平均误差图，如图 8-5 所示。

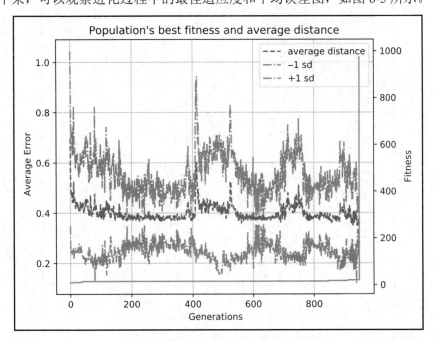

图 8-5　每代的最佳适应度和平均误差

原　　文	译　　文
Population's best fitness and average distance	种群的最佳适应度和平均距离
Average Error	平均误差
Fitness	适应度
Generations	世代
average distance	平均距离
−1 sd	种子值 −1
+1 sd	种子值 +1

在图 8-5 中可以看到，在大多数进化世代中，适应度评分都非常小，但是突然发现了成功的 CPPN 基因组，仅一个世代就产生了突变式的进化飞跃。

图 8-6 显示了成功的 CPPN 基因组的配置。

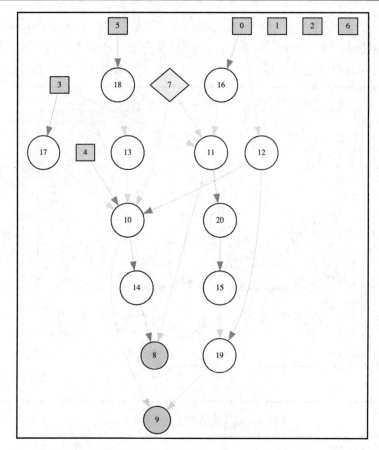

图 8-6　成功基因组的 CPPN 表现型图

　　从图 8-6 中可以看到，成功的 CPPN 基因组的配置并未使用所有可用输入（灰色方块）来生成输出。此外，更令人困惑的是，在决定公开这些基板节点之间的连接时，它仅使用输入（节点#0）的 x 坐标和隐藏（节点#3）基板节点的 y 坐标。同时，基板输出节点的 x 和 y 坐标都参与决策过程（节点#4 和#5）。

　　再来看一下之前介绍的初始基板配置，会发现我们提到的特性完全可以通过该基板拓扑形态得到证实。我们将输入节点放置在 XZ 平面内。因此，y 坐标对于它们来说并不是关键。同时，隐藏节点位于 XY 平面内，所以 y 坐标将确定它们与输入平面的距离。最后，输出节点也位于 XY 平面内，它们的 x 坐标确定每个输出节点在视网膜的哪一侧（左侧还是右侧）。因此，对于输出节点来说，自然会同时包含 x 和 y 坐标。

　　在 CPPN 表现型图中，输入节点用正方形标记，输出节点用实心圆表示，偏置节点用菱形表示，而隐藏节点则用空心圆表示。

该 CPPN 图中的两个输出节点具有以下含义。

❑　第一个节点（8）提供连接权重。

❑　第二个节点（9）确定连接是否被表达。

该 CPPN 的输入节点定义如下。

❑　前两个节点（0 和 1）在基板的输入层中设置点坐标(x, z)。

❑　接下来的两个节点（2 和 3）在基板的隐藏层中设置点坐标(x, y)。

❑　再接下来的两个节点（4 和 5）在基板的输出层中设置点坐标(x, y)。

❑　最后一个节点（6）设置输入层中的点到坐标原点的欧几里得距离。

当然，你还可以在图 8-7 中看到该实验结果中最令人兴奋的部分。它代表成功的检测器 ANN 的配置。

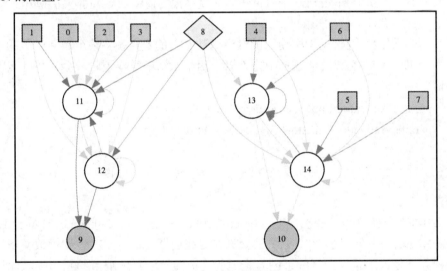

图 8-7　检测器 ANN 的配置

与图 8-6 一样，我们将输入节点标记为正方形，输出节点标记为实心圆，偏置节点标记为菱形，隐藏节点标记为空心圆。

可以看到，在图 8-7 的左侧和右侧，有两个明显分开的模块化结构。每个模块从视网膜的左侧（节点#0、#1、#2 和#3）和右侧（节点#4、#5、#6 和#7）连接到相应的输入。这两个模块都具有相同数量的隐藏节点，它们连接到相应的输出节点：视网膜左侧的节点#9 和右侧的节点#10。此外，还可以看到左右模块中的连接模式相似。左侧的隐藏节点#11 与右侧的节点#14 具有相似的连接方式，而节点#12 和节点#13 的连接方式也基本相同。

令人惊讶的是，随机进化过程能够发现这种简单而优雅的解决方案。本实验的结果充分证实了我们的假设，即可以通过创建模块化检测器 ANN 拓扑形态来解决视网膜问题。

注意:

有关模块化视网膜问题的更多信息，参见原始论文，网址如下:

http://eplex.cs.ucf.edu/papers/risi_alife12.pdf

8.9　练　　习

（1）尝试使用随机种子生成器的不同值进行实验，可以在 retina_experiment.py 脚本的第 101 行中对其进行更改，看看是否可以使用其他值找到成功解决方案。

（2）尝试通过调整 params.PopulationSize 超参数的值将初始种群大小增加到 1000。这对算法的性能有什么样的影响？

（3）尝试更改在进化过程中使用的激活函数类型的数量（将某个激活函数的选择概率设置为 0 即可）。看一看从选择中排除以下两个激活函数类型时，会发生什么特别有趣的事情？

- ❑　params.ActivationFunction_SignedGauss_Prob
- ❑　params.ActivationFunction_SignedStep_Prob

8.10　小　　结

本章详细介绍了可进化基板 HyperNEAT（Evolvable Substrate HyperNEAT，ES-HyperNEAT）神经进化方法，该方法允许在寻找问题解决方案的过程中改变基板的配置。这种方法使人类架构师摆脱了创建合适的基板配置到具体细节的负担，从而使我们仅需要定义主要轮廓，然后由该算法在进化过程中自动了解基板配置的其余详细信息。

此外，本章还讨论了可用于解决各种问题（包括模块化视网膜问题）的模块化 ANN 结构。模块化 ANN 拓扑形态是一个非常强大的概念，它允许多次重用成功的表现型 ANN 模块以构建复杂的分层拓扑。

最后，本章还引导读者通过使用 MultiNEAT Python 库实现相应的解决方案来提高 Python 编程语言技能。

第 9 章将介绍令人着迷的协同进化概念，以及如何将其同步应用于求解器和目标函数的协同进化。我们将讨论解决方案和适应度进化的方法，并学习如何将其应用于改进的迷宫导航实验。

第 9 章　协同进化和 SAFE 方法

本章将详细阐述协同进化的概念，并说明如何将其应用于求解器和目标函数的协同进化，以优化求解器的进化。然后，我们将讨论解决方案和适应度进化（Solution And Fitness Evolution，SAFE）方法，并简要介绍不同的协同进化策略。

读者将学习到如何结合基于神经进化的方法使用协同进化，并且通过改进迷宫导航实验获得其实践经验。

本章将讨论以下主题：
- ❏　协同进化基础知识和常见协同进化策略。
- ❏　SAFE 方法基础知识。
- ❏　改进的迷宫实验。
- ❏　讨论实验结果。

9.1　技　术　要　求

运行本章实验的技术要求如下。
- ❏　Windows 8/10、Mac OS 10.13 或更高版本、当前版本的 Linux。
- ❏　Anaconda 发行版 2019.03 或更高版本。

访问以下网址可获得本章代码：

https://github.com/PacktPublishing/Hands-on-Neuroevolution-with-Python/tree/master/Chapter9

9.2　协同进化基础知识和常见协同进化策略

生物系统的自然进化与协同进化的概念是分不开的。协同进化是导致生物圈当前状态的核心进化驱动力之一，与之伴随的是我们可以感知到的生物多样性。

可以将协同进化定义为不同生物的多个系谱同时进化的互惠策略。没有其他物种，一个物种就不可能进化。在进化过程中，协同进化的物种相互作用，这些种间关系决定了它们的进化策略。

协同进化有 3 种主要类型。

❑ 互利共生（Mutualism），即两个或多个物种共存并相互受益。共生是一种密切的、结合比较牢固的种间合作关系。例如，蚜虫和蚂蚁就是一对互利共生的典型示例。蚂蚁喜欢吃蚜虫分泌的蜜露，常用触角抚摸蚜虫，让蚜虫直接把蜜露分泌到自己口中，同时，蚂蚁精心保护蚜虫，驱赶并杀死蚜虫的天敌，有时还会将蚜虫衔入巢内加以保护。

❑ 竞争性协同进化（Competitive Co-Evolution）。

➢ 捕食（Predation），指一种生物杀死另一种生物并消耗其资源。例如，狼和兔、狮子和羚羊等都是捕食关系。捕食的结果，一方面能直接影响被捕食者的种群数量，另一方面也影响捕食者本身的种群变化，两者关系十分复杂。

➢ 寄生（Parasitism），即一种生物利用另一种生物的资源而不杀死它。生物界的寄生现象十分普遍，几乎没有一种生物是不被寄生的。在卫生条件不发达的情况下，人体也可能存在大量的寄生虫。

❑ 共栖（Commensalism），一个物种的成员在不造成损害的情况下从另一物种的成员中获得利益。共栖和互利共生的区别在于，互利共生是双方受益，共栖则只有一方受益，另一方既不受益，也不受害。例如，海洋中体小的鲫鱼用其吸盘吸附在鲸鱼的体表，被携带到各处，觅食时暂时离开鲸鱼，这对鲸鱼无利也无害，但却增加了鲫鱼觅食的机会。

研究人员已经探索了上述每一种类型的协同进化策略，它们都有各自的优缺点，可以用作神经进化过程的指导原则。一组研究人员最近探索了共栖策略并将其作为神经进化的指导原则，取得了可喜的成果。他们创建了 SAFE 算法，这也是本章将要详细讨论的内容。

ℹ️ 注意：

有关 SAFE 算法的更多详细信息，参见原始出版物，网址如下：

https://doi.org/10.1007/978-3-030-16670-0_10

在理解了协同进化的常见类型后，现在我们来看一下 SAFE 方法。

9.3 关于 SAFE 算法

顾名思义，解决方案和适应度进化算法考虑的是解决方案和适应度函数的协同进化，它将引导解决方案的搜索优化。SAFE 算法是围绕两个种群的共栖（Commensalism）这一协同进化策略构建的。

- ❑　潜在解决方案的种群：它将进化以解决现有问题。
- ❑　目标函数候选对象的种群：它将进化以引导解决方案种群的进化。

在本书中，我们已经讨论了若干种搜索优化策略，它们都可用于指导潜在解决方案候选者的进化。这些策略是基于目标的适应度优化和新颖性搜索优化。当我们有一个简单的适应度函数并且可以将优化搜索集中到最终目标上时，基于目标的适应度优化策略是完美的。在这种情况下，可以使用基于目标的度量，该度量将在进化的每个时期评估当前解决方案与目标之间的距离。

新颖性搜索的优化策略则不一样。在该策略中，我们对最终目标的接近性不感兴趣，反而主要关注候选解决方案所采用的路径。新颖性搜索背后的中心思想是逐步探索垫脚石，最终通往目的地。当我们有一个复杂的适应度函数时（例如，许多误导性的死胡同和局部最优的情况），此优化策略是理想的。

因此，SAFE 算法背后的主要思想是从这里提到的两种搜索优化方法中受益。此后，我们将讨论改进的迷宫实验，该实验将使用此处提到的两种搜索优化方法来指导神经进化过程。

9.4　改进的迷宫实验介绍

本书前面的章节已经分别讨论了如何将基于目标的搜索优化或新颖性搜索优化方法应用于解决迷宫的问题。本章将介绍一种改进的迷宫求解实验，尝试使用 SAFE 算法将两种搜索优化方法结合起来。

前面已经介绍了两个种群的协同进化：迷宫求解代理的种群和目标函数候选者的种群。遵循 SAFE 算法，我们将在实验中使用共栖的协同进化策略。

接下来首先讨论迷宫求解代理。

9.4.1　迷宫求解代理

迷宫求解代理配备有一组传感器，使它能够感知迷宫环境并在每个步骤中知道迷宫出口的方向。图 9-1 显示了传感器的配置。

在图 9-1 中，深色箭头定义了测距传感器，允许代理感知障碍物并在给定方向上找到与障碍物的距离。围绕机器人身体的 4 个扇区是扇形雷达，它们将在每个时间步骤中检测迷宫出口的方向。机器人体内的浅色箭头决定了机器人面对的方向。

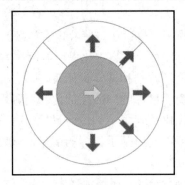

图 9-1　迷宫求解代理的传感器配置

另外，机器人有两个执行器：一个用于更改角速度（旋转），另一个用于更改线性速度。

本实验使用了与第 5 章"自主迷宫导航"中相同的机器人配置。因此，读者可以参考第 5 章以获取更多信息。

在了解了迷宫求解代理之后，现在再来看一下迷宫环境。

9.4.2　迷宫环境

实验中的迷宫定义为由外部墙壁围成的区域。在迷宫内部，多个内墙会产生具有局部适应度最优的死角，这也使得面向目标的优化搜索不是很有效。此外，由于局部适应度最优的存在，基于目标的搜索代理可能会被误导，陷入特定的死胡同，从而完全停止了进化过程。迷宫环境中的死胡同如图 9-2 所示。

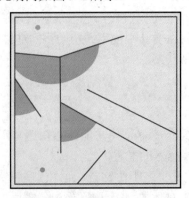

图 9-2　迷宫内的局部最优区域

在图 9-2 中,迷宫求解代理的起始位置在左下角,使用绿色实心圆标记,而迷宫出口在左上角,使用红色实心圆标记。误导(欺骗)性的局部适应度最优区域显示为 4 个以阴影填充的实心扇区。

迷宫环境是通过配置文件定义的,我们已经实现了模拟器来模拟迷宫导航代理穿行迷宫。本书第 5 章"自主迷宫导航"详细讨论了迷宫模拟器环境的实现,读者可以参考其内容以获得更多信息。

本章将讨论为实现 SAFE 优化策略而对原始实验进行的修改。最关键的区别是适应度函数的定义方式,9.5 节将对此展开详细讨论。

ⓘ 注意:

要查看迷宫模拟器环境的完整实现细节,可访问以下网址的 maze_environment.py 文件:

https://github.com/PacktPublishing/Hands-on-Neuroevolution-with-Python/blob/master/Chapter9/maze_environment.py

9.5　适应度函数定义

SAFE 算法是有关解决方案候选者和目标函数候选者的协同进化,也就是说,我们有两个协同进化的物种的种群。因此,我们需要定义两个适应度函数:一个用于解决方案候选者(迷宫求解器),另一个用于目标函数候选者。本节将讨论这两种函数变体。

9.5.1　迷宫求解器的适应度函数

在进化的每一代中,都会针对所有目标函数候选者对每个解决方案个体(迷宫求解器)进行评估。我们将使用在迷宫求解器进化过程中获得的最大适应度分数作为该解决方案的适应度分数。

迷宫求解器的适应度函数是两个度量的总和。这两个度量是:距迷宫出口的距离(基于目标的得分)和求解器最终位置的新颖性(新颖性得分)。

这些得分将使用一对系数进行算术组合,而这一对系数则是从目标函数候选者种群的特定个体的输出获得的。

将这些得分进行组合以便作为适应度得分的公式:

$$\mathcal{O}_i(\mathcal{S}_i) = a \times \frac{1}{D_i} + b \times \mathrm{NS}_i$$

其中，$O_i(S_i)$ 是通过针对目标函数 O_i 评估候选解决方案 S_i 而获得的适应度值。使用的一对系数 $[a,b]$ 则是特定目标函数候选者的输出。由上式可知，这一对系数决定了到迷宫出口的距离（D_i）和解决方案的行为新颖性（NS_i）对轨迹末端的迷宫求解器的最终适应度得分的影响程度。

到迷宫出口的距离（D_i）是通过计算迷宫求解器的最终坐标和迷宫出口坐标之间的欧几里得距离而获得的。其计算公式如下：

$$D_i = \sqrt{(x_s - x_m)^2 + (y_s - y_m)^2}$$

其中，x_s 和 y_s 是迷宫求解器的最终坐标，x_m 和 y_m 是迷宫出口的坐标。

每个迷宫求解器的新颖性分数（NS_i）取决于其在迷宫中的最终位置（x）。计算为从该点到 k 个最邻近点的平均距离，这 k 个最邻近点其实就是其他迷宫求解器的最终位置。

以下公式给出了行为空间的点 x 处的新颖性得分值：

$$NS_i = \frac{1}{k} \sum_{i=0}^{k} \text{dist}(x, \mu_i)$$

其中，μ_i 是 x 的第 i 个最近邻居，$\text{dist}(x, \mu_i)$ 则是 x 和 μ_i 之间的距离。

两点之间的距离是衡量当前解决方案（x）与其他迷宫求解器产生的另一解决方案（μ_i）之间差异程度的新颖性度量。新颖性度量可计算为两点之间的欧几里得距离：

$$\text{dist}(x, \mu) = \sqrt{\sum_{j=1}^{2} (x_j - \mu_j)^2}$$

其中，μ_j 和 x_j 是坐标向量的 j 位置处的值，分别保存了点 μ 和点 x 在该位置的坐标。

接下来将讨论如何定义适应度函数以优化目标函数候选者。

9.5.2 目标函数候选者的适应度函数

SAFE 算法基于共栖协同进化方法，这意味着其中一个协同进化的种群在进化过程中既不受益，也不受害。

在我们的实验中，共栖的种群是目标函数候选者的种群。对于此种群，我们需要定义一个与迷宫求解器种群性能无关的适应度函数。

这种函数的合适候选者便是将新颖性得分用作要优化的适应度评分的适应度函数。计算每个目标函数候选者的新颖性分数的公式与迷宫求解器给出的公式相同。唯一的区别是，在使用目标函数候选者的情况下，是使用包含每个个体输出值的向量来计算新颖性分数的，然后再将新颖性评分值用作个体的适应度评分。

这种新颖性分数估算方法是改进的新颖性搜索（NS）方法的一部分，9.6 节将就此展开详细讨论。

9.6　改进的新颖性搜索方法

本书第 6 章 "新颖性搜索优化方法" 详细介绍了 NS 方法。在本实验中，我们将使用改进的新颖性搜索方法。

本实验要介绍的对新颖性搜索方法的修改涉及一种维护新颖性点（Novelty Point）存档的新方法。新颖性点将保存迷宫求解器处于轨迹末尾时在迷宫中的位置，并且它也与新颖性分数结合在一起。

在传统的新颖性搜索方法中，新颖性存档的大小是动态的，如果新颖性分数超过特定阈值（新颖性阈值），则允许添加特定新颖性点。此外，考虑到运行期间发现新颖性点的速度，新颖性阈值是可以在运行时调整的。这些调整使我们可以（在某种程度上）控制存档的大小。但是，我们需要从初始的新颖性阈值开始，而这个阈值的选择并不是那么明显。

改进的新颖性搜索方法引入了固定大小的新颖性存档，以解决选择正确的新颖性阈值的问题。新的新颖性点将添加到存档中，直至填满。此后，仅当新颖性点的新颖性分数超过当前最低分数时，才将新颖性点添加到存档中，方法就是用当前分数替换最小分数。因此，我们可以保持新颖性存档的固定大小，并且仅将在进化过程中发现的最有价值的新颖性点存储在其中。

🛈 注意：

改进的新颖性存档实现的源代码可以在以下文件中找到：

https://github.com/PacktPublishing/Hands-on-Neuroevolution-with-Python/blob/master/Chapter9/novelty_archive.py

接下来，让我们讨论该实现中最有趣的部分。

9.6.1　关于_add_novelty_item 函数

_add_novelty_item 函数允许在保持存档大小的同时向存档添加新的新颖性点。它具有以下实现代码：

```
if len(self.novel_items) >= MAXNoveltyArchiveSize:
    # 检查该项的新颖性分数是否大于存档中的最后一项
```

```
    # 即是否大于存档中的最低新颖性分数
    if item > self.novel_items[-1]:
        # 替换
        self.novel_items[-1] = item
else:
    # 仅添加新项
    self.novel_items.append(item)

# 按新颖性分数的降序对项目数组进行排序
self.novel_items.sort(reverse=True)
```

该代码首先检查新颖性存档的大小是否尚未超过，如果尚未超过（即还没有填满），则直接向其添加新的新颖性点。否则，检查新的新颖性分数是否大于存档中的最后一项，即具有最小新颖性分数的项。如果大于，则直接使用新的新颖性分数替换存档中的最后一项。我们之所以可以确定存档中最后一个项目的新颖性得分最低，是因为在将新项目添加到存档后，将按照新颖性分数值的降序对其进行排序。

9.6.2　关于 evaluate_novelty_score 函数

evaluate_novelty_score 函数提供了一种机制，可以根据新颖性存档中已经收集的所有项目以及当前种群中发现的所有新颖性项目来评估新颖性项目的新颖性分数。通过执行以下步骤，可将新颖性得分计算为与 $k = 15$ 个最近邻居的平均距离。

（1）收集从提供的新颖性项目到新颖性存档中所有项目的距离：

```
distances = []
for n in self.novel_items:
    if n.genomeId != item.genomeId:
        distances.append(self.novelty_metric(n, item))
    else:
        print("Novelty Item is already in archive: %d" % n.genomeId)
```

（2）将从提供的新颖性项目到当前种群中所有项目的距离相加：

```
for p_item in n_items_list:
    if p_item.genomeId != item.genomeId:
        distances.append(self.novelty_metric(p_item, item))
```

（3）估计 k 个最近邻的平均值：

```
distances = sorted(distances)
item.novelty = sum(distances[:KNN])/KNN
```

上面的代码首先按照距离的升序对列表进行排序，以确保最接近的项目在列表中排在首位。之后，计算列表中前 KNN（15）个项目的总和，再将总和除以 KNN。这样就获得了到 k 个最近邻居的平均距离的值。

改进的新颖性搜索优化方法是迷宫求解器种群和目标函数候选者种群这两个种群的适应度分数评估的核心，将在实验运行程序的实现中被广泛使用。

9.7　改进的迷宫实验实现

本实验运行程序的实现基于 MultiNEAT Python 库，第 7 章"基于超立方体的 NEAT 和视觉辨别"和第 8 章"ES-HyperNEAT 和视网膜问题"中的实验都使用了该库。

另外，每个协同进化种群的进化则由基本的 NEAT 算法控制，该算法在第 3 章"使用 NEAT 进行 XOR 求解器优化"、第 4 章"摆杆平衡实验"和第 5 章"自主迷宫导航"中都进行了详细的讨论。

本节将演示如何使用 NEAT 算法来维持两个独立物种种群的协同进化，即迷宫求解代理的种群和目标函数候选者的种群。

接下来讨论改进的迷宫实验运行程序的主要部分。

ℹ️ **注意：**

有关该实验实现的详细信息，参考以下源代码：

https://github.com/PacktPublishing/Hands-on-Neuroevolution-with-Python/blob/master/Chapter9/maze_experiment_safe.py

9.7.1　协同进化的种群的创建

在该实验中，我们需要创建两个协同进化的物种的种群，它们具有不同的初始基因型配置，以满足产生物种的表现型要求。

迷宫求解器的表现型有 11 个输入节点以接收来自传感器的信号，并有 2 个输出节点以产生控制信号。与此同时，目标函数候选者的表现型有一个输入节点接收固定值（0.5），该值被转换为两个输出值，用作迷宫求解器的适应度函数系数。

接下来，我们将首先讨论如何创建目标函数候选者的种群。

9.7.2　创建目标函数候选者的种群

如前文所述，编码目标函数候选者表现型的基因型必须产生至少具有一个输入节点和两个输出节点的表现型配置。

我们在 create_objective_fun 函数中实现了该种群的创建，如下所示：

```
params = create_objective_fun_params()
# 基因组有一个输入(0.5)和两个输出 (a 和 b)
genome = NEAT.Genome(0, 1, 1, 2, False,
    NEAT.ActivationFunction.TANH, # 隐藏层激活
    NEAT.ActivationFunction.UNSIGNED_SIGMOID, # 输出层激活
    1, params, 0)
pop = NEAT.Population(genome, params, True, 1.0, seed)
pop.RNG.Seed(seed)

obj_archive = archive.NoveltyArchive(
                        metric=maze.maze_novelty_metric_euclidean)
obj_fun = ObjectiveFun(archive=obj_archive,
                        genome=genome, population=pop)
```

在该代码中，我们使用一个输入节点、两个输出节点和一个隐藏节点创建 NEAT 基因型。隐藏节点被预先植入初始基因组中，以通过预先定义的非线性来促进进化。

隐藏层的激活函数类型选择为双曲正切（Hyperbolic Tangent，TANH）函数以支持负输出值。此功能对于我们的任务至关重要。由目标函数候选者产生的系数，其中负值表示迷宫求解器适应度函数的特定分量具有负影响，这实际上是发出一种信号，表明进化需要尝试其他路径。

最后，我们创建了 ObjectiveFun 对象，以维持不断进化的目标函数候选者种群。

接下来将讨论如何创建迷宫求解器的种群。

9.7.3 创建迷宫求解器的种群

迷宫求解器代理需要从 11 个传感器获取输入并生成两个控制信号，这会影响机器人的角速度和线性速度。因此，编码迷宫求解器表现型的基因组必须产生包括 11 个输入节点和 2 个输出节点的表现型配置。通过仔细查看 create_robot 函数，读者可以了解如何为迷宫求解器代理创建初始基因组种群：

```
params = create_robot_params()
# 基因组有 11 个输入和 2 个输出
genome = NEAT.Genome(0, 11, 0, 2, False,
                        NEAT.ActivationFunction.UNSIGNED_SIGMOID,
                        NEAT.ActivationFunction.UNSIGNED_SIGMOID,
                        0, params, 0)
```

```
pop = NEAT.Population(genome, params, True, 1.0, seed)
pop.RNG.Seed(seed)

robot_archive = archive.NoveltyArchive(metric=maze.maze_novelty_metric)
robot = Robot(maze_env=maze_env, archive=robot_archive, genome=genome,
              population=pop)
```

在该代码中，我们从 create_robot_params 函数获得适当的 NEAT 超参数。之后，使用它们创建具有相应数量的输入和输出节点的初始 NEAT 基因型。最后，我们创建一个 Robot 对象，该对象封装了与迷宫求解器种群有关的所有数据以及迷宫模拟器环境。

现在，当创建两个协同进化的种群时，需要实现对两个种群中个体的适应度分数的评估。9.8 节将讨论适应度分数评估的实现细节。

9.8 协同进化种群的适应度评估

在定义了两个协同进化的种群之后，需要创建函数来评估每个种群中个体的适应度分数。如前文所述，迷宫求解器种群中个体的适应度得分取决于目标函数候选者种群所产生的输出。与此同时，每个目标函数候选者的适应度得分则完全取决于该个体的新颖性得分。

因此，我们将采用两种不同的方法来评估适应度得分，并且需要实现两种不同的函数。下面就来讨论这两种实现。

9.8.1 目标函数候选者的适应度评估

如前文所述，目标函数候选者种群中每个个体的适应度得分均由其新颖性得分决定，该得分是按照我们之前讨论的方法计算的。该适应度分数评估的实现可分为以下两个函数。

❑ valuate_obj_functions。
❑ valuate_individ_obj_function。
现在就来分别讨论这两个函数的实现。

1. evaluation_obj_functions 函数实现

evaluation_obj_functions 函数接受 ObjectiveFun 对象（该对象保存目标函数候选者的种群），并通过以下步骤使用它来估算种群中每个个体的适应度得分。

（1）遍历种群中的所有基因组，并收集每个基因组的新颖性点：

```
obj_func_genomes = NEAT.GetGenomeList(obj_function.population)
for genome in obj_func_genomes:
    n_item = evaluate_individ_obj_function(genome=genome,
                                           generation=generation)
    n_items_list.append(n_item)
    obj_func_coeffs.append(n_item.data)
```

在上面的代码中，将从 evaluate_individ_obj_function 函数获得的新颖性点附加到种群的新颖性点列表中。另外，我们将新颖性点数据附加到系数对的列表中。系数对的列表稍后将用于估计个体迷宫求解器的适应度得分。

（2）遍历种群基因组列表，并使用步骤（1）中收集的新颖性点评估每个基因组的新颖性分数：

```
max_fitness = 0
for i, genome in enumerate(obj_func_genomes):
    fitness = obj_function.archive.evaluate_novelty_score(
            item=n_items_list[i],n_items_list=n_items_list)
    genome.SetFitness(fitness)
    max_fitness = max(max_fitness, fitness)
```

在上面的代码中，使用新颖性点估算的新颖性分数现在已收集到新颖性存档中，并为当前种群创建了新颖性点的列表。

将估计的新颖性得分设置为相应基因组的适应度得分，找到适应度得分的最大值并将其连同系数对的列表一起返回。

2. evaluate_individ_obj_function 函数实现

evaluate_individ_obj_function 函数将接受目标函数候选者的个体 NEAT 基因组，并返回新颖性点评估结果。其实现如下：

```
n_item = archive.NoveltyItem(generation=generation, genomeId=genome_id)
# 运行模拟
multi_net = NEAT.NeuralNetwork()
genome.BuildPhenotype(multi_net)
depth = 2
try:
    genome.CalculateDepth()
    depth = genome.GetDepth()
except:
    pass
```

```
obj_net = ANN(multi_net, depth=depth)

# 设置输入并获取输出([a, b])
output = obj_net.activate([0.5])

# 存储系数
n_item.data.append(output[0])
n_item.data.append(output[1])
```

上面的代码从创建 NoveltyItem 对象开始，以保存给定基因组的新颖性点数据。

建立一个表现型 ANN 并使用 0.5 的输入值来激活它，使用该 ANN 的输出来创建新颖性点。

9.8.2 节将讨论迷宫求解器种群中个体的适应度分数评估。

9.8.2　迷宫求解器代理的适应度评估

迷宫求解器种群中每个个体的适应度分数的评估是由两个部分组成的：新颖性分数和在轨迹末端时到迷宫出口的距离。每个组成部分的影响都由个体从目标函数候选者群体中产生的系数对控制。

该适应度分数评估可分为 3 个函数，下面分别进行讨论。

1. evaluate_solutions 函数实现

evaluate_solutions 函数将接收 Robot 对象作为输入参数，Robot 对象将维护迷宫求解器代理的种群和迷宫环境模拟器。而且，它还将接收在评估目标函数候选者种群期间生成的系数对的列表。

我们将使用函数的输入参数来评估种群中的每个基因组并估算其适应度函数。以下就是其主要的实现细节。

（1）可以通过迷宫模拟器评估种群中的每个个体，并找到个体在轨迹末端时与迷宫出口的距离：

```
robot_genomes = NEAT.GetGenomeList(robot.population)
for genome in robot_genomes:
    found, distance, n_item = evaluate_individual_solution(
        genome=genome, generation=generation, robot=robot)
    # 存储返回的值
    distances.append(distance)
    n_items_list.append(n_item)
```

（2）遍历种群中的所有基因组，并估计每个个体的新颖性得分。此外，还可以使用之前收集的个体在轨迹末端时与迷宫出口的相应距离，并将其与计算出的新颖性得分相结合，以评估基因组的适应度：

```
for i, n_item in enumerate(n_items_list):
    novelty = robot.archive.evaluate_novelty_score(item=n_item,
                                        n_items_list=n_items_list)
    # 健全性检查
    assert robot_genomes[i].GetID() == n_item.genomeId

    # 计算适应度
    fitness, coeffs = evaluate_solution_fitness(distances[i],
                                        novelty, obj_func_coeffs)
    robot_genomes[i].SetFitness(fitness)
```

在上述代码的前半部分，使用 robot.archive.evaluate_novelty_score 函数来估计种群中每个个体的新颖性得分。代码的后半部分调用了 evaluate_solution_fitness 函数，以结合使用新颖性分数和到迷宫出口的距离评估每个个体的适应度分数。

（3）收集有关种群中最佳迷宫求解器基因组性能的评估统计数据：

```
if not solution_found:
    # 找到种群中的最佳基因组
    if max_fitness < fitness:
        max_fitness = fitness
        best_robot_genome = robot_genomes[i]
        best_coeffs = coeffs
        best_distance = distances[i]
        best_novelty = novelty
elif best_robot_genome.GetID() == n_item.genomeId:
    # 存储获胜的解决方案的适应度
    max_fitness = fitness
    best_coeffs = coeffs
    best_distance = distances[i]
    best_novelty = novelty
```

可以看到，该函数将返回在种群评估期间收集的所有统计信息。

接下来将讨论如何使用迷宫环境模拟器评估单个迷宫求解器基因组。

2. evaluate_individual_solution 函数实现

evaluate_individual_solution 函数可以根据迷宫环境模拟器评估特定迷宫求解器的性能。其实现如下。

（1）创建迷宫求解器的表现型 ANN，并将其用作控制器来引导机器人穿过迷宫：

```
n_item = archive.NoveltyItem(generation=generation, genomeId=genome_id)
# 运行模拟
maze_env = copy.deepcopy(robot.orig_maze_environment)
multi_net = NEAT.NeuralNetwork()
genome.BuildPhenotype(multi_net)
depth = 8
try:
    genome.CalculateDepth()
    depth = genome.GetDepth()
except:
    pass
control_net = ANN(multi_net, depth=depth)
distance = maze.maze_simulation_evaluate(
    env=maze_env, net=control_net,
    time_steps=SOLVER_TIME_STEPS, n_item=n_item)
```

在上面的代码中，创建了一个 NoveltyItem 对象来保存新颖性点，该新颖性点由机器人在迷宫中的最终位置定义。之后，创建表现型 ANN 并运行迷宫模拟器，将其用作给定数量的时间步骤（400）的控制 ANN。在模拟完成后，即可接收到迷宫求解器的最终位置与迷宫出口之间的距离。

（2）将模拟统计信息保存到 AgentRecord 对象中，在实验结束时将需要使用这些统计信息进行分析：

```
record = agent.AgenRecord(generation=generation, agent_id=genome_id)
record.distance = distance
record.x = maze_env.agent.location.x
record.y = maze_env.agent.location.y
record.hit_exit = maze_env.exit_found
record.species_id = robot.get_species_id(genome)
robot.record_store.add_record(record)
```

该函数将返回一个包含以下值的元组：一个标志（该标志指示是否找到了解决方案）、机器人在轨迹末端时到迷宫出口的距离，以及 NoveltyItem 对象（其中封装了有关发现的新颖性点的信息）。

下面将讨论迷宫求解器适应度函数的实现。

3. evaluate_solution_fitness 函数实现

evaluate_solution_fitness 函数就是前面讨论过的迷宫求解器适应度函数的实现。该函数将接收机器人在轨迹末端时到迷宫出口的距离、新颖性分数以及当前目标函数候选者生成的系数对的列表。

函数将使用接收到的输入参数来计算迷宫求解器的适应度得分，如下所示：

```
normalized_novelty = novelty
if novelty >= 1.00:
    normalized_novelty = math.log(novelty)
norm_distance = math.log(distance)

max_fitness = 0
best_coeffs = [-1, -1]
for coeff in obj_func_coeffs:
    fitness = coeff[0] / norm_distance + coeff[1] * normalized_novelty
    if fitness > max_fitness:
        max_fitness = fitness
        best_coeffs[0] = coeff[0]
        best_coeffs[1] = coeff[1]
```

首先，我们需要使用自然对数归一化距离和新颖性得分值。这种归一化将确保距离和新颖性得分值始终在同一比例内。这些值必须在相同的比例内，因为系数对始终在[0, 1]内。因此，如果距离和新颖性得分的值具有不同的比例，则在计算适应度得分时，一对系数将无法影响到每个值的重要性。

该代码将遍历系数对的列表，对于每对系数，它都将通过组合距离和新颖性得分值来计算适应度得分。

迷宫求解器的最终适应度得分是在所有找到的适应度得分中的最高分。函数将返回该值和相应的系数对。

9.9　改进的迷宫实验运行程序

在执行了所有必要的例程以创建协同进化的种群并评估这些种群中个体的适应度时，即可开始实现实验运行程序这一环节。

ⓘ 注意：

完整的实现细节可以在以下 maze_experiment_safe.py 文件的 run_experiment 函数中找到。

https://github.com/PacktPublishing/Hands-on-Neuroevolution-with-Python/blob/master/Chapter9/maze_experiment_safe.py

该实现的主要细节如下。

（1）创建协同进化物种的相应种群：

```
robot = create_robot(maze_env, seed=seed)
obj_func = create_objective_fun(seed)
```

（2）开始进化循环并按如下方式评估两个种群：

```
for generation in range(n_generations):
    # 评估目标函数种群
    obj_func_coeffs, max_obj_func_fitness = \
                evaluate_obj_functions(obj_func, generation)
    # 评估机器人种群
    robot_genome, solution_found, robot_fitness, distances, \
    obj_coeffs, best_distance, best_novelty = \
      evaluate_solutions(robot=robot,
       obj_func_coeffs=obj_func_coeffs, generation=generation)
```

（3）在评估了种群之后，将结果保存为当前进化世代的统计数据：

```
stats.post_evaluate(max_fitness=robot_fitness, errors=distances)
# 存储最佳基因组
best_fitness = robot.population.GetBestFitnessEver()
if solution_found or best_fitness < robot_fitness:
    best_robot_genome_ser = pickle.dumps(robot_genome)
    best_robot_id = robot_genome.GetID()
    best_obj_func_coeffs = obj_coeffs
    best_solution_novelty = best_novelty
```

（4）在进化循环的最后，如果在当前一代中没有找到解决方案，则通知两个种群前进到下一个世代：

```
if solution_found:
    print('Solution found at generation: %d, best fitness:
%f, species count: %d' % (generation, robot_fitness, len(pop.Species)))
    break
# 前进到下一个世代
robot.population.Epoch()
obj_func.population.Epoch()
```

（5）在进化循环完成指定代数的迭代后，将已收集的迷宫记录可视化：

```
if args is None:
    visualize.draw_maze_records(maze_env,
```

```
                robot.record_store.records,
                view=show_results)
else:
    visualize.draw_maze_records(maze_env,
                robot.record_store.records,
                view=show_results,
                width=args.width,
                height=args.height,
                filename=os.path.join(trial_out_dir, 'maze_records.svg'))
```

上述代码中的迷宫记录保存了在进化过程中收集的迷宫模拟器中每个迷宫求解器基因组的评估统计信息，这些记录是作为 AgentRecord 对象保存的。在可视化结果中，将用迷宫渲染每个评估的迷宫求解器的最终位置。

（6）使用控制 ANN 模拟迷宫求解，该控制 ANN 是使用进化过程中发现的最佳求解器基因组创建的。模拟过程中迷宫求解器的轨迹可以按如下方式可视化：

```
multi_net = NEAT.NeuralNetwork()
best_robot_genome.BuildPhenotype(multi_net)

control_net = ANN(multi_net, depth=depth)
path_points = []
distance = maze.maze_simulation_evaluate(
                        env=maze_env,
                        net=control_net,
                        time_steps=SOLVER_TIME_STEPS,
                        path_points=path_points)
print("Best solution distance to maze exit: %.2f, novelty:
%.2f" % (distance, best_solution_novelty))
visualize.draw_agent_path(robot.orig_maze_environment,
                path_points, best_robot_genome,
                view=show_results,
                width=args.width,
                height=args.height,
                filename=os.path.join(trial_out_dir,
                        'best_solver_path.svg'))
```

上述代码的运行过程是：首先通过最佳求解器基因组创建一个表现型 ANN，然后使用创建的表现型 ANN 作为迷宫求解器的控制器来运行迷宫模拟器，最后渲染收集到的迷宫求解器的轨迹点。

（7）使用每个世代的平均适应度得分来绘图，如下所示：

```
visualize.plot_stats(stats, ylog=False, view=show_results,
    filename=os.path.join(trial_out_dir,'avg_fitness.svg'))
```

这里提到的所有可视化效果也都是以 SVG 文件的形式保存到本地文件系统中的，可用于日后的结果分析。

9.10 节将讨论如何设置改进的迷宫实验的超参数和工作环境，运行实验并查看结果。

9.10　改进的迷宫实验的参数设置和运行

使用改进的迷宫实验进行协同进化的准备工作已经基本完成，但是在此之前，我们还需要讨论一下每个协同进化的种群的超参数选择。

9.10.1　迷宫求解器种群的超参数

对于本实验，我们选择使用 MultiNEAT Python 库，该库使用 Parameters Python 类维护所有支持的超参数的列表。用于迷宫求解器的超参数的初始化在 create_robot_params 函数中定义。接下来，我们将讨论基本的超参数以及为其选择特定值的原因。

（1）我们决定从中型种群开始，以提供足够的种群多样性：

```
params.PopulationSize = 250
```

（2）我们希望在进化过程中产生紧凑的基因组拓扑形态，并限制种群中物种的数量。因此，可以将在进化过程中添加新节点和连接的概率设置得很小：

```
params.MutateAddNeuronProb = 0.03
params.MutateAddLinkProb = 0.05
```

（3）新颖性分数奖励在迷宫中找到独特位置的人。实现此目的的一种方法是增强表现型内的数值动态变化。因此，可以增加连接权重的范围：

```
params.MaxWeight = 30.0
params.MinWeight = -30.0
```

（4）为了支持进化过程，可以选择引入精英，方法是定义要转移到下一个世代的基因组的比例：

```
params.Elitism = 0.1
```

上面的 Elitism 参数决定了大约有十分之一的个体将被带到下一代。

9.10.2　目标函数候选者种群的超参数

可以在 create_objective_fun_params 函数中创建用于目标函数候选者种群进化的超参数。以下是其最关键的超参数。

（1）我们决定从一个很小的种群开始，以减少计算成本。另外，目标函数候选者的基因型不会很复杂，因此，一个很小的种群就足够了：

```
params.PopulationSize = 100
```

（2）与迷宫求解器一样，我们对产生紧凑的基因组感兴趣。因此，添加新节点和连接的概率也可以设置得非常小：

```
params.MutateAddNeuronProb = 0.03
params.MutateAddLinkProb = 0.05
```

目标函数候选者种群中的基因组应该不会有很复杂的拓扑形态。因此，大多数超参数都可以设置为默认值。

9.10.3　工作环境设置

在本实验中，我们将使用 MultiNEAT Python 库。因此，需要创建一个适当的 Python 环境，其中包括该库和其他依赖项。可以使用 Anaconda 在命令行中执行以下命令来完成此操作：

```
$ conda create --name maze_co python=3.5
$ conda activate maze_co
$ conda install -c conda-forge multineat
$ conda install matplotlib
$ conda install graphviz
$ conda install python-graphviz
```

这些命令将使用 Python 3.5 创建 maze_co 虚拟环境，并将所有必需的依赖项安装到其中。

9.10.4　运行修改后的迷宫实验

现在已经可以在新创建的虚拟环境中运行实验了。读者可以通过复制（clone）相应的 GitHub 存储库并使用以下命令运行脚本：

```
$ git clone
https://github.com/PacktPublishing/Hands-on-Neuroevolution-with-Python.git
$ cd Hands-on-Neuroevolution-with-Python/Chapter9
$ python maze_experiment_safe.py -t 1 -g 150 -m medium
```

ℹ️ 注意：

使用以下命令激活适当的虚拟环境：

```
conda activate maze_co
```

上面的命令使用中等复杂性迷宫配置开始了 150 代进化实验的一个试验。经过大约 100 代的进化，神经进化过程找到了成功的解决方案，能够在控制台中看到以下输出：

```
****** Generation: 105 ******

Maze solved in 338 steps

Solution found at generation: 105, best fitness: 3.549289, species count: 7

================================
Record store file: out/maze_medium_safe/5/data.pickle
Random seed: 1571021768
Best solution fitness: 3.901621, genome ID: 26458
Best objective func coefficients: [0.7935419704765059, 0.9882050653334634]
--------------------------------
Maze solved in 338 steps
Best solution distance to maze exit: 3.56, novelty: 19.29
------------------------
Trial elapsed time: 4275.705 sec
================================
```

从上面显示的输出中可以看到，在第 105 代找到了成功的迷宫求解器，并且能够在分配的 400 步中以 338 步解开迷宫。此外，有趣的是，最佳目标函数候选者产生的系数对认为迷宫求解器适应度函数的新颖性分数更重要（其系数值更高一些）。

每个世代的最佳适应度分数也很有趣，如图 9-3 所示。

在图 9-3 中可以看到，最佳适应度得分在进化的早期阶段是最高的，这是由于较高的新颖性评分值，由于存在许多尚未探索的迷宫区域，因此在进化开始时更容易获得。另外需要注意的是，在大多数进化世代中，到迷宫出口的平均距离几乎保持在同一水平。因此，我们可以假设找到正确的解决方案不是通过逐步改进，而是通过冠军基因组的质量飞跃。下一个图也支持此结论，图 9-4 呈现了收集到的每个物种的迷宫记录。

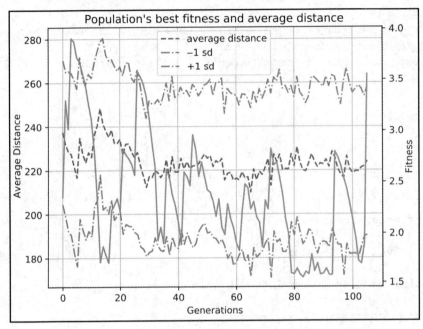

图 9-3　每个世代的适应度分数

原　　　文	译　　　文
Population's best fitness and average distance	种群的最佳适应度和平均距离
Average Distance	平均距离
Fitness	适应度
Generations	世代
average distance	平均距离
−1 sd	种子值 −1
+1 sd	种子值 +1

图 9-4 分为两个部分：上面是目标函数（基于与迷宫出口的距离）适应度得分大于 0.8 的物种，下面是其他物种。可以看到只有一个物种产生了能够到达迷宫出口附近的迷宫求解器基因组。

最后，来看一下成功的迷宫求解器通过迷宫的路径，如图 9-5 所示。

对于给定的迷宫地形配置来说，这个成功的迷宫求解器的路径接近最佳。

该实验还证明了寻找成功解决方案的初始条件的重要性。初始条件由我们在进行实验前选择的随机种子值定义。

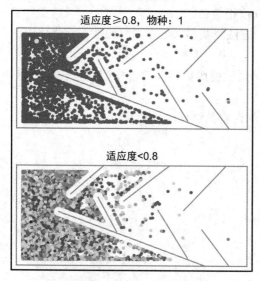

图 9-4　迷宫求解器最终位置的记录

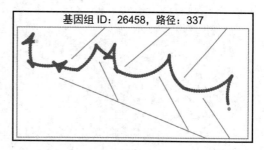

图 9-5　成功的迷宫求解器通过迷宫的路径

9.11　练　　习

（1）我们还提供了困难级迷宫地形的配置参数，它包含在以下实验源代码中：

https://github.com/PacktPublishing/Hands-on-Neuroevolution-with-Python/blob/master/
Chapter9/hard_maze.txt

可以尝试使用以下命令来求解困难级迷宫：

```
python maze_experiment_safe.py -g 120 -t 5 -m hard --width 200-height 200
```

（2）我们使用 1571021768 作为随机种子值找到了成功的解决方案。尝试另一个随机种子值，看看能否产生成功的解决方案。如果能，需要经过多少个世代的进化？

9.12　小　　结

本章讨论了两个物种种群的协同进化，并解释了如何实现共栖类型的协同进化以产生成功的迷宫求解器。

本章详细阐释了 SAFE 算法的原理，该算法可以使用目标函数候选者种群产生的系数，将基于目标函数的适应度分数和新颖性分数相结合。

另外，我们还介绍了改进后的新颖性搜索方法及其与第 6 章"新颖性搜索优化方法"中讨论的原始方法的不同之处。

利用从本章获得的知识，能够对没有明确适应度函数定义的工作或研究任务应用共栖类型的协同进化方法。

第 10 章将学习深度神经进化方法，以及如何将其进化为玩经典 Atari 游戏的代理。

第 10 章　深度神经进化

本章将详细介绍深度神经进化方法，该方法可用于训练深度神经网络（Deep Neural Network，DNN）。

DNN 通常使用基于误差梯度下降的反向传播方法进行训练，误差梯度是根据神经节点之间的连接权重计算得出的。尽管基于梯度的学习被认为是当前深度机器学习时代的一项强大技术，但它也有缺点，典型的缺点便是训练时间长和巨大的计算能力要求。

本章将演示如何在强化学习（Reinforcement Learning，RL）中应用深度神经进化方法。可以说，深度神经进化方法大大优于传统的 DQN、A3C 等基于梯度的学习方法。

在学完本章之后，将对深度神经进化方法有深入的了解，并且还将获得使用它们的实践经验。我们将学习如何进化代理，使它们可以使用深度神经进化来玩经典的 Atari 游戏。最后，读者还将了解到如何使用神经进化可视检查器（Visual Inspector for NeuroEvolution，VINE）来更直观地查看实验结果。

本章将讨论以下主题：

❑　用于深度强化学习的深度神经进化。

❑　使用深度神经进化不断进化玩 Frostbite 游戏的代理。

❑　训练代理玩 Frostbite 游戏。

❑　运行 Frostbite 游戏实验。

❑　用 VINE 检查结果。

10.1　技 术 要 求

完成本章实验的技术要求如下。

❑　配备 Nvidia GeForce GTX 1080Ti 或更好的显卡。

❑　Microsoft Windows 10、Ubuntu Linux 16.04 或 Mac OS 10.14（带独立显卡）。

❑　Anaconda Distribution 2019.03 或更高版本。

访问以下网址可获得本章代码：

https://github.com/PacktPublishing/Hands-on-Neuroevolution-with-Python/tree/master/Chapter10

10.2　用于深度强化学习的深度神经进化

本书前面其实已经介绍了如何将神经进化方法应用于解决简单的强化学习（Reinforcement Learning，RL）任务，例如第 4 章"摆杆平衡实验"中的单杆和双杆平衡。尽管摆杆平衡实验比较有趣且易于执行，但它却非常简单，并且仅使用了微小的人工神经网络进行操作。本章我们要讨论的是如何将神经进化应用于需要大量 ANN 逼近强化学习算法的值函数的强化学习问题。

强化学习算法通过反复试验来学习。几乎所有强化学习算法的变体都试图优化值函数（Value Function），该函数将系统的当前状态映射到将在下一个时间步骤中执行的适当动作。强化学习算法最广泛应用的经典版本是使用 Q-Learning 方法，该方法围绕以动作为键（Key）的状态表建立，这些状态表构成训练完成后算法要遵循的策略规则。训练的方法是：在特定状态（State）下迭代执行指定的动作（Action），收集随后获得的奖励（Reward）信号，并以此来更新 Q 表格的单元格。状态、动作和奖励就是强化学习中的三要素。以下公式确定了更新 Q 表格中特定单元格的过程：

$$Q^{\text{new}}(s_t, a_t) = (1-\alpha)Q(s_t, a_t) + \alpha \left(r_t + \gamma \max_a Q(s_{t+1}, a) \right)$$

其中，r_t 是系统状态从状态 s_t 更改到另一个状态 s_{t+1} 时收到的奖励，a_t 是在时间 t 采取的操作，它导致了状态的更改。α 是学习率，γ 是控制未来奖励重要性的折扣因子。

Q-Learning 中的 Q 指的是动作效用函数（Action-Utility Function），用于评价在特定状态下采取某个动作的优劣。状态和动作的组合构成了一张 Q 表格，Q 表格中的每一行记录了状态选择不同动作时的奖励。所以，可以将 Q 表格理解为代理的记忆。

学习率确定新信息在多大程度上覆盖特定 Q 表格单元格中的现有信息。如果将学习率设置为 0，则代理将不会学习任何东西；如果将其设置为 1，则代理将不会保留（记忆）任何信息。因此，学习率实际上控制着系统能够在保持有用的、已经学习的数据的同时学习新信息的速度。

如前文所述，Q-Learning 算法的简单版本将对所有可能的动作-状态组合进行迭代，并更新 Q 值。这种方法对于具有少量动作-状态对（Action-State Pair）的简单任务非常有效，但是，随着动作-状态对数量的增加（即动作-状态空间的维数增加），该方法很快就会失败。大多数现实世界中的任务都具有大量的动作-状态对，即动作-状态空间有非常高的维度，因此，对于经典版本的 Q-Learning 而言，这是不可行的。

为了解决维数增加的问题，研究人员提出了 Q 值函数逼近的方法。在这种方法中，

Q-Learning 的学习策略不是由前面提到的动作-状态表定义的，而是由一个函数来逼近的。实现这种逼近的方法之一是使用人工神经网络（ANN）作为通用逼近函数。通过使用 ANN，尤其是深度 ANN 进行 Q 值逼近，可以将强化学习算法用于非常复杂的问题，甚至对于具有连续状态空间的问题也同样适用。因此，研究人员设计了 DQN 方法，该方法使用了深度神经网络（DNN）进行 Q 值逼近，而基于 DNN 值函数进行逼近的强化学习则被称为深度强化学习（Deep Reinforcement Learning，Deep RL）。

使用深度强化学习，可以直接从视频流的像素中学习动作策略。例如，允许我们使用视频流来训练代理玩视频游戏。但是，DQN 方法可以视为基于梯度的方法。它在 DNN 中使用误差（损失）反向传播来优化 Q 值函数逼近器。尽管这是一种有效的技术，但它在计算复杂度方面存在明显的缺点，在与梯度下降有关的计算过程中，它需要使用 GPU 执行所有矩阵乘法。

可以用来减少计算成本的一种方法是遗传算法（Genetic Algorithm，GA），如神经进化。神经进化使我们能够为 Q 值函数逼近进化 DNN，而无须进行任何基于梯度的计算。最新研究表明，无梯度的遗传算法在挑战深度强化学习任务时表现出卓越的性能，甚至可以超越传统方法。10.3 节将讨论仅通过读取游戏屏幕观察结果，如何使用深度神经进化方法来训练成功的代理玩经典的 Atari 游戏。

10.3　使用深层神经进化训练代理玩游戏

Atari（雅达利）是美国著名的街机游戏品牌，曾经推出多款经典的街机游戏，其中包括由 Apple 公司前总裁乔布斯参与设计及开发的经典打砖块游戏 Breakout。不过，在 1982 年的圣诞季，Atari 经历了一次大溃败，大量卖不出去的游戏卡带被埋进了新墨西哥州的堆填区。此后该公司一蹶不振，几近消亡。

最近，一些经典的 Atari 游戏被 Atari 学习环境（Atari Learning Environment，ALE）封装，成为测试强化学习算法不同实现的基准。

算法在进行 ALE 测试时，需要从游戏屏幕的像素读取游戏状态，并设计出复杂的控制逻辑，使代理能够赢得游戏。因此，算法的任务是根据游戏角色及其对手的表现进化出对游戏情况的理解。同样，算法还需要了解在单次游戏结束时以最终游戏得分的形式从游戏屏幕接收到的奖励信号。

10.3.1　关于 Frostbite 游戏

Frostbite 是一款经典的 Atari 街机游戏（该游戏无中文版，按游戏内容可将其名称翻译为《冰原求生记》或《蹦不动就冻》），玩家需要控制自己的游戏角色，努力建造冰屋以获得继续生存的机会。该游戏的屏幕截图如图 10-1 所示。

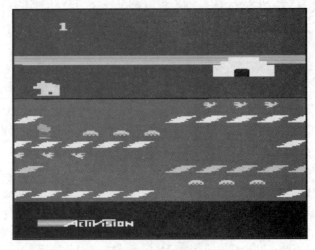

图 10-1　游戏画面截图

可以看到，该游戏屏幕的底部是水，漂浮的冰块排成 4 排。随着冰块一起漂来的有敌人也有鱼，玩家操纵游戏角色从一排冰块跳到另一排冰块，同时试图避开各种敌人（吃鱼则会增加积分）。如果游戏角色跳到白色的冰块上，则可以收集该冰块并用冰块在屏幕右上方的海岸上建造冰屋。收集完毕之后，白色冰块会更改其颜色，无法再使用。

要建造圆顶冰屋，游戏角色必须在 45s 内收集 15 个冰块。否则，游戏结束，因为游戏角色已经被冻死。圆顶冰屋建造完成后，游戏角色躲到其中就算通关（此时要注意躲避在冰屋前巡逻的北极熊，被它逮到也算游戏失败）。

游戏角色完成一个关卡的速度越快，给予玩家的奖励积分就越多。此外，越是后面的关卡，浮冰漂流的速度越快，敌人越来越频密，巡逻的北极熊也越来越"尽责"，人类玩家将越来越难以在短时间内做出有效的反应并生存下去，而这可能正是经过强化学习训练之后的代理的强项。

接下来需要讨论一下如何将游戏屏幕状态映射到输入参数中，以供神经进化方法使用。

10.3.2　将游戏画面映射到动作

如果深度 ANN 可以将屏幕上的像素直接映射到控制游戏的系统，则可以训练它们玩 Atari 游戏。这意味着我们的算法必须能够读懂游戏屏幕并决定采取哪种游戏动作才能获得最高的游戏得分。

该任务可以分为两个逻辑子任务。

❑　图像分析任务，对屏幕上当前游戏情况的状态进行编码，包括游戏角色的位置、障碍物和对手。

❑　强化学习训练任务，用于训练 Q 值逼近 ANN，以便在具体的游戏状态和要执行的动作之间建立正确的映射。

卷积神经网络（Convolutional Neural Network，CNN）常用于与视觉图像或其他高维欧氏数据分析有关的任务。卷积神经网络的强大之处在于其视觉识别方面的能力，与其他类型的人工神经网络相比，它们能够显著减少学习参数的数量。

卷积神经网络的层次结构通常具有多个顺序卷积层，它们与非线性的全连接层（Full Connected Layer）组合在一起，并以全连接层结束，随后是损失层。最终的全连接层和损失层在神经网络体系结构中实现了高级推理。在使用深度强化学习算法的情况下，这些层将执行 Q 值的逼近。

接下来将讨论卷积层实现的细节。

10.3.3　卷积层

通过研究更高生命形式（包括人类）的视觉皮层的组织，研究人员获得了卷积神经网络设计的灵感。视觉皮层的每个神经元对从视野的有限区域（神经元的感受野）接收到的信号做出响应。各个神经元的感受野（Receptive Field）部分重叠，从而使它们可以覆盖整个视野，如图 10-2 所示。

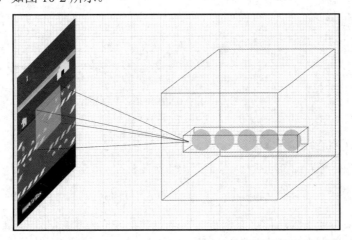

图 10-2　感受野（左侧）与卷积层中神经元（右侧）之间的连接模式

卷积层由一列神经元组成，其中单个列中的每个神经元都连接到相同的感受野。该列代表一组滤波器（内核）。每个滤波器由感受野的大小和通道数定义。通道的数量定义了神经元列的深度，而感受野的大小则决定了卷积层中列的数量。当感受野在视野上移动时，在每个步骤中，都将激活新的神经元列。

如前文所述，每个卷积层通常与使用非线性激活函数的全连接层组合在一起。例如，整流线性单元（Rectified Linear Unit，ReLU）就是一种非线性激活函数。ReLU 激活函数具有过滤负值的作用，公式如下：

$$f(x) = x^+ = \max(0, x)$$

其中，x 是神经元的输入。

在 ANN 架构中，有若干个卷积层连接到许多全连接的层，它们将执行高级推理。

接下来将讨论实验中使用的卷积神经网络架构。

10.3.4　训练游戏代理的卷积神经网络架构

在实验中，我们将使用卷积神经网络架构训练游戏代理。该架构组成包括具有 32、64 和 64 个通道的 3 个卷积层、具有 512 个单元的全连接层，以及输出层（输出层具有与游戏动作数量相对应的层数）。

卷积层的内核大小为 8×8、4×4 和 3×3，并分别使用 4、2 和 1 的步长（Stride）。ReLU 非线性激活函数在所有卷积层和全连接层之后。

使用 TensorFlow 框架创建上述网络图模型的源代码定义如下：

```
class LargeModel(Model):
    def _make_net(self, x, num_actions):
        x = self.nonlin(self.conv(x, name='conv1', num_outputs=32,
                                  kernel_size=8, stride=4, std=1.0))
        x = self.nonlin(self.conv(x, name='conv2', num_outputs=64,
                                  kernel_size=4, stride=2, std=1.0))
        x = self.nonlin(self.conv(x, name='conv3', num_outputs=64,
                                  kernel_size=3, stride=1, std=1.0))
        x = self.flattenallbut0(x)
        x = self.nonlin(self.dense(x, 512, 'fc'))

        return self.dense(x, num_actions, 'out', std=0.1)
```

随着这种架构产生的是，该卷积神经网络包含约 400 万个可训练参数。

接下来将讨论在本实验中如何进行强化学习训练。

ℹ️ **注意：**

有关该实现的完整细节，参见 dqn.py Python 脚本，其网址如下：

https://github.com/PacktPublishing/Hands-on-Neuroevolution-with-Python/blob/master/
Chapter10/neuroevolution/models/dqn.py

10.4 针对游戏代理的强化学习训练

本实验中的强化学习训练是使用神经进化方法实现的。该方法基于一种简单的遗传算法，可以由个体进化出一个种群。每个个体的基因型将编码控制器 ANN 的可训练参数的向量。我们通过可训练的参数表示网络节点之间的连接权重。

在每个世代中，每种基因型都通过玩 Frostbite 游戏来针对测试环境进行评估，并产生特定的适应度评分。我们将针对 20000 个游戏帧评估每个代理（基因组）。在评估期间，游戏角色可以玩多次，Frostbite 游戏的最终得分就是适应度分数，这是按照强化学习算法表示的奖励信号。

接下来将讨论基因组编码方案，该方案允许我们对控制游戏求解代理的人工神经网络中的超过 400 万个学习参数进行编码。

10.4.1 基因组编码方案

本实验用作游戏代理控制器的深度强化学习神经网络具有超过 400 万个可训练参数。每个可训练参数是神经网络两个节点之间的连接权重。传统上，训练神经网络是要找到所有连接权重的适当值，从而使神经网络能够逼近描述建模过程细节的函数。

如前文所述，估计这些可训练参数的常规方法是基于损失值的梯度下降使用某种形式的误差反向传播，这种方式在计算上的成本非常高昂。另一方面，神经进化算法允许我们使用自然启发式遗传算法训练人工神经网络。神经进化算法对可训练参数应用了一系列突变和重组，以找到 ANN 的正确配置。但是，要使用遗传算法，应该设计一种适当的表现型 ANN 编码方案。可以使用简单的遗传算法来创建并进化个体（编码 ANN 表现型的基因组），稍后将对此展开讨论。

正如之前提到的，编码方案应产生紧凑的基因组，该基因组可以编码控制游戏代理的深度强化学习人工神经网络节点之间超过 400 万个连接权重的值。我们要寻找的就是这样的紧凑基因组，以减少与遗传算法评估相关的计算成本。

接下来将讨论基因组编码方案的定义，该方案可用于编码很大的表现型 ANN。

1. 基因组编码方案定义

Uber AI 实验室的研究人员提出了一种编码方案，该方案使用伪随机数生成器的种子来编码表现型 ANN。在此方案中，基因组被表示为种子值列表，它将被顺序应用以生成控制器 ANN 节点之间表达的所有连接权重（可训练参数）的值。

换句话说，列表中的第一个种子值表示策略初始化种子，该策略初始化种子在单亲后代的谱系之间共享。所有后续的种子值代表后代在进化过程中获得的特定突变。

每个种子将依次应用以产生特定表现型的 ANN 参数向量。以下公式定义了特定个体（n）表现型参数向量的估计：

$$\theta^n = \theta^0 + \sigma \sum_{i=1}^{n-1} \varepsilon(\tau_i)$$

其中，τ 是 θ^n 的编码，包含突变种子的列表；$\varepsilon(\tau_i) \sim \mathcal{N}(0, I)$ 是使用输入种子 τ_i 的确定性高斯伪随机数生成器，它可以生成长度 $|\theta|$ 的向量；θ^0 是在初始化过程中创建的初始参数向量。

注意，$\theta^0 = \phi(\tau_0)$，其中，ϕ 是确定性初始化函数；σ 是确定后续所有参数向量对初始参数向量 θ^0 的影响强度的突变幂（Mutation Power）。

在当前的实现中，$\varepsilon(\tau_i)$ 是一个预先计算的表，其中包含使用 28 位种子索引的 2.5 亿个随机向量。这样做是为了加速运行时处理，因为按索引查找比生成新随机数要快。

接下来将讨论如何在 Python 源代码中实现编码方案。

2. 基因组编码方案的实现

以下源代码按照上述公式的定义实现了 ANN 参数的估计（更多的细节可以参见 compute_weights_from_seeds 函数）：

```
idx = seeds[0]
theta = noise.get(idx, self.num_params).copy() * self.scale_by

for mutation in seeds[1:]:
    idx, power = mutation
    theta = self.compute_mutation(noise, theta, idx, power)
return theta
```

compute_mutation 函数可实现对 ANN 参数估计的单个步骤的估计，如下所示：

```
def compute_mutation(self, noise, parent_theta, idx, mutation_power):
    return parent_theta + mutation_power * noise.get(idx,
                                                self.num_params)
```

上面的代码采用了父级可训练参数的向量，并向其添加由确定性伪随机生成器使用特定种子索引生成的随机向量。突变幂参数在将生成的随机向量添加到父级参数向量之前对其进行缩放。

ⓘ 注意：

有关该实现的更多信息，参见以下网址的 base.py 脚本：

https://github.com/PacktPublishing/Hands-on-Neuroevolution-with-Python/blob/master/Chapter10/neuroevolution/models/base.py

接下来将讨论一种简单的遗传算法的细节，该遗传算法将用于训练玩 Frostbite 游戏的代理。

10.4.2　简单遗传算法

在我们的实验中，使用简单遗传算法在进化过程中通过 N 个个体进化出种群。正如之前提到的，每个个体基因组都可以编码可训练 ANN 参数的向量。此外，在每一代中，我们将选择排名靠前的 T 个个体成为下一代的亲本。

下一代的产生过程可以按如下方式实现。对于 $N-1$ 次繁殖，执行以下操作。

（1）均匀随机选择亲本，并将其从选择列表中删除。

（2）通过将加性高斯噪声应用于个体编码的参数向量，将突变应用于选定的亲本。

（3）将新的生物添加到下一代的个体列表中。

之后，将当前一代的最佳个体（精英）以其未修改的状态复制到下一代。为了确保选择最佳个体，我们针对 30 个额外的游戏片段，评估了当前一代 10 个最佳个体中的每一个。然后，将具有最高平均适应度评分的个体选为精英，以复制给下一代。

亲本个体的变异实现方式如下：

```
def mutate(self, parent, rs, noise, mutation_power):
    parent_theta, parent_seeds = parent
    idx = noise.sample_index(rs, self.num_params)
    seeds = parent_seeds + ((idx, mutation_power), )
    theta = self.compute_mutation(noise, parent_theta, idx,
                                  mutation_power)
    return theta, seeds
```

该函数将接收亲本个体的表现型和基因型、随机源、预先计算的噪声表（2.5 亿个向量）以及突变幂值。

随机源产生随机种子编号（idx）用作索引，以便可以从噪声表中选择适当的参数向量。之后，通过结合亲本种子列表和新种子来创建后代基因组。

最后，我们通过使用先前获得的随机采样种子索引（idx），将亲本的表现型与从共享噪声表中提取的高斯噪声相结合，来创建后代的表现型。

10.5 节将研究一个可以执行的实验，以训练代理玩 Frostbite 游戏。

10.5　训练代理玩 Frostbite 游戏

了解该游戏代理背后的理论之后，我们即可开始研究它的实现。本实现基于 Uber AI Lab 在 GitHub 上提供的源代码。其网址如下：

https://github.com/uber-research/deep-neuroevolution

该存储库中的源代码包含两种用于训练深度神经网络（DNN）方法的实现：用于多核系统（最多 720 个核）的基于 CPU 的方法和基于 GPU 的方法。我们对基于 GPU 的实现很感兴趣，因为大多数人显然都没有机会使用到可以拥有 720 个 CPU 内核这样的超级计算机，而计算机上配一块高性能的显卡（GPU）却不是什么新鲜事。

接下来将讨论一些实现细节。

10.5.1　Atari 学习环境

在代理训练期间，我们需要在 Atari 系统中模拟实际的游戏玩法。这可以使用 ALE 来完成，ALE 可以模拟运行 Atari 系统，以运行游戏的 ROM 映像。ALE 提供了一个界面，该界面允许我们捕获游戏屏幕画面并通过模拟游戏控制器来控制游戏。在本实验中，我们将使用以下网址提供的 ALE 修改：

https://github.com/yaricom/atari-py

我们将使用 TensorFlow 框架来实现 ANN 模型并在 GPU 上执行它们。因此，需要在 ALE 和 TensorFlow 之间实现相应的桥接。这可以通过使用 C++编程语言实现自定义的 TensorFlow 操作，以提高工作效率。在以下网址中，以 AtariEnv Python 类的形式提供了相应的 Python 接口：

https://github.com/PacktPublishing/Hands-on-Neuroevolution-with-Python/blob/master/Chapter10/gym_tensorflow/atari/tf_atari.py

AtariEnv 提供的函数使我们可以执行单个游戏步骤，重置游戏并返回当前游戏状态

（进行观察）。接下来将讨论每个函数。

10.5.2　游戏步进函数

游戏步进函数可以使用提供的动作执行单个游戏步骤。它的实现如下：

```
def step(self, action, indices=None, name=None):
    if indices is None:
        indices = np.arange(self.batch_size)
    with tf.variable_scope(name, default_name='AtariStep'):
        rew, done = gym_tensorflow_module.environment_step(
                        self.instances, indices, action)
        return rew, done
```

该函数可以将从控制器 ANN 接收到的游戏动作应用于当前游戏环境。注意，该函数可以在多个游戏实例中同时执行一个游戏步骤。self.batch_size 参数或 indices 输入张量的长度决定了我们拥有的游戏实例的数量。该函数返回两个张量：一个张量带有奖励（游戏得分），另一个张量则带有指示此步骤后当前游戏评估是否完成（已解决或失败）的标志。两个张量的长度等于 self.batch_size 或 indices 输入张量的长度。

接下来将讨论如何创建游戏观察函数。

10.5.3　游戏观察函数

此函数可以从 Atari 环境获取当前游戏状态作为游戏屏幕缓冲区。该函数的实现如下：

```
def observation(self, indices=None, name=None):
    if indices is None:
        indices = np.arange(self.batch_size)
    with tf.variable_scope(name, default_name='AtariObservation'):
        with tf.device('/cpu:0'):
            obs = gym_tensorflow_module.environment_observation(
                        self.instances, indices, T=tf.uint8)

        obs = tf.gather(tf.constant(self.color_pallete),
                                    tf.cast(obs,tf.int32))
        obs = tf.reduce_max(obs, axis=1)
        obs = tf.image.resize_bilinear(obs, self.warp_size,
                                    align_corners=True)
        obs.set_shape((None,) + self.warp_size + (1,))
        return obs
```

该函数可以从 Atari 环境获取屏幕抓图并将其包装在可由 TensorFlow 框架使用的张量中。游戏观察函数还允许我们从多个游戏中接收状态。和游戏步进函数一样，这里的游戏实例数量也由 self.batch_size 参数或 indices 输入参数的长度确定。该函数将返回多个游戏的屏幕抓图，并包装在张量中。

我们还需要实现将 Atari 环境重置为初始随机状态的函数，10.5.4 节将对此展开讨论。

10.5.4　重置 Atari 环境函数

为了训练游戏代理，我们需要实现一个从特定随机状态启动 Atari 环境的函数。实现随机重置 Atari 环境的函数至关重要，因为它确保我们的代理可以从任何初始状态玩游戏。该函数的实现如下：

```python
def reset(self, indices=None, max_frames=None, name=None):
    if indices is None:
        indices = np.arange(self.batch_size)
    with tf.variable_scope(name, default_name='AtariReset'):
        noops = tf.random_uniform(tf.shape(indices), minval=1,
                                  maxval=31, dtype=tf.int32)
        if max_frames is None:
            max_frames = tf.ones_like(indices, dtype=tf.int32) * \
                                (100000 * self.frameskip)
        import collections
        if not isinstance(max_frames, collections.Sequence):
            max_frames = tf.ones_like(indices, dtype=tf.int32) * \
                                max_frames
        return gym_tensorflow_module.environment_reset(self.instances,
                    indices, noops=noops, max_frames=max_frames)
```

该函数使用 indices 输入参数在随机初始状态下同时重置 Atari 游戏的多个实例。该函数还将定义每个游戏实例的最大帧数。

接下来将讨论如何在 GPU 内核上执行强化学习的评估。

10.6　在 GPU 核心上的强化学习评估

本实验将使用 TensorFlow 框架在显卡（GPU）设备上实现强化学习评估，这意味着所有与通过控制器 ANN 传播输入信号有关的计算都在 GPU 上执行。这使我们能够在游戏的每个时间段有效地计算超过 400 万个训练参数，即控制 ANN 节点之间的连接权重。此外，我们还可以并行模拟游戏的多个实例运行，每个运行实例由不同的控制器 ANN 控制。
多个游戏控制器 ANN 的并发评估由以下两个 Python 类实现。

- ❏　RLEvalutionWorker。
- ❏　ConcurrentWorkers。

接下来将分别讨论这两个类。

ℹ️ 注意：

有关完整的实现细节，参见以下网址的 concurrent_worker.py 类：

https://github.com/PacktPublishing/Hands-on-Neuroevolution-with-Python/blob/master/
Chapter10/neuroevolution/concurrent_worker.py

10.6.1　RLEvalutionWorker 类

该类包含控制器 ANN 的配置和网络图。它提供了一些方法，以便我们可以创建控制器 ANN 的网络图，在创建的网络图上运行评估循环，并将新任务放入评估循环中。

接下来将讨论如何从网络模型创建网络图。

1．创建网络图

TensorFlow 网络图由 make_net 函数创建，它将接收 ANN 模型构造函数、GPU 设备标识符和批（Batch）大小作为输入参数。

网络图创建方式如下。

（1）我们将从创建控制器 ANN 模型和游戏评估环境开始：

```
self.model = model_constructor()
...
with tf.variable_scope(None, default_name='model'):
    with tf.device('/cpu:0'):
        self.env = self.make_env_f(self.batch_size)
```

（2）我们将创建占位符（Placeholder），以便可以在网络图评估期间接收值。另外，我们将创建一个操作符（Operator）以在新游戏片段开始之前重置游戏：

```
self.placeholder_indices = tf.placeholder(tf.int32, shape=(None, ))
self.placeholder_max_frames = tf.placeholder(tf.int32, shape=(None, ))
self.reset_op = self.env.reset(
                    indices=self.placeholder_indices,
                    max_frames=self.placeholder_max_frames)
```

（3）使用提供的 GPU 设备的上下文，我们将创建两个操作符，以接收游戏状态观察结果并评估随后的游戏动作：

```
with tf.device(device):
    self.obs_op = self.env.observation(
                    indices=self.placeholder_indices)
    obs = tf.expand_dims(self.obs_op, axis=1)
    self.action_op = self.model.make_net(obs,
                    self.env.action_space,
                    indices=self.placeholder_indices,
                    batch_size=self.batch_size,
                    ref_batch=ref_batch)
```

（4）action 操作符返回一个动作可能性值的数组，如果动作空间是离散的，则需要对其进行过滤：

```
if self.env.discrete_action:
    self.action_op = tf.argmax(
                self.action_op[:tf.shape(
                self.placeholder_indices)[0]],
                axis=-1, output_type=tf.int32)
```

该代码将检查当前游戏环境是否需要离散动作，并使用 TensorFlow 框架的内置 tf.argmax 操作符包装一个 action 操作符。tf.argmax 操作符返回具有最大值的动作的索引，该索引可表示应执行特定的游戏动作。

🛈 注意：

Atari 游戏环境是一个离散的动作环境，这意味着每个时间步骤仅接受一个动作。

（5）创建一个操作符以执行单个游戏步骤：

```
with tf.device(device):
    self.rew_op, self.done_op = \
            self.env.step(self.action_op,
            indices=self.placeholder_indices)
```

在这里，我们将创建单个游戏步骤操作符。在执行单个游戏步骤后，该操作符将返回操作以获取奖励（self.rew_op）和游戏完成状态（self.done_op）。

接下来将讨论如何实现评估循环。

2. 图评估循环

所谓的"图评估循环"就是我们用来并行评估多个游戏实例上先前创建的网络图的

循环——可以同时评估的游戏数量由 batch_size 参数确定。

评估循环在 _loop 函数中定义，并且实现如下。

（1）我们从创建数组开始，以保存多个片段中的游戏评估值：

```
running = np.zeros((self.batch_size,), dtype=np.bool)
cumrews = np.zeros((self.batch_size, ), dtype=np.float32)
cumlen = np.zeros((self.batch_size, ), dtype=np.int32)
```

（2）开始循环并将刚创建的运行数组的相应索引设置为 True：

```
while True:
    # 未载入任何东西，阻止
    if not any(running):
        idx = self.queue.get()
        if idx is None:
            break
        running[idx] = True
    while not self.queue.empty():
        idx = self.queue.get()
        if idx is None:
            break
        running[idx] = True
```

（3）使用索引数组，准备执行单个游戏步骤操作符并收集结果：

```
indices = np.nonzero(running)[0]
rews, is_done, _ = self.sess.run(
        [self.rew_op, self.done_op, self.incr_counter],
        {self.placeholder_indices: indices})
cumrews[running] += rews
cumlen[running] += 1
```

（4）通过赢得游戏或达到最大游戏帧数限制来测试是否完成了任何评估游戏。对于所有已完成的任务，我们将执行一系列操作，如下所示：

```
if any(is_done):
    for idx in indices[is_done]:
        self.sample_callback[idx](self, idx,
                (self.model.seeds[idx],cumrews[idx],cumlen[idx]))
    cumrews[indices[is_done]] = 0.
    cumlen[indices[is_done]] = 0.
    running[indices[is_done]] = False
```

上面的代码将使用所有已完成任务的索引，并在重置特定索引处的收集器变量之前调用相应的已注册回调。

接下来将讨论如何使用 Worker 添加和运行新任务。

3. 异步任务运行程序

该函数将在 GPU 设备上下文中注册要由 Worker 评估的特定任务。它将以任务的 ID、任务对象的持有者以及在任务完成时要执行的回调为输入。该函数以名称 run_async 定义，其实现方式如下。

（1）该函数从任务对象中提取相应的数据并将其加载到当前的 TensorFlow 会话中：

```
theta, extras, max_frames=task
self.model.load(self.sess, task_id, theta, extras)
if max_frames is None:
    max_frames = self.env.env_default_timestep_cutoff
```

在这里，theta 是一个包含控制器 ANN 模型中所有连接权重的数组，extras 包含对应基因组的随机种子列表，max_frames 是游戏帧数的最大值。

（2）使用 self.reset_op 运行 TensorFlow 会话，该会话将以指定的索引重置特定的游戏环境：

```
self.sess.run(self.reset_op, {self.placeholder_indices:[task_id],
             self.placeholder_max_frames:[max_frames]})
self.sample_callback[task_id] = callback
self.queue.put(task_id)
```

该代码将在 TensorFlow 会话中运行 self.reset_op。另外，使用 reset 操作符注册当前任务标识符，并为给定任务注册最大游戏帧数值。任务标识符在评估循环中用于将网络图的评估结果与种群中的特定基因组相关联。

接下来将讨论如何维护并发异步 Worker。

10.6.2　ConcurrentWorkers 类

ConcurrentWorkers 类将保留并发执行环境的配置，其中包括若干个评估 Worker（RLEvalutionWorker 实例）和辅助例程，以支持并发任务的多次执行。

1. 创建评估 Worker

ConcurrentWorkers 类的主要职责之一是创建和管理 RLEvalutionWorker 实例。这是在类构造函数中完成的，如下所示：

```
self.workers = [RLEvalutionWorker(make_env_f, *args,
    ref_batch=ref_batch,
```

```
   **dict(kwargs, device=gpus[i])) for i in range(len(gpus))]
self.model = self.workers[0].model
self.steps_counter = sum([w.steps_counter for w in self.workers])
self.async_hub = AsyncTaskHub()
self.hub = WorkerHub(self.workers, self.async_hub.input_queue,
                        self.async_hub)
```

在这里，我们将创建 RLEvalutionWorker 实例的数量，这与系统中可用的 GPU 设备的数量相关。之后，我们将初始化所选的 ANN 图模型，并创建辅助例程来管理异步任务的多次执行。

接下来将讨论如何安排工作任务的执行时间。

2．运行工作任务并监控结果

要使用前文描述的强化学习评估机制，我们需要一种方法来安排要评估的工作任务并监视结果。这是在 monitor_eval 函数中实现的，该函数将接收种群中的基因组列表，并根据 Atari 游戏环境对其进行评估。该函数有两个基本的实现部分，我们将在本节详细讨论这两个部分。

（1）遍历列表中的所有基因组并创建异步工作任务，以便可以针对 Atari 游戏环境评估每个基因组：

```
tasks = []
for t in it:
    tasks.append(self.eval_async(*t, max_frames=max_frames,
                                error_callback=error_callback))
    if time.time() - tstart > logging_interval:
        cur_timesteps = self.sess.run(self.steps_counter)
        tlogger.info('Num timesteps:', cur_timesteps,
                    'per second:',
                    (cur_timesteps-last_timesteps)//(time.time()-tstart),
                    'num episodes finished: {}/{}'.format(
                    sum([1 if t.ready() else 0 for t in tasks]),
                    len(tasks)))
                tstart = time.time()
                last_timesteps = cur_timesteps
```

上面的代码将安排列表中的每个基因组进行异步评估，并保存对每个异步任务的引用以供使用。另外，我们还会定期输出已经安排好的任务评估过程的结果。

现在，我们将讨论如何监视评估结果。

（2）以下代码块正在等待异步任务完成：

```
while not all([t.ready() for t in tasks]):
    if time.time() - tstart > logging_interval:
        cur_timesteps = self.sess.run(self.steps_counter)
        tlogger.info('Num timesteps:', cur_timesteps, 'per
second:', (cur_timesteps-last_timesteps)//(time.time()-tstart),
'num episodes:', sum([1 if t.ready() else 0 for t in tasks]))
        tstart = time.time()
        last_timesteps = cur_timesteps
    time.sleep(0.1)
```

在这里，我们将遍历所有对已安排的异步任务的引用，并等待其完成。此外，我们还会定期输出评估进度。

接下来将讨论如何收集任务评估结果。

（3）在完成所有任务后，按以下方式收集结果：

```
tlogger.info(
    'Done evaluating {} episodes in {:.2f} seconds'.format(
                    len(tasks), time.time()-tstart_all))
return [t.get() for t in tasks]
```

该代码将遍历所有对已安排的异步任务的引用，并创建评估结果列表。

接下来将讨论实验运行程序的实现。

10.7　实验运行程序

本实验运行程序实现将接收在 JSON 文件中定义的实验配置，并针对指定的游戏时间步长运行神经进化过程。在我们的实验中，评估将在达到 15 亿次的游戏时间步骤后停止。

接下来将讨论实验配置的详细信息。

10.7.1　实验配置文件

本实验配置文件为实验运行程序提供的配置参数，如下所示：

```
{
    "game": "frostbite",
    "model": "LargeModel",
    "num_validation_episodes": 30,
    "num_test_episodes": 200,
    "population_size": 1000,
```

```
    "episode_cutoff_mode": 5000,
    "timesteps": 1.5e9,
    "validation_threshold": 10,
    "mutation_power": 0.002,
    "selection_threshold": 20
}
```

这些配置参数的解释如下。

❑ game 参数：在 ALE 中注册的游戏名称。ALE 环境支持的游戏的完整列表可在以下文件中获得。

https://github.com/PacktPublishing/Hands-on-Neuroevolution-with-Python/blob/master/Chapter10/gym_tensorflow/atari/tf_atari.py

❑ model 参数：指定用于构造控制器 ANN 的网络图模型的名称。这些模型在以下文件中定义。

https://github.com/PacktPublishing/Hands-on-Neuroevolution-with-Python/blob/master/Chapter10/neuroevolution/models/dqn.py

❑ num_validation_episodes 参数：定义将多少个游戏片段（Episode）用于种群中排名靠前的个体的评估。完成此步骤后，我们可以选择种群中的真正精英。

❑ num_test_episodes 参数：将设置用于测试所选定的种群精英表现的游戏片段数。

❑ population_size 参数：确定种群中的基因组数量。

❑ episode_cutoff_mode 参数：定义特定基因组的游戏评估如何停止。游戏片段可以在执行特定数量的时间步长时停止，也可以通过使用相应游戏环境的默认停止信号来停止。

❑ timesteps 参数：设置在神经进化过程中要执行的游戏时间步骤总数。

❑ validation_threshold 参数：设置从每一代中选择以进行附加验证的排名靠前的个体的数量。种群精英就是从这些个体中选择的。

❑ mutation_power 参数：定义添加到个体的后续突变如何影响训练参数（连接权重）。

❑ selection_threshold 参数：确定允许多少亲本个体在下一代中产生后代。

接下来将讨论实验运行程序的实现细节。

ⓘ 注意：

可以在以下 JSON 文件中找到实验配置文件：

https://github.com/PacktPublishing/Hands-on-Neuroevolution-with-Python/blob/master/
Chapter10/configurations/ga_atari_config.json

10.7.2　实验运行程序的实现

本实验运行程序的实现将创建并发评估环境,同时在个体的种群上运行进化循环。
主要的实现细节如下。

（1）通过加载控制器 ANN 模型来建立评估环境,然后创建并发 Worker 来执行评估:

```
Model = neuroevolution.models. dict [config['model']]
all_tstart = time.time()
def make_env(b):
    return gym_tensorflow.make(game=config["game"], batch_size=b)
worker = ConcurrentWorkers(make_env, Model, batch_size=64)
```

（2）创建一个包含随机噪声值的表,这些值将用作随机种子,并定义为下一代创建
后代的函数:

```
noise = SharedNoiseTable()
rs = np.random.RandomState()

def make_offspring():
    if len(cached_parents) == 0:
        return worker.model.randomize(rs, noise)
    else:
        assert len(cached_parents) == config['selection_threshold']
        parent = cached_parents[rs.randint(len(cached_parents))]
        theta, seeds = worker.model.mutate( parent, rs, noise,
                mutation_power=state.sample(state.mutation_power))
        return theta, seeds
```

（3）主进化循环开始。使用先前定义的函数为当前世代创建后代种群:

```
tasks = [make_offspring() for _ in range(
                        config['population_size'])]
for seeds, episode_reward, episode_length in \
    worker.monitor_eval(tasks, max_frames=state.tslimit * 4):
    results.append(Offspring(seeds,
                    [episode_reward], [episode_length]))

state.num_frames += sess.run(worker.steps_counter) - \
                        frames_computed_so_far
```

在上面的代码中，将为种群中的每个后代创建工作任务，并安排每个任务针对游戏环境进行评估。

（4）完成对种群中每个个体的评估后，即可开始对排名靠前的个体进行评估以选出精英个体：

```
state.population = sorted(results,
            key=lambda x:x.fitness, reverse=True)
...
validation_population = state.\
            population[:config['validation_threshold']]
if state.elite is not None:
    validation_population = [state.elite] + \validation_population[:-1]

validation_tasks = [
    (worker.model.compute_weights_from_seeds(noise,
    validation_population[x].seeds, cache=cached_parents),
    validation_population[x].seeds) for x in range(
                        config['validation_threshold'])]
_,population_validation, population_validation_len =\
    zip(*worker.monitor_eval_repeated(validation_tasks,
    max_frames=state.tslimit * 4,
    num_episodes=config['num_validation_episodes']))
```

（5）使用排名在前 10 的个体的评估结果，我们将选择种群的精英并对其进行最终测试，以评估其表现：

```
population_elite_idx = np.argmax(population_validation)
state.elite = validation_population[population_elite_idx]
elite_theta = worker.model.compute_weights_from_seeds(
        noise, state.elite.seeds, cache=cached_parents)
_,population_elite_evals,population_elite_evals_timesteps=\
        worker.monitor_eval_repeated(
            [(elite_theta, state.elite.seeds)],
            max_frames=None,
            num_episodes=config['num_test_episodes'])[0]
```

精英个体将照原样复制到下一代。

（6）从当前种群中选择排名靠前的个体成为下一代的亲本：

```
if config['selection_threshold'] > 0:
    tlogger.info("Caching parents")
    new_parents = []
```

```
    if state.elite in \
        state.population[:config['selection_threshold']]:
        new_parents.extend([
            (worker.model.compute_weights_from_seeds(
            noise, o.seeds, cache=cached_parents), o.seeds)
for o in state.population[:config['selection_threshold']]])
    else:
        new_parents.append(
            (worker.model.compute_weights_from_seeds(
            noise, state.elite.seeds, cache=cached_parents),
            state.elite.seeds))
        new_parents.extend([
            (worker.model.compute_weights_from_seeds(
            noise, o.seeds, cache=cached_parents), o.seeds)
for o in state.population[:config['selection_threshold']-1]])
```

上面的代码收集了种群中排名靠前的顶级个体，使其成为下一代的亲本。此外，如果当前精英不在亲本列表中，则会将当前精英附加到亲本列表中。

接下来将讨论如何运行实验。

10.8　运行 Frostbite 游戏实验

在了解了本实验实现的所有细节后，即可开始运行该实验。当然，在此之前还需要创建一个合适的工作环境。

10.8.1　设置工作环境

在为训练代理玩 Atari 游戏而设置工作环境时，假定在此过程中需要训练大型的控制器 ANN。如前文所述，该控制器 ANN 包含 400 万个以上的可训练参数，并且需要大量的计算资源才能进行评估。幸运的是，现在的显卡（GPU）性能都很高，允许同时执行大量并行计算。该功能为我们的实验提供了方便，因为在进化过程中我们需要针对游戏环境多次评估每个个体。如果没有 GPU 加速功能，则该实验将花费大量的时间或需要大量的处理核心（约 720 个）。

准备工作环境的具体步骤如下。

（1）该工作环境需要系统中存在 NVIDIA 独立显卡（如 GeForce 1080Ti），并安装了适当的 NVIDIA CUDA SDK。有关 CUDA SDK 及其安装的详细信息，可访问以下网址：

https://developer.nvidia.com/cuda-toolkit

（2）确保已安装 CMake 项目构建工具。有关 CMake 的安装和使用等详细信息，可访问其官网，网址如下：

https://cmake.org

（3）使用 Anaconda 创建一个新的 Python 环境，并安装本实验需要使用的所有依赖项：

```
$ conda create -n deep_ne python=3.5
$ conda activate deep_ne
$ conda install -c anaconda tensorflow-gpu
$ pip install gym
$ pip install Pillow
```

上述命令将创建并激活一个新的 Python 3.5 环境。接下来，将安装 TensorFlow、OpenAI Gym 和 Python Imaging Library 作为依赖项。

（4）需要复制（clone）包含实验源代码的存储库：

```
$ git clone
https://github.com/PacktPublishing/Hands-on-Neuroevolution-with-Python.git
$ cd Hands-on-Neuroevolution-with-Python/Chapter10
```

在执行完这些命令后，当前的工作目录将成为包含实验源代码的目录。

（5）构建 ALE 并将其集成到我们的实验中。需要将 ALE 存储库复制（clone）到适当的目录中，并使用以下命令进行构建：

```
$ cd cd gym_tensorflow/atari/
$ git clone https://github.com/yaricom/atari-py.git
$ cd ./atari-py && make
```

现在已经有一个与 TensorFlow 集成在一起的有效 ALE 环境。我们可以使用它来评估由基因组种群产生的控制器 ANN。在本实验中用来评估的 Atari 游戏为 Frostbite。

（6）在完成 ALE 环境集成后，还需要在 OpenAI Gym 和 TensorFlow 之间建立一个与本实验的实现相关的集成：

```
$ cd ../..gym_tensorflow && make
```

现在，我们已经有了一个完全定义的工作环境，可以开始实验了。

接下来将讨论如何运行实验。

10.8.2　运行实验

有了适当定义的工作环境，就可以开始实验了。可以通过执行以下命令从目录的 Chapter10 开始实验：

```
$ python ga.py -c configurations/ga_atari_config.json -o out
```

上面的命令将使用由第一个参数提供的配置文件开始实验。实验的输出结果将存储在 out 目录中。

在完成实验后，控制台的输出应类似于以下内容：

```
...
| PopulationEpRewMax                    | 3.47e+03 |
| PopulationEpRewMean                   | 839      |
| PopulationEpCount                     | 1e+03    |
| PopulationTimesteps                   | 9.29e+05 |
| NumSelectedIndividuals                | 20       |
| TruncatedPopulationRewMean            | 3.24e+03 |
| TruncatedPopulationValidationRewMean  | 2.36e+03 |
| TruncatedPopulationEliteValidationRew | 3.1e+03  |
| TruncatedPopulationEliteIndex         | 0        |
...
| TruncatedPopulationEliteTestRewMean   | 3.06e+03 |
...
Current elite: (47236580, (101514609, 0.002), (147577692, 0.002),
(67106649, 0.002), (202520553, 0.002), (230555280, 0.002), (38614601,
0.002), (133511446, 0.002), (27624159, 0.002), (233455358, 0.002),
(73372122, 0.002), (32459655, 0.002), (181449271, 0.002), (205743718,
0.002), (114244841, 0.002), (129962094, 0.002), (24016384, 0.002),
(77767788, 0.002), (90094370, 0.002), (14090622, 0.002), (171607709,
0.002), (147408008, 0.002), (150151615, 0.002), (224734414, 0.002),
(138721819, 0.002), (154735910, 0.002), (172264633, 0.002))
```

上面的输出包含了经过特定世代进化的统计数据输出。可以看到以下结果：

❑　在种群评估期间达到的最高奖励分数是 3470（PopulationEpRewMax）。

❑　在另外 30 个片段（Episode）的验证中，排名靠前的个体之间的平均分数是 3240（TruncatedPopulationRewMean）。

❑　排名靠前的个体评估的平均分数为 2360（TruncatedPopulationValidationRewMean）。

❑　在另外 200 次测试中获得的精英（Elite）个体的平均分数为 3060

（TruncatedPopulationEliteTestRewMean）。

如果查看在 https://arxiv.org/abs/1712.06567v3 上发布的结果，可以发现，与其他训练方法相比，本实验获得的奖励分数相当高。

另外，在该输出的末尾，还可以看到种群精英的基因组表示。精英基因组可用于可视化，即使用由其创建的表现型 ANN 来玩 Frostbite 游戏。

接下来将讨论如何使这种可视化成为可能。

10.8.3 可视化游戏过程

现在我们有了游戏代理训练的结果，可以来看一看找到的解决方案是如何在 Atari 环境中玩 Frostbite 游戏的，想必这会是一个比较有趣的"观摩"体验。

要运行模拟，需要从输出中复制当前的精英基因组并将其粘贴到 display.py 文件的 seeds 字段中。之后，可以使用以下命令运行模拟：

```
$ python display.py
```

上面的命令将使用提供的精英基因组创建一个表现型 ANN，并将其用作 Frostbite 游戏代理的控制器。打开游戏窗口，可以在其中查看控制器 ANN 的表现。游戏将继续进行，直到游戏角色没有剩余生命为止。图 10-3 是在 Ubuntu 16.04 环境中执行 display.py 时捕获的几个游戏屏幕。

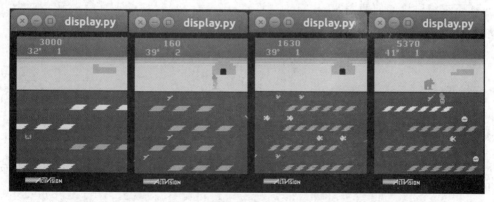

图 10-3 代理玩 Frostbite 时的截图（全部取自精英基因组游戏环节）

看到经过训练的控制器 ANN 仅从视觉观察中学习游戏规则就能够展示出如此流畅的游戏体验，真是令人惊讶。

接下来将讨论另一种可视化方法，该方法可帮助我们分析结果。

10.9　神经进化的可视检查器

在神经进化过程中，我们进化的是一个个体的种群。每个个体将在测试环境（如 Atari 游戏）中进行评估，并针对每一个世代的进化收集每个个体的奖励分数。要了解神经进化过程的动态，我们需要一个工具，该工具可以可视化每一个世代在进化中每个个体的结果云。我们可以看到精英个体的适应度得分变化，以了解进化过程的进展。

为了满足这些要求，Uber AI 的研究人员开发了神经进化可视检查器（Visual Inspector for NeuroEvolution，VINE）工具。接下来将讨论该工具。

10.9.1　建立工作环境

要使用 VINE 工具，需要使用以下命令在虚拟 Python 环境中安装其他库：

```
$ pip install click
$ conda install matplotlib
$ pip install colour
$ conda install pandas
```

这些命令可以将所有必要的依赖项安装到为该实验创建的虚拟 Python 环境中。

接下来将讨论如何使用 VINE 工具。

ⓘ 注意：

在运行上面的命令之前，使用以下命令激活适当的虚拟环境：

```
conda activate deep_ne
```

10.9.2　使用 VINE 进行实验的可视化

在 Python 虚拟环境中安装了所有依赖项后，就可以使用 VINE 工具了。首先，需要使用以下命令从 GitHub 存储库进行复制（clone）：

```
$ git clone https://github.com/uber-research/deep-neuroevolution.git
$ cd visual_inspector
```

通过上面的代码，我们将深度神经进化存储库复制（clone）到当前目录中，并将目录更改为 visual_inspector 文件夹，其中保存了 VINE 工具的源代码。

来看一下如何使用 Uber AI Lab 提供的 Mujoco Humanoid 实验结果，将 VINE 用于可视化神经进化实验的结果。有关 Mujoco Humanoid 实验的更多详细信息，可访问：

https://eng.uber.com/deep-neuroevolution/

现在，我们可以使用以下命令来运行 Mujoco Humanoid 实验结果的可视化，该结果在 sample_data 文件夹中提供：

```
$ python -m main_mujoco 90 99 sample_data/mujoco/final_xy_bc/
```

上面的命令可使用 Uber AI Lab 从实验中提供的相同数据来训练人形动物的运动，并显示如图 10-4 所示的结果。

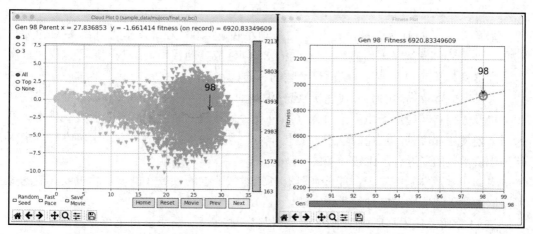

图 10-4　VINE 工具对人形运动实验的可视化结果

在图 10-4 的左侧，可以看到种群中每个个体的结果云，从 90 代开始到 99 代为止。在图 10-4 的右侧，可以看到每个世代中种群精英的适应度分数。在右侧图表中，可以看到随着精英适应度得分的提高，进化过程展示了世代交替的上升态势。

图 10-4 左侧图上的每个点都显示了种群中每个个体的行为特征点。人形动物运动任务的行为特征是人形动物在轨迹末端的最终位置。距原点坐标(0, 0)越远，个体的适应度得分越高。可以看到，随着进化的发展，结果云正在逐渐远离原点坐标。结果云的移动也标志着学习的上升态势，因为每个个体都能够在更长的时间内保持平衡。

ⓘ 注意：

关于 Mujoco Humanoid 云端实验的更多内容，读者可参考 https://eng.uber.com/deep-neuroevolution/。

10.10　练　　习

（1）尝试增加实验中的 population_size 参数，然后看看会发生什么。

（2）尝试创建可以使用 VINE 进行可视化的实验结果。提示：可以使用 ga.py 脚本中的 master_extract_parent_ga 和 master_extract_cloud_ga 辅助函数执行此操作。

10.11　小　　结

本章介绍了如何使用神经进化方法来训练包含 400 万个以上可训练参数的大型 ANN。我们详细阐述了如何应用此学习方法来创建成功的代理，这些代理可以仅通过观察游戏屏幕来学习游戏规则，从而玩经典的 Atari 游戏。

通过完成本章描述的训练代理玩 Atari 游戏的实验，可以掌握有关卷积神经网络的知识，以及如何将其应用于将高维输入（如游戏屏幕观察）映射到适当的游戏动作中。同时对如何使用深度神经进化算法引导强化学习，且在深度强化学习方法中将卷积神经网络用于值函数的逼近有了比较详实的了解。

借助在本章学到的知识，能够在具有高维输入数据的领域（例如从相机或其他图像源获取的输入）应用深度神经进化方法。

第 11 章将总结本书所讨论的内容，并提供一些提示，告诉在哪里可以获得更多的自学资料。

第 4 部分

复习和总结

本部分将复习并总结本书学习过的内容和技巧，并提供更多有关基于神经进化算法的资源。

本部分包括以下章节：

❑ 第 11 章：最佳实践和技巧提示
❑ 第 12 章：总结

第 11 章　最佳实践和技巧提示

本章将提供有关编写和分析神经进化算法的最佳实践和技巧提示。

通过本章的学习，将知道如何处理当前遇到的问题，如何调整神经进化算法的超参数，如何使用高级可视化工具以及如何设置用来分析算法性能的度量标准。另外，还将学习到 Python 的最佳编码实践，这将有助于项目的实现。

本章将讨论以下主题：

- ❑　从问题分析开始。
- ❑　选择最佳搜索优化方法。
- ❑　使用高级可视化工具。
- ❑　调整超参数并了解应调整的内容。
- ❑　了解要收集的性能指标。
- ❑　Python 编码技巧提示。

11.1　从问题分析开始

从对问题空间的适当分析开始，这是成功的秘诀。神经进化对程序员的错误相当宽容，因为这些错误可以被视为环境的一部分，进化过程可以适应这些错误。但是，有一类特殊的错误可能会阻碍进化过程找到成功的解决方案，这就是进化过程的数值稳定性问题。大多数类型的激活函数都设计为在 0～1 的输入范围内工作。其结果就是，太大的值或负值不会对进化过程产生太大的影响。

因此，你可能需要预处理输入数据以避免这些数字问题。不要跳过对输入数据样本和数据预处理步骤的分析。

接下来将讨论如何预处理输入数据。

11.1.1　预处理数据

实验人员应该始终检查可能的数据输入范围，并检查异常值。如果发现一个输入参数的标度与另一个输入参数的标度相差一个数量级，则需要对输入数据样本进行预处理。否则，具有更高幅度的输入数据特征将对训练过程产生特别重大的影响，以至于它们最终将超过其他输入数据特征的贡献。但是，由数据输入产生的小信号虽然幅度较小，却很可能对找到成功的解决方案至关重要。因此，经过细致处理的输入信号可以表征底层过程中的细微但有价值的特征。

1．数据标准化

大多数机器学习算法都从正态分布的输入数据中受益匪浅。也就是说，它的均值和单位方差为 0。下式给出了将输入数据缩放为零均值和单位方差的常用方法：

$$z = \frac{x - u}{s}$$

其中，z 是缩放的输入分数，x 是输入数据样本，u 是训练样本的平均值，s 是训练样本的标准偏差。

可以使用 Scikit-learn Python 库将标准缩放比例应用于输入数据样本。以下源代码就是一个示例：

```
>>> from sklearn.preprocessing import StandardScaler
>>> data = [[0, 0], [0, 0], [1, 1], [1, 1]]
>>> scaler = StandardScaler()
>>> print(scaler.fit(data))
StandardScaler(copy=True, with_mean=True, with_std=True)
>>> print(scaler.mean_)
[0.5 0.5]
>>> print(scaler.transform(data))
[[-1. -1.]
 [-1. -1.]
 [ 1.  1.]
 [ 1.  1.]]
```

在上面的代码中，首先创建输入数据样本，然后使用 StandardScaler 对输入样本进行居中和缩放。数据转换的结果显示在代码的最后几行。

数据预处理的另一种方法是缩放特征以将其值纳入特定范围，我们将在下面进行讨论。

2．将输入缩放到一定范围

缩放输入的特征值以使其适合特定范围，这是数据预处理的另一种方法。该方法是标准化（Standardization）的替代方法。范围定标产生的数据样本在最小值和最大值之间的给定范围内。一般来说，此方法用于将输入数据缩放到 0～1。实验人员可以使用 Scikit-learn Python 库的 MinMaxScaler 来将数据缩放到某个范围内，示例如下：

```
>>> import sklearn.preprocessing
>>> X_train = np.array([[ 1., -1., 2.],
```

```
... [ 2., 0., 0.],
... [ 0., 1., -1.]])
...
>>> min_max_scaler = preprocessing.MinMaxScaler()
>>> X_train_minmax = min_max_scaler.fit_transform(X_train)
>>> X_train_minmax
array([[0.5 , 0. , 1. ],
       [1. , 0.5 , 0.33333333],
       [0. , 1. , 0. ]])
```

该代码从创建示例数据集开始,然后使用 **MinMaxScaler** 类对其进行转换。在最终输出中,可以看到范围缩放转换的结果。

有时,可能还需要具有相同单位的数据样本,这种预处理称为归一化(Normalization)。接下来将进行详细讨论。

3. 数据归一化

一般来说,输入的数据特征可能具有不同的度量单位。例如,在摆杆平衡实验中,小车的位置以 m 为单位,线性速度以 m/s 为单位,角速度则以 rad/s 为单位。归一化输入数据以简化输入数据特征之间的比较是有益的。

归一化过程可以有效地从输入数据样本中消除度量单位。在归一化之后,所有样本的值都将为 0~1。

统计学中有不同类型的归一化方法。前面已经提到了两种方法:数据标准化和数据范围缩放(Range Scaling)。此外,Scikit-learn 还提供了一种专用的转换器来执行数据归一化,从而将单个样本缩放为所谓的单位范数(Unit Norm)。以下代码演示了如何使用它:

```
>>> import sklearn.preprocessing
>>> X = [[ 1., -1., 2.],
... [ 2., 0., 0.],
... [ 0., 1., -1.]]
>>> X_normalized = preprocessing.normalize(X, norm='l2')
>>> X_normalized
array([[ 0.40..., -0.40..., 0.81...],
       [ 1. ..., 0. ..., 0. ...],
       [ 0. ..., 0.70..., -0.70...]])
```

该代码创建了测试数据样本,并使用 l2 范数对其进行归一化,然后输出结果。

ℹ 注意：

Scikit-learn 库提供了许多其他数据预处理方法的实现。熟悉它们对开发人员非常有用。在以下网址可以找到一些出色的教程。

https://scikit-learn.org/stable/modules/preprocessing.html

11.1.2　理解问题领域

在本书中，我们讨论的一些实验与物理世界中的真实过程有关。为了找到此类过程的成功解决方案，需要了解一些基本的物理定律和原理。例如，平衡摆杆设备的问题要求我们定义完整的运动方程组，以编写精确的任务模拟器。

同样，对于机器人领域的大多数任务，需要编写一个正确的物理模型和基础设备方程的模拟器。只有完全理解过程的物理原理，才能正确实现模拟器。即使使用现成的模拟器，了解其中实现的物理原理也非常有帮助，因为理解现实世界过程的动态性可以适当地调整训练算法的超参数。

11.1.3　编写良好模拟器

在处理特定问题时，编写适当的模拟器以正确实现模拟过程的细节至关重要。如果使用这样的模拟器，那么将能够进行长时间的训练，而这在使用来自物理设备的直接输入时是不可能的。

良好的模拟器应该可以控制模拟过程中单个时间步骤的持续时间。在神经进化过程中，需要根据给定的模拟器评估种群中的每个个体。因此，在训练过程中使单个时间步长尽可能地短以提高执行速度是有意义的。另外，当找到解决方案并且需要手动测试时，如果可以按正常的执行速度运行模拟器，也是非常有益的。

此外，也可以考虑为项目使用现有的成熟模拟器，这样可以节省大量时间。在这种情况下，需要熟悉完善的开源模拟器程序包。这些开源模拟器程序包通常会为虚拟机器人和环境提供高级的物理模拟以及预制的构建基块集合。可以从以下网址进行搜索：

https://github.com/cyberbotics/webots

接下来将讨论如何为实验选择正确的搜索优化方法。

11.2　选择最佳搜索优化方法

本书详细阐释了两种基本的搜索优化方法：面向目标的搜索和新颖性搜索。前一种方法更易于实现且更易于理解。但是，在适应度函数具有误导性且带有许多局部最优陷阱的情况下，新颖性搜索非常方便。

本节将简要讨论这两种方法，以提示在给定情况下使用哪一种方法比较有利。

11.2.1　面向目标的搜索优化

面向目标的搜索优化基于测量解决方案与最终目标的接近程度。为了计算到目标的平均距离，它通常使用诸如均方误差之类的度量。

接下来将讨论均方误差度量的细节。

1. 均方误差

均方误差（Mean Squared Error，MSE）是所获得的结果与实际值之间的均方差。由以下公式给出：

$$MSE = \frac{1}{n}\sum_{i=1}^{n}(y_i - \overline{y}_i)^2$$

其中，y_i 是估计值，$\overline{y}_i$ 是实际值。

例如，我们可以使用均方误差的变化来定义 XOR 实验的目标函数。

接下来将讨论与欧几里得空间定位问题有关的面向目标的度量。

2. 欧几里得距离

在欧几里得问题空间内与导航有关的任务中，欧几里得距离是合适的度量。

在欧几里得问题空间中，可以将问题目标定义为具有特定坐标的点。

使用欧几里得距离，可以轻松计算出导航代理的位置与它试图达到的目标点之间的距离。以下公式可计算两个向量之间的欧几里得距离：

$$\mathcal{D} = \sqrt{\sum_{i=1}^{2}(\boldsymbol{a}_i - \boldsymbol{b}_i)^2}$$

其中，$\mathcal{D}$ 是包含代理位置的向量 $\boldsymbol{a}_i$ 与包含代理最终目标的向量 $\boldsymbol{b}_i$ 之间的欧几里得距离。在第 5 章"自主迷宫导航"中，使用此度量定义了通过迷宫的导航代理的目标函数。

但是，这种迷宫自主导航方法往往容易因为误导性的适应度函数而出现问题，使得面向目标的搜索优化效率低下。

接下来将讨论新颖性搜索优化方法，该方法可以解决这种效率低下的问题。

11.2.2　新颖性搜索优化

如前文所述，在使用面向目标的适应度函数解决迷宫导航问题时，由特殊的迷宫地形配置产生的局部最优将使代理陷入死胡同，最终无法产生成功的解决方案。有鉴于此，研究人员设计出了新颖性搜索优化方法来解决具有误导性的适应度函数的问题。

新颖性搜索奖励的是解决方案的新颖性，而不是最终目标的接近性。此外，用于计算每个解决方案的适应度得分的新颖性指标完全忽略了解决方案与最终目标的接近程度。有两种流行的方法可以计算新颖性分数。

- ❏ 基因型新颖性：根据解决方案的体系结构中的差异计算得出新颖性。该方法将计算当前解决方案和所有先前解决方案的编码之间的差值。
- ❏ 行为上的新颖性：使用公共行为空间中解决方案行为的独特变化来计算新颖性。该方法可以将当前解决方案在行为空间中产生的结果与其他解决方案产生的结果进行比较。

我们可以根据行为的独特性来使用新颖性评分，并以此定义迷宫求解器的适应度函数。迷宫求解器通过迷宫的轨迹完全确定了代理的行为空间，并用于计算新颖性分数。在这种情况下，新颖性分数是当前代理的轨迹向量与所有其他代理的轨迹向量之间的欧几里得距离。也就是说，使用的是上面介绍的第二种新颖性计算方式：行为上的新颖性。

在理解了选择合适的搜索优化方法的重要性后，我们可以继续讨论成功实验的另一个重要方面。这需要对实验结果进行良好的可视化，才能深入了解其性能。

接下来将讨论结果的可视化。

11.3　高级可视化

输入和结果的适当可视化对于实验的成功也是至关重要的，因为通过适当的可视化，实验人员将可以直观地了解发生的情况以及需要解决的问题。

实验人员应该始终尝试可视化模拟器执行环境。这样，当获得意外的结果时，这种可视化可以节省调试的时间。

通常情况下，通过适当的可视化，可以一目了然地发现问题所在，例如，迷宫求解器被卡在了死胡同。

在使用神经进化算法时，还需要可视化每一个世代的遗传算法执行的性能。可视化一代又一代的物种，以查看进化过程是否停滞。停滞的进化无法创造出足够的物种来维持求解器之间的适应度多样性。另外，如果物种太多，也可能因为减少了不同生物之间繁殖的机会而阻碍了进化。

可视化功能的另一个重要作用是使我们能够看到产生的表现型 ANN 的拓扑形态。直观地检查生成的解决方案的拓扑形态，以查看它是否能够满足我们的期望，这样也是很有帮助的。例如，在第 8 章 "ES-HyperNEAT 和视网膜问题" 中，当讨论模块化视网膜问题时，可以看到模块化结构在成功解决方案的拓扑形态中得到了进化。

实验人员需要熟悉标准的 Python 科学绘图库才能为实验结果创建足够的可视化效果。必须使用 Matplotlib 和 Seaborn 之类的可视化库来培养良好的实践技能。有关这些库的详细信息，可参见前言中的 "下载示例代码文件"。

接下来将讨论超参数调整对于神经进化过程性能的重要性。

11.4　调整超参数

通过适当调整超参数，可以极大地提高神经进化过程的训练速度和效率。以下是一些实用技巧。

- ❑ 对随机数生成器的不同种子（Seed）值进行简短运行，并注意算法性能的变化。之后，选择能够提供最佳性能的种子值，并长期使用。
- ❑ 可以通过降低相容性阈值（Compatibility Threshold）并稍微增加不相交/多余（Disjoint/Excess）权重系数的值来增加种群中的物种数量。
- ❑ 在尝试寻找解决方案时，如果神经在进化过程中遇到了阻碍，可尝试降低 NEAT 生存阈值（Survival Threshold）。该系数保持了有机会繁殖的种群中最佳生物体的比例。这样做可以提高根据其适应度评分允许繁殖的个体的质量。
- ❑ 通过增加最大停滞年龄（Stagnation Age），可以确保物种生存足够长的时间，从而有机会在进化的后期引入有益的突变。有时，这种操作可以帮助恢复停滞的神经进化过程。但是，应该始终尝试使用较小的停滞年龄值（15～20）来启动物种的快速进化，并且只有在所有其他调整都失败的情况下，才大幅增加此参数。
- ❑ 调整超参数后，可以尝试在短时间内运行几十代，以了解性能的变化情况。要特别注意物种的数量——种群中至少应有一种以上。当然，物种过多也不是什么好事。一般来说，5～20 种是一个很好的范围。
- ❑ 使用实验结果的可视化来快速了解实验的性能。永远不要错过通过可视化发现解决方案的 ANN 拓扑形态的机会。这些可视化结果可以提供有关如何调整神经进化过程参数的宝贵见解。
- ❑ 不要在长时间的进化过程中浪费时间。如果实验无法在 1000 代内找到成功的解决方案，则很有可能是代码或所使用的库出了问题。对于大多数简单的问题，即使在 100 个世代内，也都能找到成功的解决方案。

□　种群规模（Population Size）是进化过程中的关键参数。对于规模较大的种群来说，从进化过程一开始就获得了极大的多样性，这促进了神经进化过程。但缺点是，较大的种群在计算上的成本非常高昂。因此，种群规模和计算成本之间总是存在一个权衡。根据经验，如果难以找到其他合适的超参数，可尝试增加种群的个体数量，看看是否有帮助。但是，需要准备等待额外的时间来完成神经进化过程。

□　始终输出调试信息，这使得可以从评估的任何阶段重新开始实验。比如，经过两天的计算，你终于找到了解决方案，这是值得高兴的，但是由于某些编程错误，当你尝试输出祝贺消息时，程序却崩溃了……所以，你需要在每个试验开始时至少输出随机种子值，这样可以确保你在失败的情况下能够准确地重新创建进化的所有版本。

永远不要低估超参数调整的重要性。即使考虑到神经进化过程可以处理许多编程错误，选择正确的超参数也可以显著提高进化过程的效率。结果可能就是，你只需要花数百代而不是数千或更多代来找到成功的解决方案。

为了比较不同解决方案的性能，需要使用适当的性能指标，下面将逐一讨论。

11.5　性　能　指　标

在找到成功的解决方案后，至关重要的是将其与其他解决方案进行比较以评估其效果。有许多重要的统计指标可以比较不同的模型。

实验人员应该熟悉诸如精度、召回率、F1 得分、ROC AUC 和正确率之类的概念。了解这些性能指标将有助于比较不同模型在各种分类任务中产生的结果。

在分类型模型评判的指标中，常见的方法有如下 3 种。

□　混淆矩阵（Confusion Matrix）。

□　ROC 曲线。

□　AUC 面积。

假设警察抓捕了一批涉嫌拐卖人口犯罪的人员（总体 20 人），但是由于罪犯比较狡猾，这些人员中真正犯罪的人数不详。现在由 AI 根据警察提供的资料进行试甄别，甄别的结果出来之后，警察经过大量的努力进行实地取证和调查，最终确定了真实的罪犯名单。比对 AI 甄别结果和真实罪犯名单，我们可计算出 AI 甄别的性能指标。

首先，需要获得 4 个基础指标。

□　AI 甄别为罪犯，警察也确认是罪犯的数量，以真阳（True Positive，TP）表示。

❑　AI 甄别为平民，警察则确认是罪犯的数量，以伪阴（False Negative，FN）表示。

❑　AI 甄别为罪犯，警察则确认是平民的数量，以伪阳（False Positive，FP）表示。

❑　AI 甄别为平民，警察也确认是平民的数量，以真阴（True Negative，TN）表示。

将这 4 个指标显示在同一张表格中，即可得到一个矩阵，即所谓的混淆矩阵
（Confusion Matrix），如表 11-1 所示。

表 11-1　混淆矩阵

混 淆 矩 阵		真 实 值	
		Positive	Negative
预　测　值	Positive	TP	FP
	Negative	FN	TN

仍以上面的罪犯甄别为例，在总体 20 人中，AI 甄别的结果是：其中 12 人为罪犯，8
人为平民；警察确认的结果是：在 AI 甄别为罪犯的 12 人中，其中 11 人确实为罪犯，另
1 人为平民，在 AI 甄别为平民的 8 人中，其中 3 人为罪犯，5 人为平民。根据该结果可以
绘制出表 11-2 所示的混淆矩阵。

表 11-2　犯罪甄别的混淆矩阵示例

混 淆 矩 阵		警 察 确 认	
		Positive	Negative
AI 甄别结果	Positive	11	1
	Negative	3	5

接下来，我们可以根据表 11-2 来演示精确率、召回率和准确率等指标的计算。

11.5.1　精确率

精确率（Precision，也称为精准率）指标回答的是在阳性（Positive）识别中实际上
有多少正确的问题。精确率可以计算如下：

$$precision = \frac{TP}{TP + FP}$$

如前文所述，TP 是真阳，而 FP 是伪阳。引用表 11-2 中的数据，可得 AI 甄别的精
确率：precision = 11/(11+1) = 91.67%。

11.5.2　召回率

召回率（Recall，也称为查全率）指标回答了正确识别出多少实际阳性的问题。召回

率可以通过以下公式给出：

$$recall = \frac{TP}{TP + FN}$$

如前文所述，TP 是真阳，而 FN 是伪阴。引用表 11-2 中的数据，可得 AI 甄别的召回率：recall = 11/(11+3) =78.57%。

11.5.3　准确率

准确率（Accuracy，也称为正确率）是衡量模型能够产生多少正确预测的指标。准确率由以下公式给出：

$$accuracy = \frac{TP + TN}{TP + TN + FP + FN}$$

如前文所述，TP 是真阳，而 TN 是真阴。引用表 11-2 中的数据，可得 AI 甄别的准确率：accuracy = (11+5)/(11+3+1+5) = 16/20 = 80%。

11.5.4　F_1 分数

F_1 分数是精确率和召回率之间的加权平均值。F_1 分数的最佳值为 1，最差值为零。F_1 分数可以衡量特定类别的特定分类准确率。可以定义如下：

$$F_1 = 2\frac{precision \times recall}{precision + recall}$$

其中，precision 是精确率，recall 是相对于特定阳性分类的召回率。引用表 11-2 中的数据，则 F_1 = (2×0.9167×0.7857)/(0.9167+0.7857) = 1.44/1.70 = 84.71%。

11.5.5 节将讨论接收者操作特征（Receiver Operating Characteristic，ROC）曲线和曲线下面积（Area Under the Curve，AUC）。

11.5.5　ROC AUC

可以通过在不同阈值下绘制真正率（True Positive Rate，TPR）与假正率（False Positive Rate，FPR）来创建 ROC。它显示了分类模型在不同阈值下的性能。

真正率（TPR）也称为灵敏度（Sensitivity），它实际上和前面讨论的召回率是一回事。可以通过以下公式给出：

$$TPR = \frac{TP}{TP + FN}$$

假正率的计算如下：

$$\mathrm{FPR} = \frac{\mathrm{FP}}{\mathrm{FP} + \mathrm{TN}}$$

其中，TN 是真阴。

AUC 允许我们估计分类模型的区分能力，即 TPR 越高，且 FPR 越低，则模型的性能越好。图 11-1 描述了 ROC 曲线的示例。

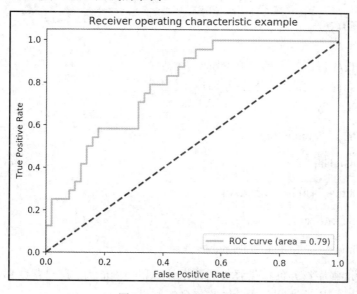

图 11-1　ROC 曲线示例

原　　文	译　　文
Receiver operating characteristic example	接收者操作特征（ROC）示例
True Positive Rate	真正率
False Positive Rate	假正率
ROC curve(area = 0.79)	ROC 曲线（面积 = 0.79）

在图 11-1 中，可以看到 ROC 曲线示例。AUC 越大，分类器模型越准确。虚线显示最差的分类器准确性。一般来说，ROC 曲线越靠近左上角，分类模型的性能越好（即该曲线越陡越好）。

ℹ️ 注意：

有关这些指标的更多信息，可参见前言中的"下载示例代码文件"。

接下来将讨论 Python 编码技巧。

11.6　Python 编码技巧

在决定使用 Python 后，学习该语言的最佳编码实践至关重要。以下就是我们总结的一些编码技巧，同时提供了更多的学习资料。

11.6.1　编码技巧

以下编码技巧将帮助你精通 Python。

❏　学习如何使用流行的机器学习库，例如：

➤　NumPy：

https://numpy.org

➤　pandas：

https://pandas.pydata.org

➤　Scikit-learn：

https://scikit-learn.org/stable/

掌握这些库将为你提供强大的数据处理和分析能力。这将帮助你避免许多错误，并可以轻松地调试从实验中收集到的结果。

❏　了解有关面向对象的编码范例。这将使你可以编写易于理解、干净且可维护的源代码。想要了解更多信息，可以访问：

https://www.datacamp.com/community/tutorials/python-oop-tutorial

❏　不要将所有内容都写入一个庞大的函数中。将代码分成实现为函数或类的较小的可重用块，这些块可以在多个项目中重用并易于调试。

❏　打印相关的调试输出，以了解实现中正在发生的事情。拥有足够的调试输出，可以使你了解在执行中出了什么问题。

❏　在源代码中编写与函数、类和复杂位置有关的注释。好的注释可以极大地帮助理解代码。在开始实现之前写注释也可以帮助你阐明思路。

❏　在函数中编写注释时，描述所有输入和输出参数及其默认值（如果存在）。

❏　如果你决定继续使用 Python，则有必要花一些时间来学习 Python 标准库。Python是一种成熟的编程语言，其标准库中嵌入了许多实用程序功能。同时，它还具

有许多函数，可进行高级数据操作，这些函数可用于机器学习任务。有关标准
Python 库的更多详细信息，可访问：

https://docs.python.org/3/library/index.html

❑ 给变量和类命名时，应遵循标准的 Python 源代码约定。对于任何有 Python 经验
的人来说，遵循标准的命名约定可使其代码更具可读性，也更易懂。更多详细
信息可参见前言中的"下载示例代码文件"。
❑ 使自己熟悉现代版本控制系统，例如 Git。
版本控制系统（Version Control System，VCS）是一种强大的工具，可以防止因
为硬盘崩溃而导致的工作成果丢失。要了解有关 Git 的信息，可访问：
➢ https://github.github.com/training-kit/downloads/github-git-cheat-sheet.pdf
➢ https://www.atlassian.com/git/tutorials
❑ 了解有关 GitHub 和 Bitbucket 等在线代码存储库的信息，可以在其中共享源代
码并研究其他数据科学家的源代码。
➢ GitHub：

https://github.com

➢ Bitbucket：

https://bitbucket.org

编写优秀实现的编码另一个重要方面是正确设置工作环境并使用适当的编程工具。

11.6.2　工作环境和编程工具

使用成熟的 Python 软件包管理器（如 Anaconda Distribution）来正确设置工作环境始
终是一个好主意。另外一个好处是，将获得许多免费的科学和机器学习软件包，这些软
件包只要一个命令就可以进行安装。此外，Anaconda Distribution 可处理所有间接依赖项
的管理，并使所有软件包保持最新。Anaconda Distribution 的下载地址如下：

https://www.anaconda.com/distribution/

强烈建议始终为每个实验创建一个新的虚拟 Python 环境。之后，如果依赖项出现问
题，那么只需要一个命令就可以清除所有内容并从头开始。可以使用 Anaconda Distribution
创建新的 Python 环境，如下所示：

```
$ conda create --name <name>
$ conda activate <name>
```

在创建新环境时，请始终指定要在其中使用的确切 Python 版本。提供准确的版本可避免因不兼容而引起的许多意外。可以为新环境定义 Python 版本，如下所示：

```
$ conda create --name <name> python = 3.5
```

如果需要在项目中使用新的依赖项，首先检查 Anaconda Cloud 中是否存在适当的安装包。通过使用 Anaconda Cloud 中的库，可以避免间接依赖项安装的问题。此外，某些框架（如 TensorFlow）需要安装其他系统驱动程序和标头。此任务可能非常烦琐，并且需要其他专业知识。

使用支持代码自动完成、文档浏览和维护虚拟 Python 环境等功能的良好代码编辑器。我们认为最好的编辑器是 Visual Studio Code，它是 Microsoft 提供的免费编辑器。读者可以通过以下网址找到它：

https://code.visualstudio.com

读者应该尽量熟悉现代 Linux 系统，如 Ubuntu。大多数机器学习库在 Linux 上都更容易使用，对于使用 GPU 加速的库尤其如此。有关 Ubuntu 及其安装的更多详细信息，可访问：

https://ubuntu.com

11.7　小　　结

本章复习了前面学习过的一些内容，并提供了一些实用的 Python 编程技巧，希望它们可以使你的生活更轻松。

本章还介绍了数据预处理的归一化方法以及可用于评估分类模型性能的常规统计指标（包括精确率、召回率和准确率等）。

最后，本章还介绍了如何提高编码技能，以及在哪里可以找到有关 Python 和机器学习主题的更多资料信息。

第 12 章将根据本书内容做出一些总结。

第 12 章　总　　结

本章将总结在本书中学习过的所有内容，并提供进一步的信息，以便读者可以继续自学。本章将以小节形式复习各章内容，并提供有关 Uber AI Labs、alife.org 和 Reddit 等神经进化研究组织和社区的信息。

本章将讨论以下主题：

❑　本书内容复习。

❑　相关资料。

12.1　本书内容复习

到目前为止，我们已经完成了本书中的所有实验，希望这些实验有助于读者对神经进化方法的了解。我们使用神经进化方法训练人工神经网络，并以此来找到各种实验的解决方案，从经典的计算机科学问题到创建能够玩 Atari 游戏的代理，都有涉猎。此外，我们还检验了与计算机视觉和视觉辨别有关的任务。

本节将复习在前面各章中学到的知识，每个小节分别对应一章。由于第 11 章为一些编程技巧提示和模型性能指标介绍，故从略。

12.1.1　神经进化方法概述

"神经进化方法概述"一章介绍了遗传算法的核心概念，如遗传算子和基因组编码方案。

我们讨论了两个主要的遗传算子，它们使我们可以维持进化过程。

❑　变异算子可实现后代的随机变异，从而将遗传多样性引入种群。

❑　交叉算子可通过从每个亲本中采样基因来产生后代。

之后，我们继续讨论了选择正确的基因组编码方案的重要性。我们考虑了存在的两种主要编码格式：直接基因组编码和间接基因组编码。

直接基因组编码在基因组和编码的表现型 ANN 之间引入了一对一的关系。一般来说，直接编码可用于对小型 ANN（具有有限数量的连接节点）进行编码。

更高级的间接编码方案使我们能够对大型网络（通常具有数百万个连接）的不断进

化的 ANN 拓扑形态进行编码。间接编码使我们能够重复使用编码块，从而大大减少了基因组的大小。

一旦熟悉了现有的基因组编码方案，就可以使用不同编码方案的神经进化方法。我们首先介绍了 NEAT 算法，该算法使用直接基因组编码方案，并通过创新数字的概念对其进行了增强。与基因型的每个基因相关的创新数字提供了一种精确跟踪何时引入特定突变的方法。此功能使两个亲本之间的交叉操作简单明了且易于实现。

NEAT 算法强调了从非常基本的基因组开始的重要性，该基因组在进化过程中逐渐变得更加复杂。以这种方式，进化过程极有可能找到最佳解。

此外，我们还引入了物种形成（Speciation）的概念。物种通过将特定物种（生态位）中的物种隔离而保持有用的突变，仅允许一个生态位内的物种彼此交叉。物种形成是自然进化背后的巨大推动力，它也被证明对神经进化有很大的影响。

在介绍了基本的 NEAT 算法后，我们进行了有关原始算法局限性的讨论。NEAT 算法的重大缺陷之一是使用直接基因组编码方案引起的。该方案虽然易于可视化和实现，但仅能编码表现型 ANN 的小型拓扑形态。随着表现型 ANN 大小的增加，基因组的大小将以线性比例增加。基因组大小的线性增加最终使其难以维持。因此，为了解决这些缺点，研究人员引入了基于间接基因组编码方案的一系列扩展，如 HyperNEAT 和 ES-HyperNEAT。

HyperNEAT 方法使用高级格式以超立方体中四维点的形式表示表现型 ANN 节点之间的连接。选择的超立方体的维数是基于这样一个事实，即 ANN 中两个节点之间的连接可以通过被称为基板的介质的连接端点的坐标进行编码。

基板拓扑结构提供了一个框架，可绘制表现型 ANN 节点之间的连接。基板中两个特定节点之间绘制的连接强度由称为复合模式生成网络（Compositional Pattern Producing Network，CPPN）的辅助神经网络进行估算。

CPPN 接收超点的坐标（连接端点的坐标）作为输入，并计算连接强度。此外，它还将计算标志的值，该标志指示是否应该表达连接。实验人员预先定义基板的配置，它由要解决的问题的几何特性定义。

使用 NEAT 算法可以在神经进化过程中进化 CPPN 的拓扑结构。因此，这是一个两全其美的方案。一方面，NEAT 算法的强大功能使我们能够进化出最佳的 CPPN 配置；同时间接编码方案由 CPPN 维护，并允许表示大型表现型 ANN。

ES-HyperNEAT 方法通过提出一种与连接的 CPPN 的进化方法相仿的高级基板进化方法，对原始的 NEAT 和 HyperNEAT 方法进行了进一步的改进。基板进化围绕信息密度（Information Density）的概念建立，它允许在具有更高信息可变性的区域中放置更密集的节点。这种方法允许在神经进化过程中发现基板的几何规律，以准确映射要解决的问题。

在第 1 章中,我们还讨论了新颖性搜索优化方法,该方法基于代理发现的解决方案的新颖性来指导进化搜索的概念。传统的搜索优化基于面向目标的适应度标准,该标准衡量的是代理离目标有多近。但是,现实世界中的很多问题都有误导性的适应度函数问题,从而有可能产生强大的局部最优陷阱。面向目标的搜索很有可能陷入其中一个陷阱而无法找到最终的解决方案。奖励发现解决方案新颖性的搜索优化方法则与此不同,它使我们可以通过完全忽略与最终目标的接近性来避免这些陷阱。新颖性搜索方法在误导性迷宫环境中的自主导航任务中被证明是有效的。相比基于目标的搜索方法,新颖性搜索在解决误导性迷宫的导航问题时,具有一定的优势。

12.1.2 Python 库和环境设置

"Python 库和环境设置"一章讨论了神经进化方法的实务方面。我们讨论了流行的 Python 库的优缺点,这些库提供了 NEAT 算法及其扩展的实现。

除介绍每个 Python 库的特点外,我们还提供了一些小代码段,帮助读者了解如何在实验中使用每个特定的库。

之后,我们讨论了如何正确设置工作环境。工作环境必须安装必要的依赖项,以允许使用上述 Python 库,可以使用多种方法来完成安装。

我们考虑了两种最常见的工具:一个是标准的 Python 软件包安装程序(Package Installer for Python,PIP),另一个是 Anaconda Distribution。

准备工作环境的另一个关键方面是为每个特定实验创建隔离的虚拟 Python 环境。虚拟环境的好处是,针对不同的实验组合和其中使用的 NEAT Python 库,可以具有不同的依赖项配置。

将依赖项隔离在虚拟环境中还可以轻松管理整个安装的所有依赖项。可以在安装了所有内容的情况下从 PC 中快速删除该环境,从而释放磁盘空间。读者还可以将特定的虚拟环境重复用于不同的实验,这取决于相同的 NEAT 实现库。

12.1.3 使用 NEAT 进行 XOR 求解器优化

"使用 NEAT 进行 XOR 求解器优化"一章介绍了尝试使用 NEAT 算法的第一个实验。为此,我们实现了一种针对经典计算机科学问题的求解器。

XOR 问题求解器是强化学习领域的计算机科学实验。XOR 问题无法线性分离,因此需要求解器才能找到非线性执行路径。

但是,我们可以通过在 ANN 结构中引入隐藏层来找到非线性执行路径。

我们讨论了 NEAT 算法渐进复杂化的固有能力，它可以从非常简单的拓扑形态进化 ANN，因此完全满足该实验的要求。

在 XOR 实验中，我们从一个初始的 ANN 拓扑形态开始，该拓扑由两个输入节点和一个输出节点组成。在实验过程中，发现了求解器 ANN 的相关拓扑形态，并且正如我们所料，它引入了表示非线性的附加隐藏节点。

此外，我们还解释了如何定义适当的适应度函数来指导进化搜索，并介绍了如何在 Python 脚本中实现它。

通过该章的练习，我们获得了为基本计算机科学实验实现基本求解器所必需的技能，并为继续进行更高级的实验打下了基础。

12.1.4　摆杆平衡实验

"摆杆平衡实验"一章继续进行了与强化学习领域中计算机科学经典问题相关的实验。这一章首先讨论了如何使用 NEAT 算法实现回避控制优化方法，从而使读者能够控制小车-摆杆（也称为倒立摆）设备的平衡。

本书从单杆平衡系统开始，提供了所有必要的运动方程，由此可以在数值上逼近真实的物理设备。

我们阐释了如何将特殊控制动作以 Bang-Bang 控制器（Bang-Bang Controller）的形式应用于小车-摆杆装置。

Bang-Bang 控制器是控制系统的一种独特形式，它可以连续以相同的力在不同方向上施加一系列动作。为了管理 Bang-Bang 控制器，控制器的 ANN 需要连续接收并分析小车-摆杆设备的状态并产生相关的控制信号。

系统的输入信号由小车在轨道上的水平位置、线性速度、摆杆的当前角度和摆杆的角速度定义。系统的输出是一个二进制信号，指示需要应用的控制动作的方向。

神经进化过程使用小车-摆杆设备的模拟来模拟每种强化学习训练算法的反复试验过程特征。它保持着世代相传的基因组种群，直至找到成功的求解器为止。

进化过程将对种群中的每种生物进行模拟，以模拟小车-摆杆装置。在模拟结束时，它会以时间步长的形式接收奖励信号，在此期间，它可以使设备在轨道范围内保持平衡。收到的奖励信号定义了生物的适应度，并确定了其在神经进化过程中的命运。

然后，我们讨论了如何使用上述奖励信号来定义目标函数，之后，便学习了如何使用 Python 实现目标函数。

在完成单杆平衡实验后，我们又实现了该实验的修改版本。修改后的版本包括两个长度不同的摆杆，这些摆杆连接到需要平衡的移动小车上。该实验的物理条件更加复杂，需要在实验过程中发现更复杂的控制器。

该章中介绍的两个实验都强调了求解器种群中保持适当数量的物种的重要性。种群中过多的物种可能会因为属于不同物种而减少两种生物之间的繁殖机会，从而阻碍神经进化过程。

此外，考虑到种群大小是固定的，种群中拥有的物种越多，每个物种中的个体就越少。个体稀少的物种也就减少了发现有用突变的机会。

另一方面，单独的物种将使我们能够在每个物种生态位内维持有用的突变，并在下一代中进一步利用每个突变。因此，物种太少也对进化有害。

在摆杆平衡实验的最后，我们通过调整 NEAT 算法的相应超参数（如相容性阈值），获得了一些与保持物种数量平衡有关的实用技能。

摆杆平衡实验强调的神经进化过程的另一个基本特征与选择指导进化过程中随机过程的正确初始条件有关。神经进化方法的实现是围绕伪随机数生成器构建的，该伪随机数生成器提供了基因组突变和交叉率的可能性。

在伪随机数生成器中，将要生成的数字序列仅由开始时提供给生成器的初始种子值确定。通过使用相同的种子值，可以使用伪随机数生成器生成相同的随机数序列。

通过对摆杆平衡设备使用不断进化的控制器 ANN 进行实验，我们发现找到成功解决方案的概率很大程度上取决于随机数生成器的种子值。

掌握摆杆平衡实验可以为解决与自动导航相关的更复杂的问题做好准备。

12.1.5　自主迷宫导航

"自主迷宫导航"一章继续进行神经进化实验，以尝试创建可以找到迷宫出口的求解器。迷宫导航的求解是一个比较有趣的问题，在第 5 章"自主迷宫导航"和第 6 章"新颖性搜索优化方法"中，我们探索了一系列使用面向目标的搜索优化和新颖性搜索优化方法的迷宫导航实验。

在这一章中，读者学习了如何对机器人进行模拟，该机器人具有一系列传感器，可以检测障碍物并监视其在迷宫中的位置。

此外，我们还讨论了如何实现面向目标的目标函数来指导进化过程。该目标函数实现是通过机器人最终位置和迷宫出口之间的欧几里得距离来计算的。

使用迷宫导航模拟器和定义的目标函数，我们分别使用简单和困难两种迷宫地形配置进行了两个实验。实验结果使我们深入体会了误导（欺骗）性适应度函数对进化过程性能的影响。在局部最优区域，神经进化倾向于产生较少的物种，这阻碍了其探索新颖解决方案的能力。在极端情况下，这会导致进化过程的退化，从而使整个种群只有一个物种。

同时，我们也学习了如何调整 NEAT 超参数（如相容性不相交系数），以避免出现此类糟糕的情况。该参数控制比较的基因组中拓扑形态差异的强烈程度如何影响兼容性因子，该兼容性因子用于确定基因组是否属于同一物种。结果就是，我们能够促进物种形成和增加种群的多样性。

该参数的修改对寻找成功的迷宫求解器产生了积极的影响，在简单的迷宫地形配置中，我们可以找到最终解决方案。但是，在具有更极端局部最优区域的困难级迷宫地形配置中，使用面向目标的目标函数未能找到成功的迷宫求解器。

12.1.6　新颖性搜索优化方法

在"新颖性搜索优化方法"这一章之前的所有实验，都是根据求解器代理与问题最终目标的接近程度将目标函数定义为导数的。但是，困难级迷宫提出了一些挑战，而这些挑战是无法通过面向目标的目标函数来解决的。特定的迷宫配置可能会引入强大的局部最优值，在这种情况下，面向目标的目标搜索可能会陷入困境（死胡同）。在许多情况下，这种误导（欺骗）性的适应度函数都可能阻止以目标为导向的目标搜索找到成功的解决方案。

因此，利用第 5 章在迷宫求解器创建过程中获得的实践经验，我们走上了创建更高级求解器的道路。全新的求解器使用新颖性搜索优化方法来指导进化过程。

首先，我们需要定义适当的度量标准，以估算每一代中每种解决方案的新颖性评分。该度量标准产生的新颖性分数将用作适应度值，该适应度值将分配给求解器种群中的基因组。因此，新颖性被整合到标准的神经进化过程中。

新颖性指标应衡量每个解决方案与我们过去发现的解决方案和当前这一代所有的解决方案相比有多新颖。有两种方法可以衡量解决方案的新颖性。

- 基因型新颖性：它显示当前解决方案的基因型与所有其他找到的解决方案的基因型有何不同。
- 行为上的新颖性：它显示与所有其他解决方案相比，当前解决方案的行为在问题空间内的差异。

对于解决迷宫的问题，一个好的选择是使用行为新颖性评分，因为最终，我们感兴趣的是到达迷宫出口，可以通过公开某种行为来促进发现迷宫出口。此外，行为新颖性分数比基因型新颖性分数容易计算。

特定求解器通过迷宫的轨迹定义了其行为空间。因此，我们可以通过比较求解器的轨迹向量来估计新颖性分数。

在数值上，可以通过计算轨迹向量之间的欧几里德距离来估算新颖性分数。为了进一步简化此任务，我们只能使用求解器轨迹的最后一点的坐标来估计新颖性得分。

在定义了新颖性度量后，我们还学习了如何使用 Python 在源代码中实现它，并将其集成到在第 5 章创建的迷宫模拟器中。之后，我们重复了第 4 章的实验并比较了结果。

使用简单的迷宫求解器进行的实验表明，新颖性搜索优化方法所生产的控制 ANN 的拓扑形态得到了改进。拓扑变得最佳且复杂程度降低。

糟糕的是，与第 5 章"自主迷宫导航"相同，使用困难级迷宫地形配置的实验也未能成功生成求解器。失败似乎是由于实验中使用的 NEAT 算法的特定实现效率低下引起的。笔者已经在 Go 语言中实现了 NEAT 算法，并且使用新颖性搜索优化轻松解决了困难级迷宫配置的求解问题。读者可以在 GitHub 上找到它，网址如下：

https://github.com/yaricom/goNEAT_NS

即使困难级迷宫具有误导（欺骗）性的情况，其中散布着许多局部最优陷阱，新颖性搜索优化方法也能够找到解决方案。读者已经了解到，构成解决方案之路的路径并不总是很明显，有时候，我们需要退后一步才能找到正确的方法（在现实世界中也可能如此），而这正是新颖性搜索方法背后的主要思想。它试图通过完全忽略最终目标的接近性并奖励在途中发现的每个中间解决方案的新颖性来找到解决方案。

该章实验使我们熟悉了标准的 NEAT 算法，并准备开始尝试其更高级的扩展。

12.1.7 基于超立方体的 NEAT 和视觉辨别

"基于超立方体的 NEAT 和视觉辨别"一章是讨论高级神经进化方法 4 章中的第一章。

在该章中，我们学习了间接基因组编码方案，该方案使用复合模式产生网络（CPPN）来辅助较大的表现型 ANN 拓扑形态的编码。NEAT 扩展引入的 CPPN 编码方案称为 HyperNEAT。此扩展围绕表示表现型 ANN 拓扑形态的连接基板的概念构建。同时，基板中节点之间的连接被表示为超立方体中的 4 个点。在 HyperNEAT 方法中，CPPN 的拓扑形态是 NEAT 算法不断进化和指导的部分。因为第 1 章已经讨论了 HyperNEAT 的详细信息，所以这一章跳过了 HyperNEAT 的其余细节。

该章介绍了有趣的视觉识别任务，该任务突出了 HyperNEAT 算法在视觉领域中区分模式的能力。HyperNEAT 方法可以重用它在编码求解器表现型 ANN 的基板中多次发现的成功连接模式的固有能力，因此可以找到成功的视觉模式辨别器。这是有可能的，因为 CPPN 功能强大，它可以通过将信号从输入节点（感知图像）传递到输出节点（代表结果）来发现正确的策略。

第 7 章还介绍了如何选择正确的基板几何形状，以有效地利用 CPPN 的功能来找到几何规律性。之后，我们实现了使用 HyperNEAT 算法训练成功的视觉辨别器，将所学知识应用到实践中。

此外，在完成了视觉辨别器实验后，我们还验证了间接编码方案的有效性。我们通过将产生的 CPPN 的拓扑形态与辨别器 ANN 基板中的最大可能连接数进行比较来完成此操作。视觉辨别器实验的结果令人印象深刻。在我们的实验中，通过对 14641 个可能的基板连接的连接模式进行编码，使 CPPN 的 10 个节点之间只有 16 个连接，这意味着它实现了 0.11% 的信息压缩比。

12.1.8　ES-HyperNEAT 和视网膜问题

在第 8 章，我们学习了如何选择最适合特定问题空间的基板配置。但是，究竟应该选择哪一种配置，这在很多情况下并不很明显。如果选择错误的配置，则可能会严重影响训练过程的性能。结果就是，神经进化过程可能无法产生成功的解决方案。而且，特定的基板配置细节只能在训练过程中发现，而不能事先知道。

使用 ES-HyperNEAT 方法解决了找到合适的基板配置的问题。在该章中，我们介绍了四叉树（Quadtree）数据结构的概念，该结构允许有效遍历基板拓扑形态并检测具有高信息密度的区域。我们了解到，将新节点自动放置在这些区域中以创建更细微的连接模式是有益的，这些连接模式描述了在现实世界中可以发现的隐藏规则。

在熟悉了 ES-HyperNEAT 算法的细节后，我们学习了如何应用它来解决视觉识别任务，即视网膜问题。在此任务中，神经进化过程需要发现能够在两个单独的视野中同时识别有效模式的求解器，即检测器 ANN 必须决定在左右视野中呈现的图案（模式）对于每个视野是否有效。通过将模块化架构引入检测器 ANN 的拓扑中，可以找到该任务的解决方案。在这种配置中，每个 ANN 模块仅负责视网膜相关侧的模式识别。

在这一章，我们使用 ES-HyperNEAT 方法实现了成功的视网膜问题求解器。我们能够直观地确认检测器 ANN 产生的拓扑形态，包含模块化结构。

此外，从实验结果中，我们也已经了解到，所得的检测器 ANN 结构具有接近最佳的复杂度。该实验再次证明了基于神经进化的方法通过逐步复杂化发现有效解决方案的潜力。

12.1.9　协同进化与 SAFE 方法

第 9 章讨论了协同进化策略是如何在自然界中被广泛发现的，并阐明可以将这些策略转移到神经进化领域。

自然界中最常见的协同进化策略包括互利共生、竞争性协同进化（捕食或寄生）、共栖。在实验中，我们探索了进化的共栖类型，将共栖（Commensalism）关系定义为：一个物种的成员在不造成损害的情况下从另一物种的成员中获得利益。

在了解了自然界的进化策略后，读者可以理解解决方案和适应度进化（Solution And Fitness Evolution，SAFE）方法背后的概念。顾名思义，SAFE 方法有两个协同进化的种群：潜在解决方案的种群和适应度函数候选者的种群。在进化的每一代中，我们针对所有目标函数候选者评估每个潜在的解决方案，并选择最佳适应度评分，这被视为是基因组编码解决方案的适应度。

同时，我们使用新颖性搜索方法进化了适应度函数候选者的共栖种群。新颖性搜索使用种群中每个基因组的基因组新颖性作为新颖性指标来估算个体的适应度得分。

在这一章中，我们学习了如何基于 SAFE 方法实现改进的迷宫求解实验，以评估协同进化策略的性能。此外，我们还学习了如何定义目标函数来指导潜在解决方案的进化。该目标函数包括两个适应度指标：第一个是到迷宫出口的距离，第二个是找到的解决方案的行为新颖性。可以使用由适应度函数候选种群产生的系数来组合这些度量指标。

12.1.10　深度神经进化

第 10 章介绍了使用深度神经进化方法训练深度人工神经网络（DNN）的概念。我们学习了如何使用深度强化学习算法来进行深度神经进化，并以此来训练代理玩 Atari 游戏。

我们首先讨论了强化学习背后的基本概念。其中，特别讨论了流行的 Q-Learning 算法，它是强化学习的经典实现之一。

在了解了深度强化学习之后，读者可以通过实现 Atari 游戏求解器代理，将其理论应用于实践中。要训练代理玩 Atari 游戏，需要让它读取游戏屏幕的像素并理解游戏的当前状态。之后，使用提取的游戏状态，代理需要选择要在游戏环境中执行的适当动作。代理的最终目标是最大化特定游戏片段完成后将获得的最终奖励。因此，我们有了经典的反复试错学习法，这正是强化学习的本质。

如前文所述，游戏代理需要解析游戏屏幕像素，最好的方法是使用卷积神经网络（CNN）处理从游戏屏幕接收的输入。在这一章，我们讨论了 CNN 体系结构的基本知识，以及如何将其集成到游戏代理中。我们学习了如何使用流行的 TensorFlow 框架在 Python 中实现 CNN。

此外，我们还介绍了一种独特的基因组编码方案，该方案专为与深层神经进化相关的任务而设计。它允许我们使用数百万个可训练的参数来编码表现型 ANN。该方案利用伪随机数发生器的种子来编码表现型 ANN 的连接权重。在这种编码方案中，基因组被表示为随机生成器种子的列表。随后，每个种子都被用于从伪随机数源生成所有连接权重。

在理解了基因组编码的详细信息后，我们进行了实验，以创建能够玩 Atari 游戏（本示例玩的是 Frostbite 游戏）的代理。

此外，我们还学习了如何使用高性能显卡（GPU）来加速训练过程中涉及的计算。

在该章的最后，我们还介绍了一种高级可视化工具（VINE），它使我们能够研究神经进化实验的结果。

12.2　相 关 资 料

我们希望读者能通过本书介绍的神经进化方法了解该领域的最新成就。但是，应用计算机科学领域正在迅速发展，几乎每个月都会宣布新的成就。在各个雄心勃勃的大学以及许多实力雄厚的全球性公司中，有许多实验室正在致力于应用神经进化方法来解决超出主流深度学习算法能力之外的任务。

我们衷心希望读者喜欢本书讨论的神经进化方法，并能将其应用于自己的工作和实验中。不过，本书只能起一个引导的作用，在学习和使用神经进化算法的路上，读者仍然需要继续自学，以跟上该领域的新步伐。下面将介绍一些可供读者自学的学习资源。

12.2.1　优步 AI 实验室

Uber AI Labs（优步 AI 实验室）是以 Geometric Intelligence 初创公司为核心建立的，而 Geometric Intelligence 公司是由神经进化领域的杰出先驱之一 Kenneth O. Stanley 共同创立的。读者应该对这个名字有印象，他就是本书经常使用的 NEAT 算法的作者。读者可以通过以下网址关注优步 AI 实验室的相关信息：

https://eng.uber.com/category/articles/ai/

12.2.2　alife.org

国际人工生命学会（International Society for Artificial Life，ISAL）是一个由来自世界各地的研究人员和爱好者组成的成熟社区，他们对与人工生命有关的科学研究活动感兴趣。遗传算法和神经进化是该学会特别关注的领域。ISAL 出版了 *Artificial Life* 杂志，并赞助了各种会议。读者可以通过以下网址找到有关 ISAL 活动的更多信息：

http://alife.org

12.2.3 来自 Reddit 的开放式进化社区

Reddit 是一个社交新闻站点,它有一个开放式进化(Open-Ended Evolution)社区。开放式进化的概念与遗传算法尤其是神经进化直接相关。开放式进化假设创建不受任何特定目标约束的进化过程,它受到了生物有机体自然进化为人类的启发。

该社区有一个专门的子目录,所有感兴趣的人都可以讨论该研究。读者可以通过以下网址找到它:

https://www.reddit.com/r/oee/

12.2.4 NEAT 软件目录

中佛罗里达大学(University of Central Florida,UCF)保留了实现 NEAT 算法及其扩展的软件库的列表。该软件由 NEAT 算法的作者 Kenneth O. Stanley 主持。笔者在 Go 语言中对 NEAT 和新颖性搜索(Novelty Search)的实现也在该目录中。读者可以通过以下网址找到它:

http://eplex.cs.ucf.edu/neat_software/

12.2.5 arXiv.org

arXiv.org 是一个知名的服务网站,可发布许多科学领域的论文预印本。一般来说,它是计算机科学领域中前沿信息的极好来源。读者可以通过以下网址查询搜索与神经进化相关的论文:

http://search.arxiv.org:8081/?query=neuroevolution&in=grp_cs

12.2.6 NEAT 算法论文

由 Kenneth O. Stanley 撰写的描述 NEAT 算法的原始论文非常有启发性,建议所有对神经进化感兴趣的读者阅读。可通过以下网址获得:

http://nn.cs.utexas.edu/downloads/papers/stanley.phd04.pdf

12.3 小 结

本章简要总结了本书所介绍的知识的实验，并提供了一些可供读者继续自学的资料。

我们有幸生活在一个以现实步伐迈入未来的时代，以致有很多人都完全无法注意到生活中发生的巨大变化。人类正在迅速走向掌握基因编辑和合成生物学奇迹的道路。我们在不断揭示人脑的深奥之谜，这为最终了解人类的意识开辟了道路。我们在宇宙学方面的先进实验，使我们能够越来越接近宇宙的核心秘密。

我们建立了一套先进的数学仪器，使我们可以揭开诸如中微子之类的谜团。正如著名科幻小说家 Arthur C. Clark 所说，我们的技术成就堪称魔法。

生活就是要感觉你自己的美丽。我们头脑敏锐，并始终保持好奇心。我们站在技术的最前沿，研究的火花将点燃新型生命形式的进化。说不定，你就是让这一研究更加绚烂的人。

感谢读者花费时间和精力阅读本书。我们衷心期待你阅读愉快，并能够从本书中获得启发，开启你自己的神经进化探索之旅。